中小型网络组建教程

主　编◎康岚兰　曹文梁
副主编◎吴冠婷　李建新
柯　钢　杨怀德

清華大学出版社
北　京

内 容 简 介

本书按照“情景教学法”模式进行编写，注重理论与实践相结合，吸收有经验的网络企业工程师参与教材编写与审订，搜集了目前较新的网络技术，并融合了新的教学理念和教学模式。本书分为4个情景，共16个任务，真正体现了基于能力培养的教学目标，具体内容包括计算机网络基础、交换机与无线技术、接入WAN、路由技术等。

本书课程组织实施以工程项目的形式开展，所讲的理论知识都是在工程项目实施过程中所需要的。课程组织实现在网络实验室进行，以工作过程的形式开展，分项目小组组织实施，每个项目由多个具体任务组成，学生在学习中可以随时通过扫描二维码获取相关学习资源，提高学习效率。

本书适合作为高等职业院校计算机类专业的教材，也可作为电子商务专业、物流专业及其他相关专业网络、网络技术与应用等课程的教材，还可作为各类网络培训班的培训资料或者广大网络爱好者自学网络管理技术的参考书。

图书在版编目（CIP）数据

中小型网络组建教程 / 康岚兰，曹文梁主编. —北京：清华大学出版社，2024.3

ISBN 978-7-302-65934-1

Ⅰ. ①中… Ⅱ. ①康… ②曹… Ⅲ. ①中小企业－计算机网络－高等职业教育－教材 Ⅳ. ①TP393.18

中国国家版本馆CIP数据核字（2024）第066140号

责任编辑：邓 艳
封面设计：刘 超
版式设计：文森时代
责任校对：马军令
责任印制：刘 菲

出版发行：清华大学出版社
网 址：https://www.tup.com.cn，https://www.wqxuetang.com
地 址：北京清华大学学研大厦A座　　邮 编：100084
社 总 机：010-83470000　　邮 购：010-62786544
投稿与读者服务：010-62776969，c-service@tup.tsinghua.edu.cn
质量反馈：010-62772015，zhiliang@tup.tsinghua.edu.cn
印 装 者：三河市科茂嘉荣印务有限公司
经 销：全国新华书店
开 本：185mm×260mm　　印 张：12.75　　字 数：298千字
版 次：2024年3月第1版　　印 次：2024年3月第1次印刷
定 价：59.00元

产品编号：102686-01

前　　言

当今世界，随着信息技术在经济社会各领域不断地深化应用，信息技术对生产力甚至人类文明发展的巨大作用越来越明显。网络技术是信息技术中不可或缺的重要领域之一，它负责连接全球范围内的计算机和设备，并实现可靠、高效的数据传输和通信。在互联网时代，网络技术对于人们的生活、工作和学习都具有重要的影响和意义。学习中小型网络组建是我们深入理解和应用网络技术的基石。它涵盖了诸多核心概念、原理和技术，包括网络体系结构、数据传输、路由与转发、网络协议等方面的知识。通过学习，我们能够了解网络的组成结构和工作原理，掌握网络通信的基本原则和方法，提高设计与管理中小型企业网络的能力，从而提高网络性能。

本书以适当介绍理论知识，突出实践能力培养为基础，作者结合多年从事计算机网络教学与科研的经验，编写了这本适合高等职业院校计算机类专业学生使用的专业基础课教材。

本书层次清楚，概念准确，深入浅出，通俗易懂。全书坚持实用技术和工程实践相结合的原则，侧重理论联系实际，结合高等职业院校学生的特点，注重基本能力和基本技能的培养。

本书按照“情景教学法”模式进行编写，搜集了目前较新的网络技术，并融合了新的教学理念和教学模式。全书分为 4 个情景，16 个任务，真正体现了基于能力培养的教学目标。具体安排如下：

情景 1：计算机网络基础，包括计算机网络的概念、体系结构，以及数据通信基础。

情景 2：交换机与无线技术，包括交换机基本知识、组建单/多交换机上安全隔离的部门间网络、组建互联互通的部门间网络、防止交换环路——STP 技术、组建无线局域网。

情景 3：接入 WAN，包括 ADSL 接入 WAN、局域网通过 PPP 接入 WAN。

情景 4：路由技术，包括路由器基本配置、静态路由与默认路由、RIP 动态路由实现网络连通、OSPF 路由协议技术。

本书课程组织实施以工程项目的形式开展，理论知识融合在工程项目实施所需的知识中。课程组织实现在网络实验室进行，可以使用真实设备，也可以使用模拟器进行实验，以工作过程的形式开展，分项目小组组织实施。建议授课学时为 48~52 学时，课程考核分为 3 个环节进行：学生上课态度（30%）、项目任务完成情况（30%）和综合运用能力（40%）。学生上课态度包含学生到课情况、课堂参与积极性等；项目任务完成情况指在项目实施过程中，学生完成老师布置的相关任务的实施情况和效果；综合运用能力指课程结束后，学生完成老师布置的相关综合任务的情况和效果。由于本书侧重对学生技能的培养，不建议进行课程理论考试。

本书由赣南科技学院康岚兰、东莞职业技术学院曹文梁任主编，广州华商职业学院吴冠婷以及东莞职业技术学院李建新、柯钢、杨怀德任副主编。其中情景 1 由康岚兰编写，情景 2 由曹文粱编写，情景 3 由吴冠婷、李建新编写，情景 4 由柯钢、杨怀德编写。康岚兰负责全书的校对和审核工作。本书在编写过程中得到了广东汇兴精工智造有限公司钟辉、蒋安等诸多工程师的支持。他们对本书提出了许多宝贵的建议，在此一并表示感谢。

本书在编写过程中力求全面、深入，但由于编者水平有限，书中难免存在不足之处，欢迎广大读者批评指正。

编　者

目　录

情 **1** 景

计算机网络基础

计算机网络是计算机技术和通信技术相结合的系统，是存储、传播和共享信息的工具。经过几十年的发展，计算机网络已成为目前信息化社会中经济社会生活的必要工具，成为人们之间信息交流的最佳平台。计算机网络的应用影响和改变了人们的工作、学习和生活方式，网络发展水平成为衡量国家经济发展水平的重要指标之一。

现在人们的生活、工作和学习都已离不开计算机网络。如果某一天计算机网络突然出现故障不能工作了，那会出现什么结果呢？我们将无法购买飞机票或火车票，因为售票员无法知道还有多少票可供出售，也无法出售飞机票和火车票；我们无法到银行存钱或取钱，无法交纳水电费和煤气费等，股市交易也都将停止；我们在图书馆无法检索需要的图书和资料；人们既不能上网查询有关的资料，也无法使用电子邮件和朋友及时交流信息；等等。由此可以看出，人们的生活越是依赖于计算机网络，计算机网络对人们的生活、工作、学习也就越重要。既然计算机网络对于人们如此重要，那么我们有必要学习、掌握计算机网络基本知识和基本理论，为更好地应用计算机网络打下良好基础。认识计算机网络，掌握它的发展、定义、组成、功能和特点，是本情景的学习内容。

在本学习情景中，包括以下工作任务。

任务 1.1　计算机网络的概念

任务 1.2　计算机网络的体系结构

任务 1.3　数据通信基础

任务 1.1　计算机网络的概念

任务描述

某实验室有 20 台个人计算机、1 台文件服务器、1 台共享打印机，在文件服务器上安装了常用软件并且有这些软件的备份。如果要求个人计算机能够使用这些软件，并且能够使用打印机，这些设备应该如何连接？

知识引入

计算机网络是当今最热门的学科之一，其在过去的几十年里取得了长足的发展。近十几年来，因特网深入千家万户，网络已经成为一种全社会的、经济的、快速存取信息的必要手段。因此，网络技术对未来的信息产业乃至整个社会都将产生深远的影响。计算机网络的发展大体上可以分为四个时期。在这期间，计算机技术和通信技术紧密结合，相互促进，共同发展，最终产生了今天的 Internet。在本任务中，可了解以下知识点。

- 计算机网络的定义。
- 计算机网络的分类。
- 计算机网络的拓扑结构。

1.1.1 计算机网络的定义

按照任务描述，需要完成计算机的连接，共享计算机的软硬件资源，这涉及计算机网络的问题。本节首先要解决的问题：什么是计算机网络？所谓计算机网络，是指将分布在不同地理位置上的具有独立工作能力的计算机、终端及其附属设备用通信设备和通信线路连接起来，并配置网络软件，以实现计算机资源共享的系统，如图 1-1 所示。

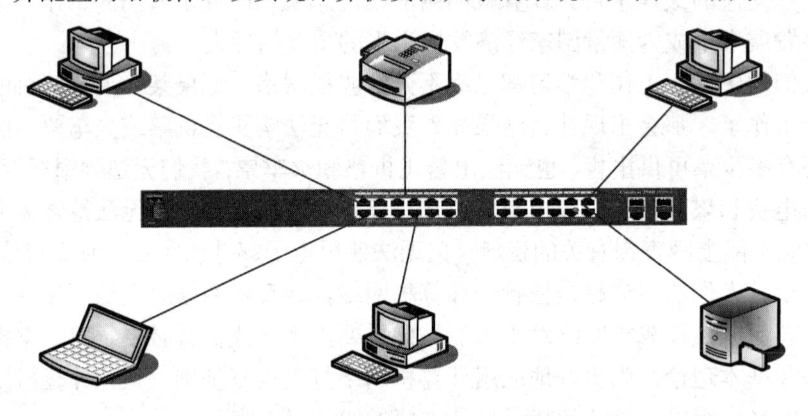

图 1-1　计算机网络的组成

1.1.2 计算机网络的发展

1946 年，世界上第一台电子计算机问世，随后的十多年，由于价格昂贵，计算机数量极少。早期所谓的计算机网络主要是为了共享计算资源而产生的，其形式是将一台计算机经过通信线路与若干台终端直接连接，我们也可以把这种方式看作最简单的局域网雏形。

最早的 Internet 是由美国国防部高级研究计划局（ARPA）建立的 ARPAnet。现代计算机网络的许多概念和方法，如分组交换技术等都来自 ARPAnet。ARPAnet 不仅进行了租用线互联的分组交换技术研究，而且做了无线、卫星网的分组交换技术研究，最终推出了 TCP/IP。

1977—1979 年，ARPAnet 推出了目前形式的 TCP/IP 体系结构和协议。1980 年前后，ARPAnet 上的所有计算机开始了 TCP/IP 协议的转换工作，并以 ARPAnet 为主干网建立了初期的 Internet。1983 年，ARPAnet 的全部计算机完成了向 TCP/IP 的转换，并在 UNIX（BSD4.1）上实现了 TCP/IP。ARPAnet 在技术上最大的贡献就是 TCP/IP 协议的开发和应用。两个著名的科学教育网 CSNET 和 BITNET 先后建立。1984 年，美国国家科学基金会（NSF）规划建立了 13 个国家超级计算中心及国家教育科技网。随后替代了 ARPAnet 的骨干地位。1988 年 Internet 开始对外开放。1991 年 6 月，在连通 Internet 的计算机中，商业用户首次超过了学术界用户，这是 Internet 发展史上的一个里程碑，从此 Internet 飞速成长。

计算机网络的发展有以下阶段。

第一代：远程终端连接（20 世纪 60 年代早期）。

- ❖ 面向终端的计算机网络：主机是网络的中心和控制者，终端（键盘和显示器）分布在各处并与主机相连，用户通过本地的终端使用远程的主机。
- ❖ 只提供终端和主机之间的通信，子网之间无法通信。

第二代：计算机网络（局域网，20 世纪 60 年代中期）。

- ❖ 多个主机互连，实现计算机和计算机之间的通信。
- ❖ 包括通信子网、用户资源子网。
- ❖ 终端用户可以访问本地主机和通信子网上所有主机的软硬件资源。
- ❖ 电路交换和分组交换。

第三代：计算机网络互联（广域网、Internet）。

- ❖ 1981 年，国际标准化组织（ISO）制定开放体系互连基本参考模型（OSI/RM），实现不同厂家生产的计算机之间的互连。
- ❖ TCP/IP 协议诞生。

第四代：信息高速公路（高速，多业务，大数据量）。

- ❖ 宽带综合业务数字网：信息高速公路。
- ❖ ATM 技术、ISDN、千兆以太网。
- ❖ 交互性：网上电视点播、电视会议、可视电话、网上购物、网上银行、网络图书馆等高速、可视化。

1.1.3　计算机网络的分类

计算机网络可根据不同的划分标准来分类。

1. 按网络的地理区域分

（1）局域网。局域计算机网（local area network，LAN）通常简称为局域网，联网的计算机分布在一个较小的地域范围（10m 至十几千米）内，它能进行高速的数据通信。局域网在企业办公自动化、企业管理、工业自动化、计算机辅助教学等方面得到广泛的使用。

（2）城域网。联网的计算机之间最远通信距离为几十千米的网络称为城域网（metropolitan area network，MAN），例如在一个城市范围内建立起来的计算机网络。

（3）广域网。广域计算机网（wide area network，WAN）简称广域网。广域网在地理上可以跨越很大的距离，联网的计算机之间的距离一般在几十千米以上，可以跨省、跨国甚至跨洲，网络之间也可通过特定方式进行互联，实现了局域资源共享与广域资源共享相结合，形成了地域广大的远程处理和局域处理相结合的网际网系统。世界上第一个广域网是 ARPAnet，它利用电话交换网连接分布在美国各地的不同型号的计算机和网络。

（4）Internet。Internet 可以传输上千千米，它是全世界各种网络互连得到的网间网。

2. 按照使用范围分

（1）公用网，如 ChinaNet 等。

（2）专用网，如 CRPAC（铁路分组数据网）。

3. 按信息交换方式分

（1）电路交换网，如电话网。

（2）报文交换网，如电报网。

（3）分组交换网，如 X.25 网。

（4）混合交换网（同时采用电路和分组交换），如帧中继网。

（5）信元交换网，如 ATM 网。

4. 按传输技术分

（1）广播型网络，如传统以太网（广播、组播）。

（2）点到点网络，如分组交换网。

5. 按拓扑结构分

按拓扑结构，计算机网络分为总线型、星形、环形、网状网络等。

1.1.4 计算机网络的拓扑结构

网络中各站点相互连接的方法和形式称为网络拓扑。拓扑图给出了网络服务器、工作站的网络配置和相互间的连接，它的结构主要有星形结构、总线结构、环形结构、网状结构和树状结构等。

1. 星形结构

星形结构为目前使用最普遍的以太网结构，这种结构便于集中控制，因为终端用户之间的通信必须经过中心站，如图 1-2 所示。由于这一特点，星形结构的网络具有易于维护和安全等优点，端用户设备因为故障而停机时也不会影响其他端用户间的通信，但其缺点也是明显的：中心系统必须具有极高的可靠性，因为中心系统一旦损坏，整个系统便趋于瘫痪。对此中心系统通常采用双机热备份，以提高系统的可靠性。

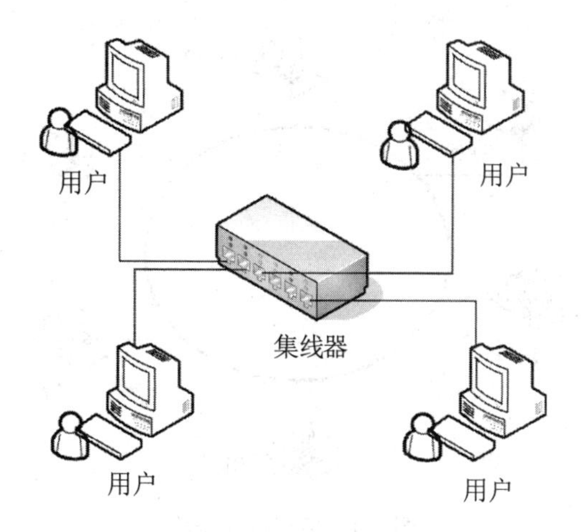

图 1-2　星形拓扑结构

2. 总线结构

总线结构是指各工作站和服务器均挂在一条总线上（见图 1-3），各工作站地位平等，无中心节点控制，其传递方向总是从发送信息的节点开始向两端扩散，如同广播电台发射的信息，因此又称广播式计算机网络。总线结构主要的优点是费用低，易扩展，线路利用率高；缺点是可靠性较低，管理维护困难，传输效率低。

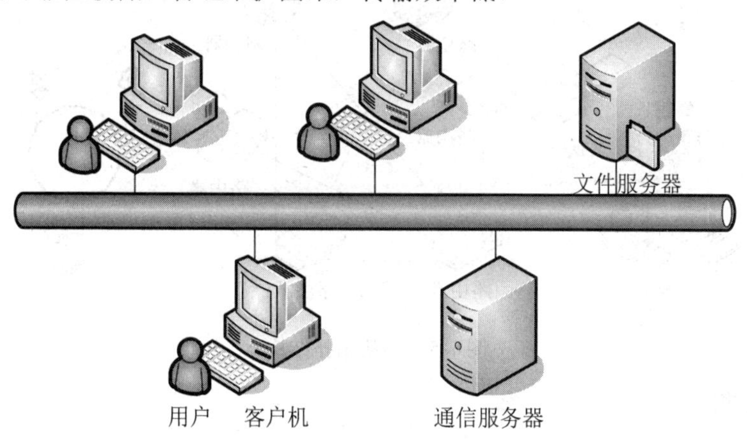

图 1-3　总线拓扑结构

3. 环形结构

环形结构由网络中若干节点通过点到点的链路首尾相连形成一个闭合的环，这种结构使公共传输电缆组成环形连接，数据在环路中沿着一个方向在各个节点间传输，信息从一个节点传到另一个节点，如图 1-4 所示。环形结构特点：信息流在网中是沿着固定方向流动的，两个节点间仅有一条道路，故简化了路径选择的控制；由于信息源在环路中串行地穿过各个节点，当环中节点过多时，势必影响信息传输速率，使网络的响应时间延长；环路是封闭的，不便于扩充；可靠性低，一个节点发生故障，将会造成全网瘫痪；维护难，对分支节点故障定位较难。

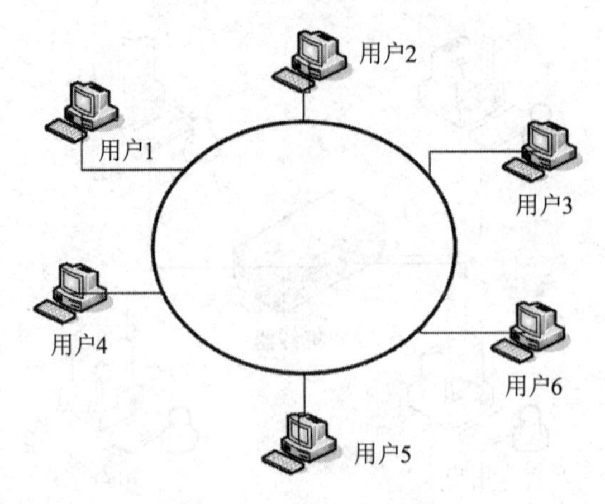

图 1-4　环形拓扑结构

4. 网状结构

网状结构网络中节点之间的连接是任意的、无规律的，如图 1-5 所示。在网状结构中，节点之间可能有多条路径选择，因此，其中个别节点发生故障对整个网络影响不大。网状结构的主要优点是系统可靠性高；缺点是网络系统结构复杂，一般成本较高。

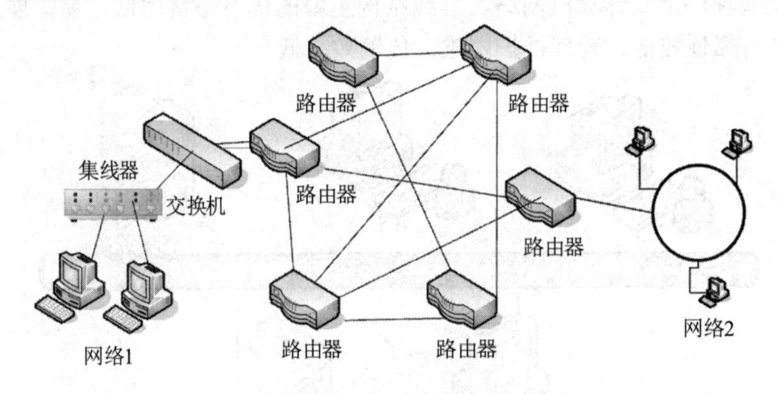

图 1-5　网状拓扑结构

5. 树状结构

树状结构网络的形状像一棵倒置的树，顶端是树根，树根以下带分支，每个分支还可再带子分支。树根接收各站点发送的数据，然后广播发送到整个网络。在树状结构的网络中有多个中心节点，形成一种分级管理的集中式网络，适用于各种管理部门需要进行分级数据传送的场合。它的优点是结构比较简单，成本低，扩充节点方便灵活；缺点是对根的依赖性大。

1.1.5　计算机网络的组成

计算机网络系统是一个集计算机硬件设备、通信设施、软件系统及数据处理能力为一体的，能够实现资源共享的现代化综合服务系统。计算机网络系统的组成可分为 3 个部分，即硬件系统、软件系统及网络信息系统。

1. 硬件系统

硬件系统是计算机网络的基础。硬件系统由计算机、通信设备、连接设备及辅助设备组成。硬件系统中设备的组合形式决定了计算机网络的类型。下面介绍计算机网络中常用的几种硬件设备。

1）服务器

服务器是一台速度快、存储量大的计算机，它是网络系统的核心设备，负责网络资源管理和用户服务。服务器可分为文件服务器、远程访问服务器、数据库服务器、打印服务器等，是一台专用或多用途的计算机。在互联网中，服务器之间互通信息，相互提供服务，每台服务器的地位是同等的。服务器需要由专门的技术人员进行管理和维护，以保证整个网络的正常运行。

2）工作站

工作站是具有独立处理能力的计算机，它是用户向服务器申请服务的终端设备。用户可以在工作站上处理日常工作，并随时向服务器索取各种信息及数据，请求服务器提供各种服务（如传输文件、打印文件等）。

3）网卡

网络接口卡（net interface card，NIC）也称网卡或网络适配器，是计算机与局域网相互连接的接口，如图 1-6 所示。网卡通过电缆与网络通信，通过扩展插槽与计算机通信。无论是普通计算机（如用户工作站），还是高端服务器，都要通过网卡才能与局域网中的传输介质连接，从而最终连接到广域网中。每一块网卡都带有一个唯一的代码，称为介质访问控制（media access control address，MAC）地址、NIC 地址或物理地址。这个地址用于控制主机在网络上的数据通信。

图 1-6　网卡

4）调制解调器

调制解调器（modem）是一种信号转换装置，如图 1-7 所示。它可以把计算机的数字信号“调制”成通信线路的模拟信号，将通信线路的模拟信号“解调”回计算机的数字信号。调制解调器的作用是将计算机与公用电话线相连接，使得现有网络系统以外的计算机用户能够通过拨号的方式，利用公用电话网访问计算机网络系统。

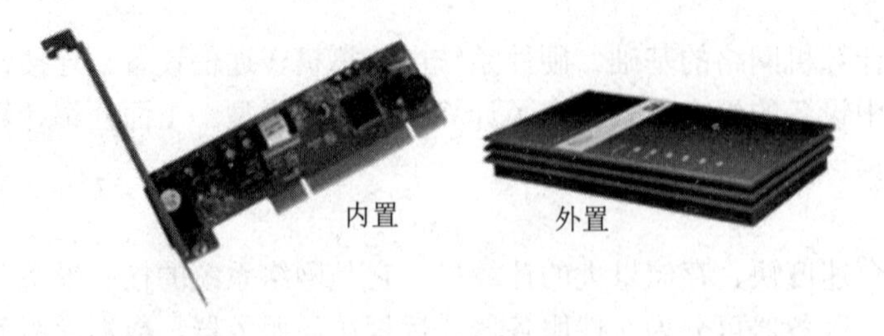

图 1-7　调制解调器

5）集线器

集线器（hub）是局域网中使用的连接设备，如图 1-8 所示。它具有多个端口，可连接多台计算机。在局域网中常以集线器为中心，用双绞线将所有分散的工作站与服务器连接在一起，形成星形拓扑结构的局域网系统。这样的网络连接，在网上的某个节点发生故障时，不会影响其他节点的正常工作。集线器分为普通型和交换型，交换型集线器的传输效率比较高，目前使用较多。集线器的传输速率有 10Mbps、100Mbps 和 10Mbps/100Mbps 自适应的。

图 1-8　集线器

6）网桥

网桥（bridge）也是局域网使用的连接设备。网桥的作用是扩展网络的距离，减轻网络的负载。在局域网中，每条通信线路的长度和连接的设备数量都是有最大限度的，如果超载就会降低网络的工作性能。对于较大的局域网可以采用网桥将负担过重的网络分成多个网络段，当信号通过网桥时，网桥会将非本网段的信号排除（即过滤），使网络信号能够更有效地使用信道，从而达到减轻网络负担的目的。由网桥隔开的网络段仍属于同一局域网，网络地址相同，但分段地址不同。

7）路由器

路由器（router）是互联网中使用的连接设备，如图 1-9 所示。它可以将两个网络连接在一起，组成更大的网络。被连接的网络可以是局域网，也可以是互联网，连接后的网络都可以称为互联网。路由器不仅有网桥的全部功能，还具有路径的选择功能。路由器可根据网络上信息的拥挤程度，自动地选择适当的线路传递信息。

图 1-9　路由器

在互联网中，两台计算机之间传送数据的通路会有很多条，数据包（或分组）从一台计算机出发，中途要经过多个站点才能到达另一台计算机。这些中间站点通常是由路由器组成的，路由器的作用就是为数据包（或分组）选择一条合适的传送路径。用路由器隔开的网络属于不同的局域网地址。

2. 软件系统

计算机网络中的软件按其功能可以划分为数据通信软件、网络操作系统和网络应用软件。

1）数据通信软件

数据通信软件是指按照网络协议的要求，完成通信功能的软件。

2）网络操作系统

网络操作系统是指能够控制和管理网络资源的软件。网络操作系统的功能作用体现在两个级别上：在服务器上，为在服务器上的任务提供资源管理；在每个工作站机器上，向用户和应用软件提供一个网络环境的“窗口”。这样，向网络操作系统的用户和管理人员提供一个整体的系统控制能力。网络服务器操作系统要完成目录管理、文件管理、安全性、网络打印、存储管理、通信管理等主要服务。工作站的操作系统主要完成工作站任务的识别和与网络的连接，即首先判断应用程序提出的服务请求是使用本地资源还是使用网络资源，若使用网络资源则需完成与网络的连接。常用的网络操作系统有 Netware 系统、Windows NT 系统、UNIX 系统和 Linux 系统等。

3）网络应用软件

网络应用软件是指网络能够为用户提供各种服务的软件，如浏览查询软件、传输软件、远程登录软件、电子邮件等。

3. 网络信息系统

网络信息系统是指以计算机网络为基础开发的信息系统，如各类网站、基于网络环境的管理信息系统等。

任务 1.2　计算机网络的体系结构

任务描述

人与人之间进行通话交流，必须使用相同的语言，一个不懂中国话的英国人和一个不懂英语的中国人是无法通过语言进行沟通的。同样的道理，一个采用某种通信协议的计算机与一个采用另一种通信协议的计算机也无法通信。相互通信的两个计算机系统必须高度协调工作，而这种“协调”是相当复杂的。对于这样复杂的计算机网络，网络设计者并不是设计一个单一、巨大的协议，为所有的通信规定完整的细节，而是把通信问题划分为许多小问题，然后为每个小问题设计一个单独协议。这样就使得每个协议的设计、分析都比较容易。

知识引入

计算机网络是一个十分复杂而庞大的系统，要保证其高效、可靠地运转，网络中的各个部分必须遵守一套合理而严谨的结构化管理规则。计算机网络就是按照高度结构化的设计思想，采用功能分层原理的方法来实现的。

网络体系结构是指整个网络系统的逻辑组成和功能分配，定义和描述了一组用于计算机及其通信设施之间互连的标准和规范的集合。研究网络体系结构的目的是定义计算机网络各个组成部分的功能，以便在统一的原则指导下进行网络的设计、建造、使用和发展。在本任务中，可了解以下知识点。

❖ OSI 参考模型。

❖ TCP/IP 分层模型。

1.2.1　基本概念

1. 网络协议

一个计算机网络有许多互相连接的节点，在这些节点之间要不断地进行数据交换。要做到有条不紊地交换数据，每个节点就必须遵守一些事先约定的规则。这些为进行网络中的数据交换而建立的规则、标准或约定即称为网络协议（network protocol）。应该注意，协议总是指体系结构中某一层的协议。准确地说，协议是针对同等层实体之间的通信制定的有关通信规则或约定的集合。网络协议主要由以下 3 个要素组成。

1）语义

语义是对协议元素的含义进行解释，它规定通信双方彼此“讲什么”，即确定通信双方要发出的控制信息、执行的动作和返回的应答，主要涉及用于协调与差错处理的控制信息。不同类型的协议元素所规定的语义是不同的。例如，需要发出何种控制信息、完成何种动作及得到什么响应等。

2）语法

语法是将若干个协议元素和数据组合在一起，用来表达一个完整的内容所应遵循的格式，也就是对信息的数据结构做一种规定。它规定通信双方彼此“如何讲”，即确定协议元素的格式，如用户数据与控制信息的结构与格式等。

3）时序

时序是对事件实现顺序的详细说明，它规定信息交流的次序，主要涉及传输速度匹配和排序等。例如，在双方进行通信时，发送点发出一个数据报文，如果目标点正确收到，则回答源点接收正确；若接收到错误的信息，则要求源点重发一次。

2. 协议的分层结构

计算机网络中的通信过程是一个非常复杂的过程，很难制定一个完整的规则来描述所有问题。实践证明，对于非常复杂的计算机通信网络规则，最好的方法是采用分层式结构，每一层关注和解决网络通信中某一方面的问题。

1）分层思想举例

生活中采用分层的思想来处理问题的例子很多，例如甲写了一封信给乙，他要将信装入信封，在信封上注明收信人乙的地址、姓名信息（用户与邮局约定），并将信交与甲地邮局 A；邮局将信分拣后，交与运输部门；运输部门将信送到乙地（邮局与运输部门的约定），途中可能会更换运输工具，甲地运输部门要向乙地运输部门说明信的目的地（运输部门间约定）；信件送到乙地邮局 B 后，邮局 B 再将信件转交至收信人乙手中，乙拆掉信封，即可看到信的内容。这一系列行为如图 1-10 所示。

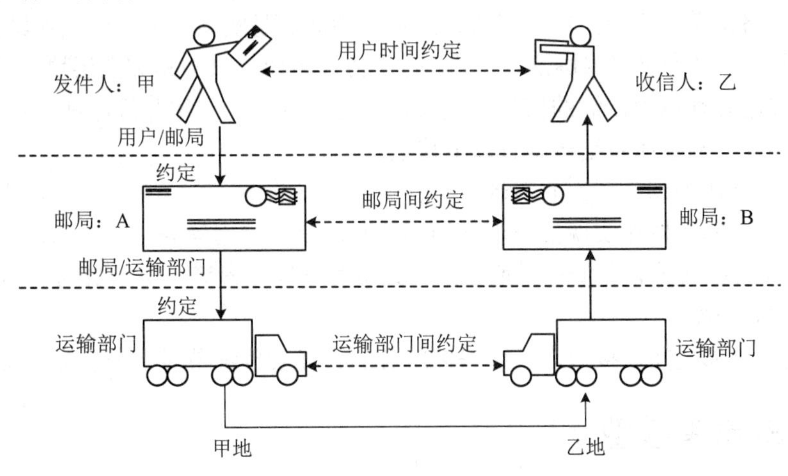

图 1-10　邮政系统分层模型

上述收发信的问题可以分成 3 个层次，即用户层、邮局层、运输部门层。各层分别完成本层的功能，各层之间相互独立，每一层都建立在前一层基础之上，低层为高层提供服务。

2）分层思想的优点

从上述简单例子可以更好地理解分层思想的优点。

（1）各层之间是独立的。某一层并不需要知道它的下一层是如何实现的，而仅仅需要知道该层通过层间的接口所提供的服务。由于每一层只实现一种相对独立的功能，因而可将一个难以处理的复杂问题分解为若干个较容易处理的更小一些的问题。这样，整个问题的复杂程度就降低了。

（2）灵活性好。当任何一层发生变化时（如技术的变化），只要层间接口关系保持不变，则在这层以上或以下各层均不受影响。此外，还可对某一层提供的服务进行修改。当不再需要某层提供的服务时，甚至可以将这一层取消。

（3）结构上可分割。各层都可以采用最合适的技术来实现，便于各层软件、硬件及互联设备的开发。

（4）易于实现和维护。分层结构使得实现和调试一个庞大而又复杂的系统变得易于处理，因为整个系统被分解为若干个相对独立的子系统。

（5）能促进标准化工作。每一层的功能及其所提供的服务都有精确的说明，有利于标准化工作的进行。

3. 网络体系结构

1）网络体系结构的概念

计算机网络体系结构（network architecture）是指一个计算机网络及其部件所应完成功能的一组抽象定义，是描述计算机网络通信方法的抽象模型结构，一般是指计算机网络各层次及其协议的集合。

2）网络体系结构的特点

在层次网络体系结构中，每一层协议的基本功能都是实现与另一个层次结构中对等实体的通信，所以称之为对等层协议。另外，每层协议还要提供与相邻上层协议的服务接口。体系结构的描述必须包含足够的信息，使实现者可以为每一层编写程序和设计硬件，并使之符合有关协议。网络体系结构具有以下特点。

（1）以功能作为划分层次的基础。

（2）第 n 层的实体在实现自身定义的功能时，只能使用第 $n-1$ 层提供的服务。

（3）第 n 层在向第 $n+1$ 层提供服务时，此服务不仅包含第 n 层本身的功能，还包含由下层服务提供的功能。

（4）仅在相邻层间有接口，且所提供服务的具体实现细节对上一层完全屏蔽。

1.2.2 OSI 参考模型

1. 层次化网络体系结构

20 世纪 70 年代末，国际标准化组织（ISO）提出了开放系统互连参考模型，如图 1-11 所示。该模型描述了通过网络传输介质（如电缆），信息或数据是如何从一台计算机的一个应用程序（如电子制表软件）到达网络中的另一台计算机的一个应用程序的。

2. OSI 七层模型的功能

1）物理层

物理层主要为数据链路层提供物理链路，实现信息比特流的透明传输，同时它能连接

（建立）和终止（释放）终端系统间的物理链路，定义通信设备与传输线路接口硬件的机械、电气、功能和过程的特性；但它不包括物理传送介质（粗缆、细缆、双绞线、光缆等）。

物理层设备包括集线器、中继器等。

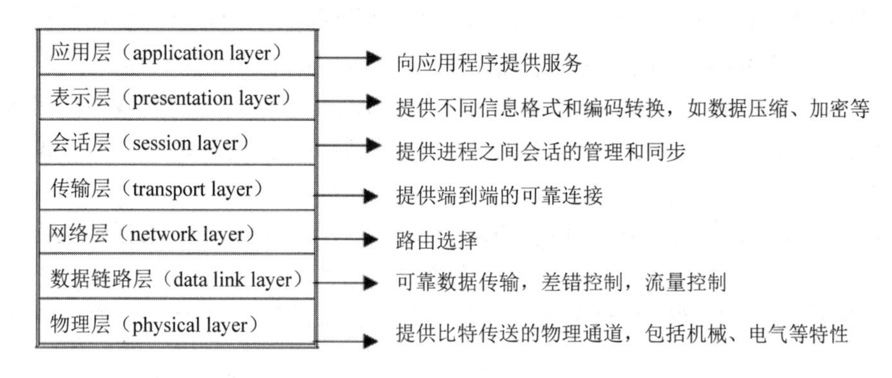

图 1-11　OSI 七层模型及其功能

2）数据链路层

数据链路层主要负责建立、维持和释放一个网络内的数据链路的连接，负责把数据信息从源开放系统传向宿开放系统，并无差错地以帧为单位传送。它分为两个子层：MAC（介质访问控制）子层和 LLC（逻辑链路控制）子层。MAC 子层主要的功能是组织帧，它把无特征的二进制位流组成为有字段域结构的、有特征的帧；LLC 子层主要的功能是提供逻辑链路控制，它在顶层时可以提供多个服务访问，可为多用户进程提供多条数据链路复用同一物理链路。

3）网络层

网络层主要为源站点（或源端系统）和目标站点（或目标端系统）间的数据传输服务，检查网络拓扑，以决定传输报文的最佳路由，其关键问题是确定数据包从源端到目的端如何选择路由。如图 1-12 所示，将信息从工作站 A 发送到工作站 B 有多条通路，但我们要选择一条最短的通路来传送消息。

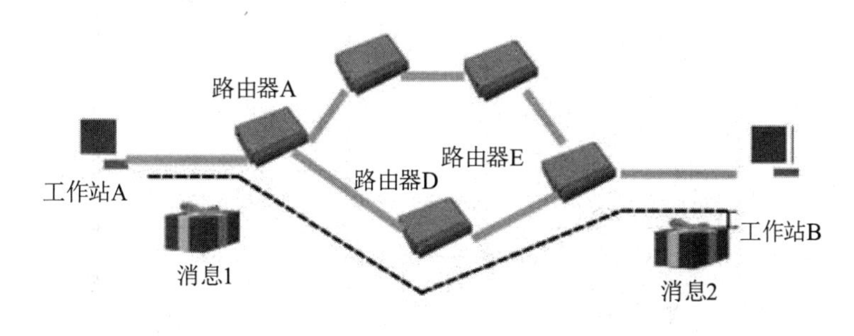

图 1-12　路由选择

4）传输层

传输层也称为运输层，主要是把要传送的数据信息按传送干线的传送能力分成若干分组，然后交付给网络层传送。传输层的任务就是为两个端系统（即源站点和目标站点）之间的会话层建立运输连接，使会话层可靠地、透明地传送数据信息；同时它还执行端—端的差错控制、顺序控制、流量控制和管理多路服务等。传输层是数据传送管理的最高层，它工作在端系统的主机上，是计算机网络体系结构中最关键的一层。

5）会话层

会话层虽然不参与具体的数据传送，但是它对数据传送的同步进行管理。会话层有可能工作在两个不同的系统之间，在两个相互通信的应用进程之间建立、组织、协调、约定、终止联系，如确定是双工工作，还是半双工工作，确定同步开始的时间或中间续传位置，确定连接的商定请求，同时它还负责交换身份和密码口令、约定传输方式和格式等。

6）表示层

表示层主要向应用层进程提供信息的语法表示，对不同语法表示进行转换管理等。它能使采用不同语法表示的两个系统之间进行通信，而使应用层不必考虑对方使用的什么语言均能够进行会话；同时它对传送的数据信息有正文压缩（还原）、加密（解密）等功能。

7）应用层

应用层是网络开放系统与用户应用进程的接口，它提供 OSI 用户服务、管理和网络资源分配等，它在实现多个进程相互通信的同时，完成一系列的业务处理所需要的服务，即允许程序访问特定的服务，如 FTP（文件传输协议）的应用、HTTP 与 www 服务协议的应用、SMTP（简单邮件传输协议）的应用等。

1.2.3 TCP/IP 分层模型

1. TCP/IP 层次模型结构

全球流行的 TCP/IP 协议的层次并不是按 OSI 参考模型来划分的，二者有一种大致的对应关系。使用 TCP/IP 协议的网络可分为 4 层：网络接口层、网络层、运输层、应用层，如图 1-13 所示。

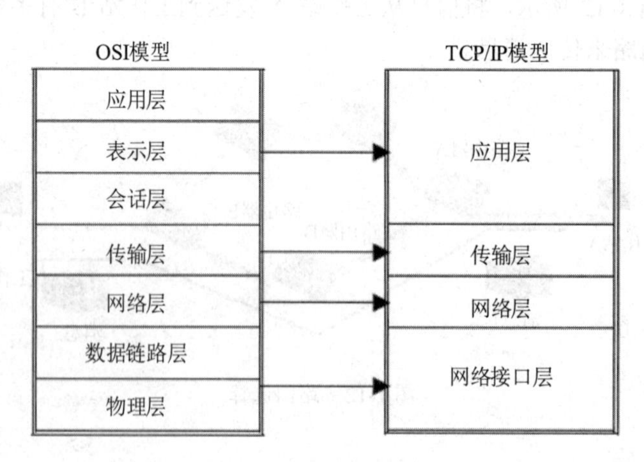

图 1-13 TCP/IP 层次模型与 OSI 模型对照

（1）网络接口层：作用是传输经过网络层处理的消息，将 IP 报文封装成网络传输帧，并将 IP 地址映射为网络使用的物理地址。

（2）网络层：其使用的主要协议是 IP（网际互连协议），它把运输层送来的消息组装成 IP 数据包，并把 IP 数据包传递给网络接口层。

（3）传输层：主要为两台主机上的应用程序提供端到端的通信。运输层主要有两个协议：TCP（传输控制协议）、UDP（用户数据报协议）。

TCP 为两台主机提供可靠的数据传输服务。UDP 只是把称作数据报的分组从一台主机发送到另一台主机，但并不保证该数据报能到达另一端。

（4）应用层：为用户提供所需要的各种服务。它提供的主要服务有电子邮件、远程登录、文件传输等。

2. TCP/IP 层次模型协议

图 1-14 所示为每一层上相关协议。

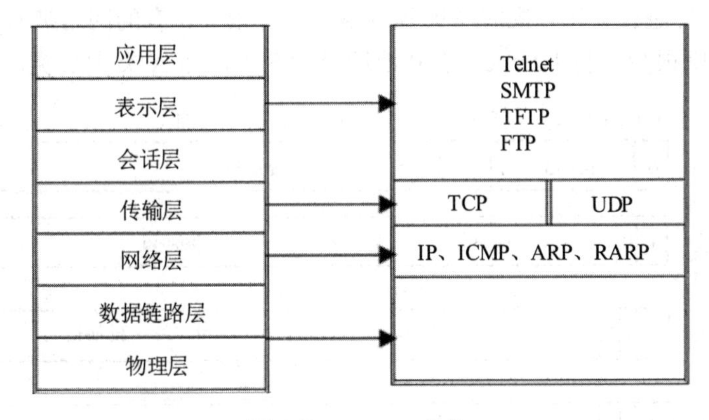

图 1-14　TCP/IP 协议

（1）网络层主要协议包括网际互连协议 IP 协议、地址解析协议 ARP、反地址解析协议 RARP、网际控制报文协议 ICMP 等。

（2）传输层定义端到端的协议，包括传输控制协议 TCP、用户数据报协议 UDP 等。

（3）应用层包括所有的高层协议，如虚拟终端协议 Telnet、文件传输协议 FTP、电子邮件协议 SMTP 等。

3. 主要协议概述

（1）TCP 是面向连接的、可靠的协议。它利用端对端错误检测与纠正功能为两台主机提供可靠的数据传输服务。

（2）UDP 是无连接的，而且不可靠。它只是把数据段从一台主机发送到另一台主机，但并不保证该数据段能到达另一端，协议提供无连接数据报传输服务。

（3）IP 协议对数据报进行无连接的最优传送路由选择。它不关心数据报的具体内容，而只是寻找一条能把数据报送到目的端的路径。

（4）ICMP 提供了发送差错和控制消息的功能。

（5）ARP 为已知的 IP 地址确定数据链路层的地址（即 MAC 地址）；在数据链路层

地址已知时，RARP 确定网络地址（即 IP 地址）。

4. IP 地址

在 Internet 上连接的所有计算机，从大型机到微型计算机都是以独立的身份出现的，我们称其为主机。为了实现各主机间的通信，每台主机都必须有一个唯一的网络地址，就像每一个住宅都有唯一的门牌，这样才不至于在传输数据时出现混乱。

Internet 是由几千万台计算机互相连接而成的，而我们要确认网络上的每一台计算机，靠的就是能唯一标识该计算机的网络地址，这个地址就叫作 IP（Internet protocol）地址，即用 Internet 协议语言表示的地址。

1）IP 地址的分类

如图 1-15 所示，每一个 IP 地址都包含两部分，即网络号（net-id）和主机号（host-id）。网络号用于标识该地址所从属的网络；主机号用于指明该网络上某个特定主机的主机号。为了便于对 IP 地址进行管理，同时考虑到网络的差异很大，有的网络拥有很多主机，而有的网络上的主机则很少，将 Internet 的 IP 地址分为 5 类，即 A 类到 E 类。

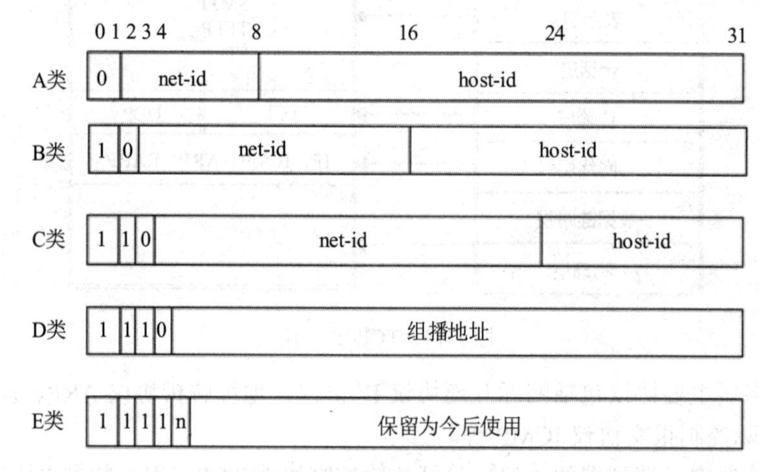

图 1-15　IP 地址的 5 种类型

A、B、C 类地址的范围比较如表 1-1 所示。

表 1-1　3 类地址的范围比较

网 络 类 别	最大网络数	第一个可用的网络号码	最后一个可用的网络号码	每个网络中最大主机数
A	126	1	126	16 777 214
B	16 382	128.1	191.254	65 534
C	2 097 150	192.0.1	223.255.254	254

2）广播地址和组播地址

广播（broadcast）地址和组播（multicast）地址不是针对某一台具体的机器，而是针对满足一定条件的一组机器。广播地址和组播地址都只能作为 IP 报文的目的地址，表示报文的一组接收者。

每一设备和接口必须有其主机地址（即 IP 地址的主机部分不能全为 0 或全为 1）。

主机地址部分全为 1 的地址称为广播地址。主机可以使用直接广播地址向任何网络直接广播数据。

全 1 主机地址保留给 IP 广播使用。例如，在网络 176.10.0.0 中，向所有网络上的设备发送的广播地址是 176.10.255.255。

全 0 主机地址意味着这个网络本身。

组播地址指定一个工作组。它和广播地址的区别在于，广播地址是按主机的物理位置来划分各组，而组播地址指定一个逻辑组，参与该组的机器可能遍布整个互联网。

3）子网掩码

TCP/IP 体系规定用一个 32bit 的子网掩码来表示子网号字段的长度。具体的做法是：子网掩码由一连串的 1 和一连串的 0 组成。1 对应于网络号码和子网号码字段，而 0 对应于主机号码字段，如图 1-16 所示。

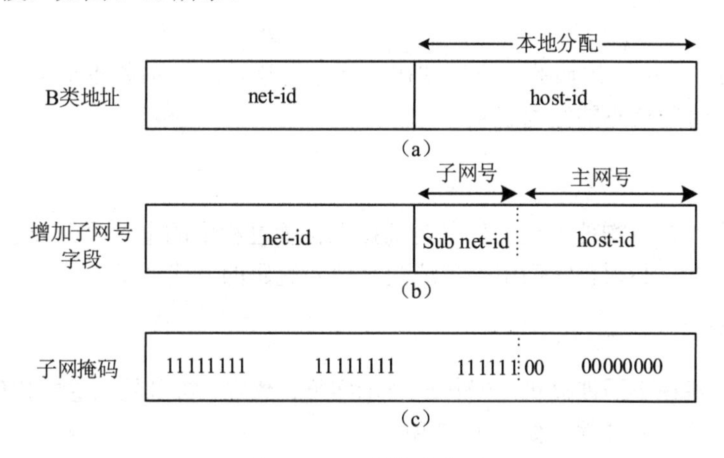

图 1-16　子网掩码格式

子网掩码的写法如下。

（1）标准掩码：对于 A、B 和 C 类 IP 地址，其对应的子网掩码默认值分别为 255.0.0.0、255.255.0.0 和 255.255.255.0。

（2）可变子网：10.80.0.0/24、10.90.0.252/30。

（3）反向掩码：0.0.0.255(10.0.0.0)、0.0.255.255(10.10.0.0)。

任务 1.3　数据通信基础

任务描述

数据通信是通信技术和计算机技术相结合而产生的一种新的通信方式。通过通信介质传输计算机处理过的信息，将源主机的数据编码成信号，沿传输介质传播到目的主机，实现两个实体间的数据传输和交换。计算机网络是计算机技术和数据通信技术相结合的产物，数据通信技术是网络发展的基础。

知识引入

计算机网络是计算机技术与通信技术相结合的产物，而通信技术本身的发展也和计算机技术的应用有着密切的关系。数据通信就是以信息处理技术和计算机技术为基础的通信方式，为计算机网络的应用和发展提供了技术和可靠的通信环境。在本任务中，可了解以下知识点。

❖ 数据通信的概念。
❖ 数据通信的指标。
❖ 数据传输技术。
❖ 数据交换技术。

1.3.1 数据通信基本概念

1. 数据

数据（data）是指被传输的二进制代码。为了传送信息，需要将字母、数字、语音、图形或图像用二进制代码的数据表示。

2. 信号

信号是数据的具体物理表现。信号是数据在传输过程中的电信号的表示形式，为传输二进制代码的数据，必须将它们用模拟或数字信号编码的方式表示。

3. 数据通信

数据通信是指在不同计算机之间传送表示字母、数字、符号的二进制代码 0、1 比特序列的模拟或数字信号的过程，如图 1-17 所示。

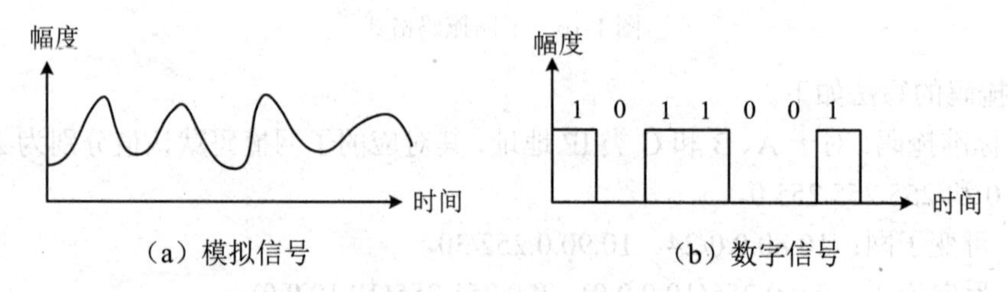

图 1-17 数据通信

4. 数据通信系统基本结构

数据通信系统中，产生和发送信息的一端叫信源，接收信息的一端叫信宿。信源与信宿通过通信线路进行通信，通信线路也称为信道，如图 1-18 所示。

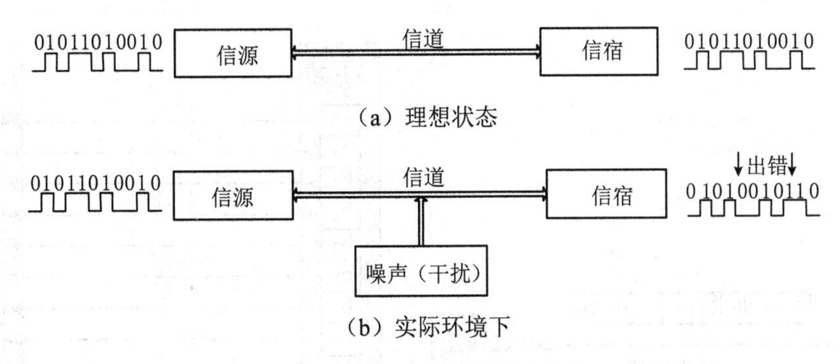

图 1-18　数据通信系统基本结构

在数据通信系统中，传输模拟信号的系统称为模拟通信系统，而传输数字信号的系统称为数字通信系统。

1.3.2　数据通信主要指标

1. 数据通信速率（传输速率）

传输速率是指数据在信道中传输的速度。

信息速率：每秒传送的信息量，单位为比特每秒（bps），又称比特率。

码元速率：每秒传送的码元数，单位为波特每秒（Bps），又称波特率。

2. 信道带宽

信道带宽是指信道中传输信号在不失真情况下所占用的频率范围。信道带宽是由信道的物理特性所决定的，如电话线路的频率范围为300～3400Hz，则它的带宽为300～3400Hz。

3. 信道容量（信道的最大传输速率）

信道容量是指信道传输信息的最大能力，单位为比特每秒（bps）。当传输的信号速率超过信道的最大信号速率时，就会产生失真。

1.3.3　数据传输技术

1. 串行和并行通信

（1）串行通信：数据流以串行方式在一条信道上传输，如图 1-19（a）所示。串行通信中，收、发双方只需一条信道，故易于实现、成本低，但速度比较慢。

（2）并行通信：数据以成组的方式在多个并行信道上同时进行传输，如图 1-19（b）所示。其速度快，但发端与收端之间有若干条线路，导致费用高，仅适合于近距离和高速率的通信。

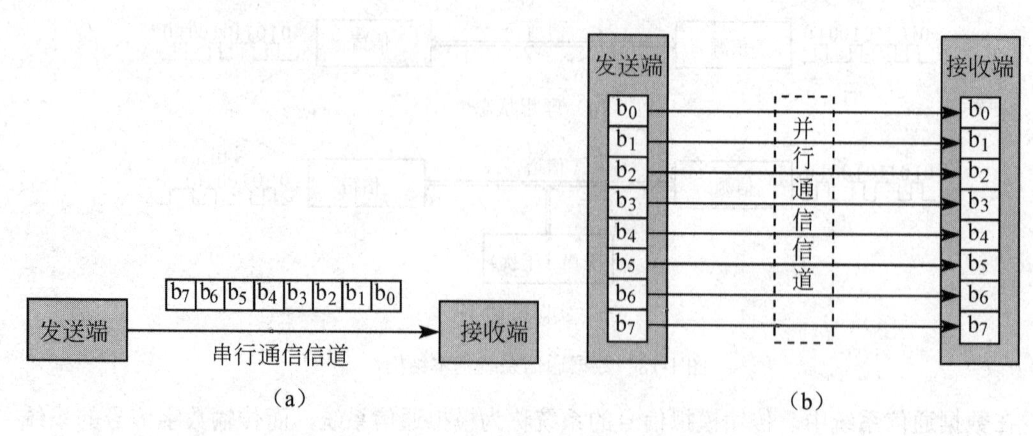

图 1-19　串行和并行通信

2. 单工、半双工、全双工通信

（1）单工通信：指通信信道是单向信道，数据信号仅沿一个方向传输，如图 1-20（a）所示。

（2）半双工通信：指信号可以沿两个方向传送，但同一时刻一个信道只允许单方向传送，如图 1-20（b）所示。

（3）全双工通信：指数据可以同时沿相反的两个方向做双向传输，如图 1-20（c）所示。

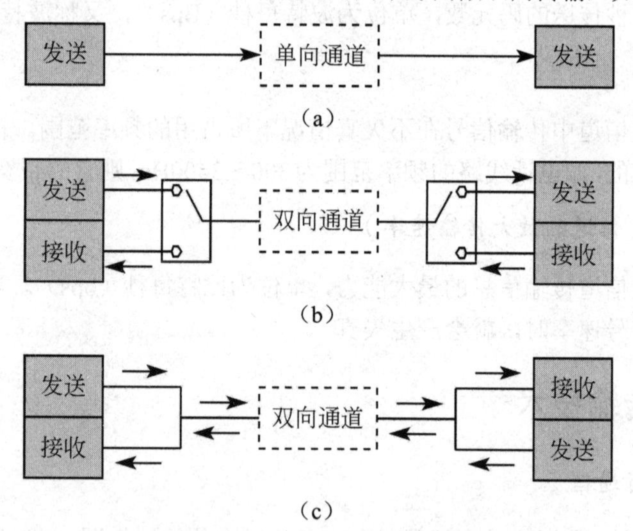

图 1-20　单工、半双工、全双工通信

3. 基带传输

在数据通信中，二进制比特序列的数字数据信号是典型的矩形脉冲信号，它是一个离散的方波，“0”代表低电平，“1”代表高电平，矩形脉冲信号的固有频带称作基本频带，简称为基带，矩形脉冲信号就叫作基带信号。

在数字通信信道上，直接传送基带信号的方法称为基带传输。基带传输是一种最基本的数据传输方式。

基带传输是在信道中直接传输数字信号，且传输媒体的整个带宽都被基带信号占用，双向地传输信息。

4. 频带传输

利用模拟信道传输数据信号的方法称为频带传输。频带传输是将数字信号调制成音频信号后再发送和传输，到达接收端时再把音频信号解调成原来的数字信号。在采用频带传输方式时，要求发送端和接收端都要安装调制器和解调器，如图 1-21 所示。

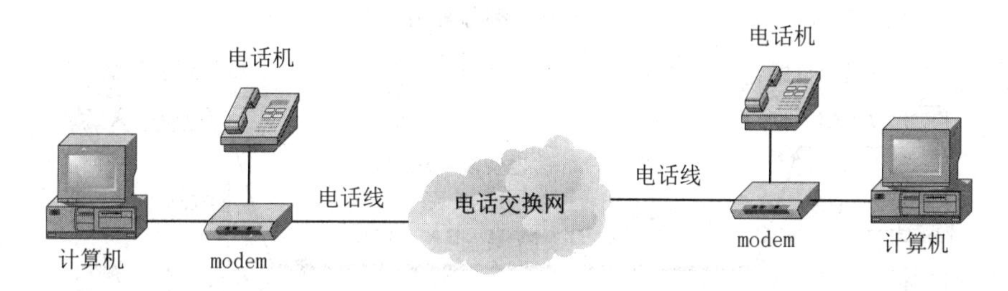

图 1-21　频带传输

5. 信道复用技术

信道复用是指利用一条物理线路实现多个通信信号的传输。信道复用的目的是让不同的计算机连接到相同的信道上，共享信道资源，如图 1-22 所示。

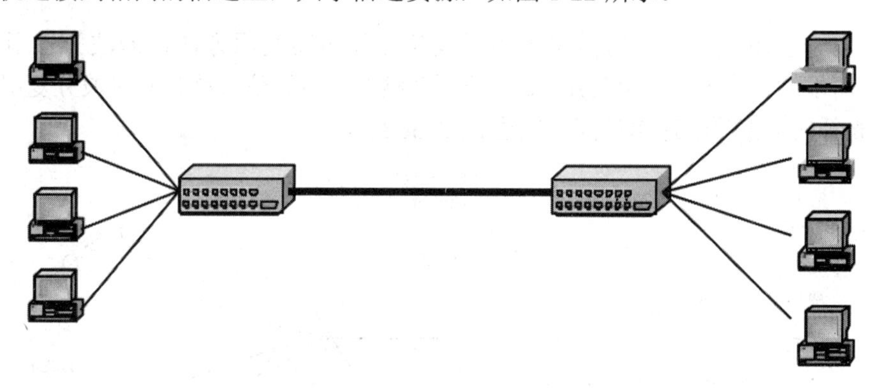

图 1-22　信道复用技术

信道复用有 4 种方式：频分复用、时分复用、波分复用和码分复用。

（1）频分复用：把信道的可用频带分成多个互不交叠的频段（带），每个信号占其中一个频段。接收时用适当的滤波器分离出不同信号，分别进行解调接收，如图 1-23 所示。

（2）时分复用：以信道传输时间作为分隔对象，将物理信道按时间分成若干互不重叠的时间片，将时间片轮流分配给多个信源来使用。每个信源在其占有时间片内，使用通信信道的全部带宽，如图 1-24 所示。

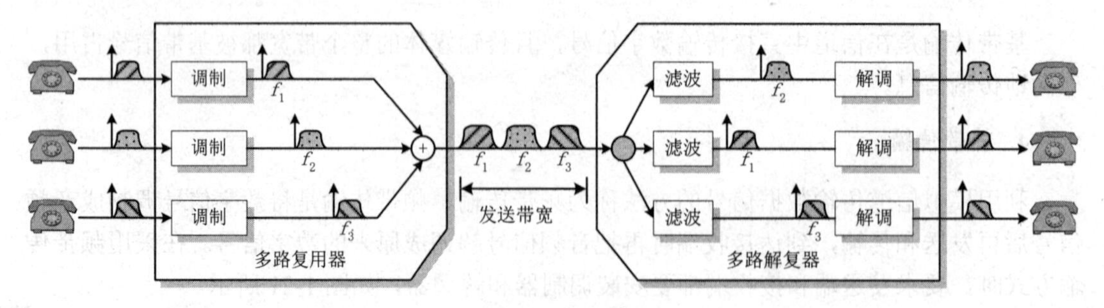

图 1-23　频分复用

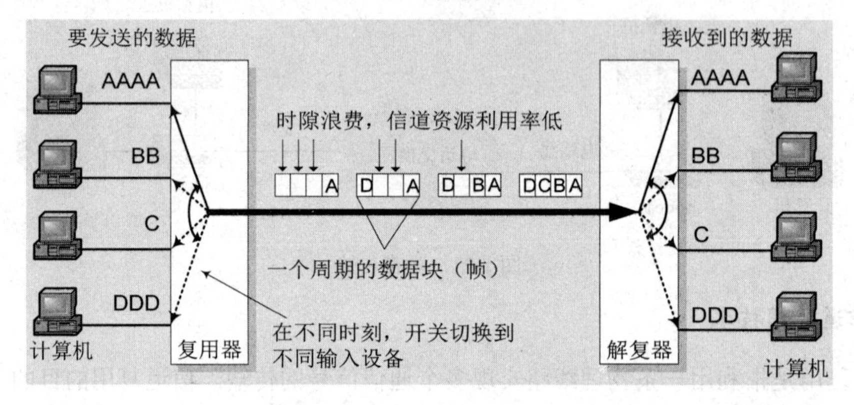

图 1-24　时分复用

（3）波分复用：光纤通道技术采用了波长分隔多路复用方法，即波分复用方法，如图 1-25 所示。在一根光纤上复用 80 路或更多路的光载波信号称为密集波分复用。目前一根单模光纤的数据传输速率最高可以达到 20Gb/s。

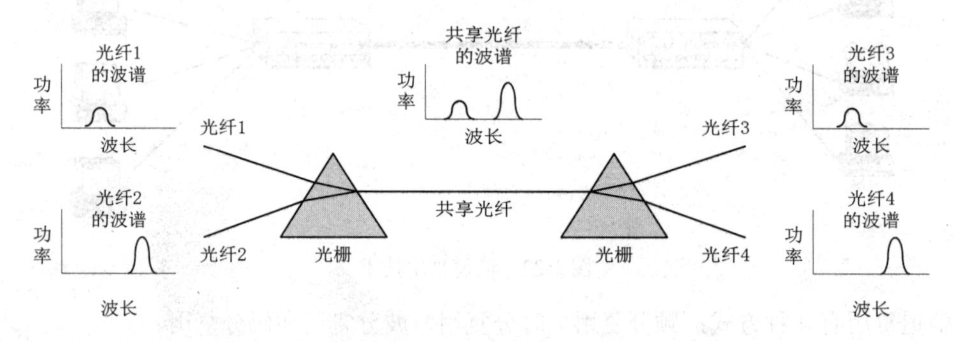

图 1-25　波分复用

（4）码分复用：码分复用是用一组包含互相正交的码字的码组携带多路信号，采用同一波长的扩频序列，频谱资源利用率高，与 WDM 结合，可以大大增加系统容量，有码分多址、频分多址（FDMA）、时分多址（TDMA）和同步码分多址（SCDMA）等相关技术，如图 1-26 所示。

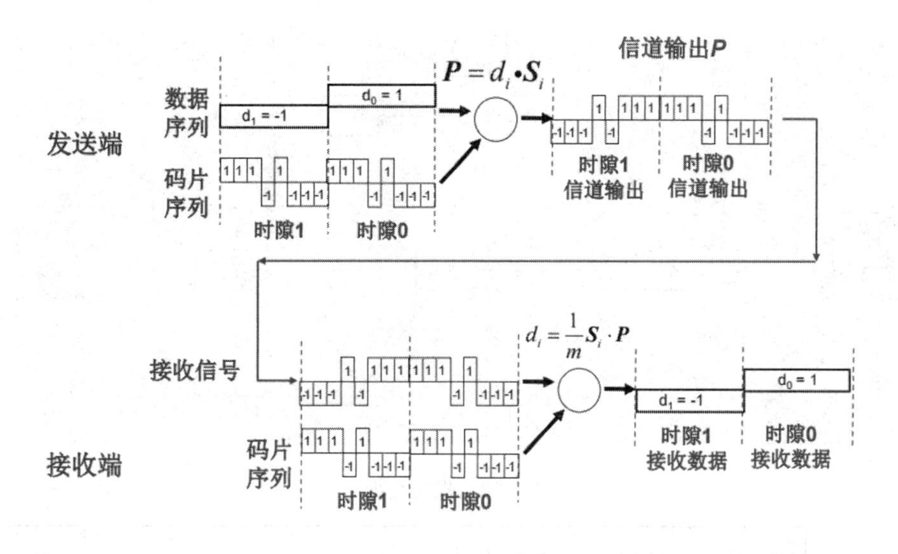

图 1-26 码分复用

1.3.4 数据交换技术

1. 电路交换

电路交换也称为线路交换，是一种直接的交换方式，为一对需要进行通信的节点提供一条临时的专用通道，如图 1-27 所示。

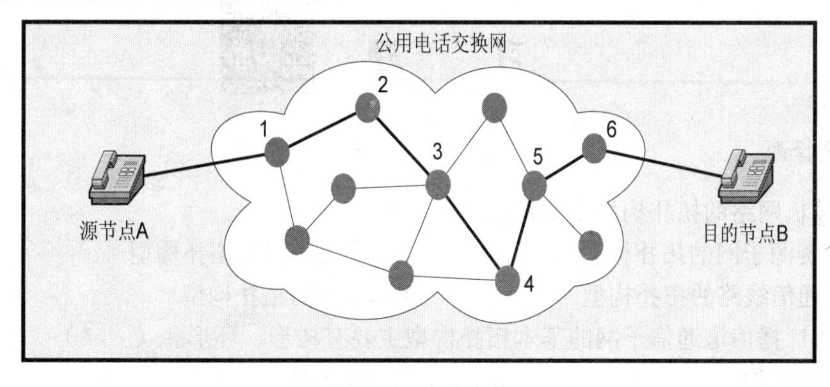

图 1-27 电路交换

2. 报文交换

数据以报文（message）为单位传输，报文可以理解为信息的一个逻辑单位，长度不限且可变，数据传送过程采用存储转发的方式，如图 1-28 所示。

3. 分组交换

分组交换也称报文分组交换（包交换），属于“存储/转发”交换，以更短的、标准的报文分组（packet）为单位进行交换传输，如图 1-29 所示。分组交换又分为数据报（datagram）分组交换和虚电路分组交换。

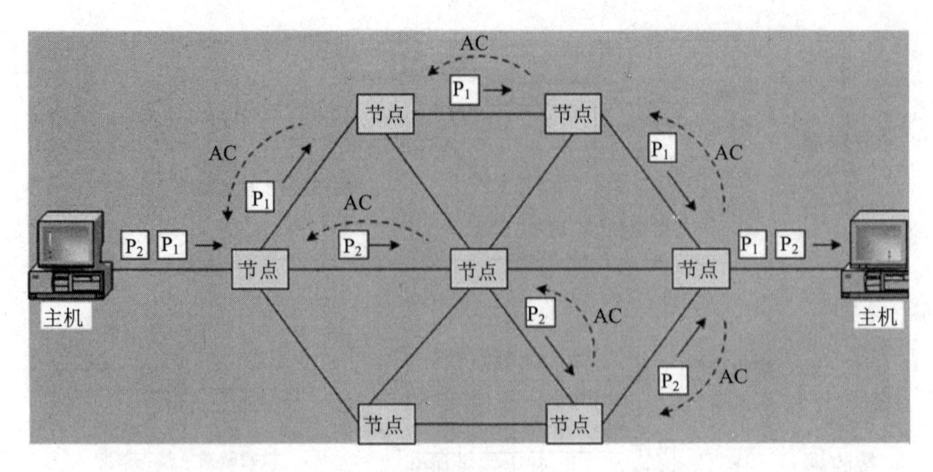

图 1-28　报文交换

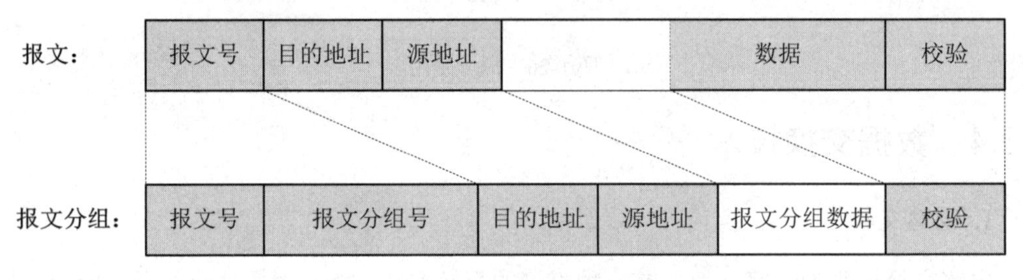

图 1-29　分组交换

习　　题

一、选择题

1. 计算机网络的拓扑构型主要是指（　　）。

   A. 资源子网的拓扑构型　　B. 通信子网的拓扑构型

   C. 通信线路的拓扑构型　　D. 主机的拓扑构型

2. 采用广播信道通信子网的基本拓扑构型主要有树形、环形和（　　）。

   A. 层次型　　B. 网格型

   C. 总线型　　D. 网状

3. 关于网络体系结构，以下描述错误的是（　　）。

   A. 物理层完成比特流的传输

   B. 数据链路层用于保证端到端数据的正确传输

   C. 网络层为分组通过通信子网选择适合的传输路径

   D. 应用层处于参考模型的最高层

4. 关于 TCP/IP 参考模型传输层的功能，以下描述错误的是（　　）。

   A. 传输层可以为应用进程提供可靠的数据传输服务

   B. 传输层可以为应用进程提供透明的数据传输服务

C. 传输层可以为应用进程提供数据格式转换服务
D. 传输层可以屏蔽低层数据通信的细节

5. 关于 WWW 服务系统，以下说法错误的是（　　）。
A. WWW 服务采用服务器/客户机工作模式
B. 页面采用 HTTP 书写而成
C. 客户端应用程序通常称为浏览器
D. 页面到页面的链接信息由 URL 维持

6. 因特网用户利用电话网接入 ISP 时需要使用调制解调器，其主要作用是（　　）。
A. 进行数字信号与模拟信号之间的变换
B. 同时传输数字信号和语音信号
C. 放大数字信号，中继模拟信号
D. 放大模拟信号，中继数字信号

7. 网络协议精确地规定了交换数据的（　　）。
A. 格式和结果　　B. 格式和时序
C. 结果和时序　　D. 格式、结果和时序

8. 以下关于 TCP/IP 的描述中，错误的是（　　）。
A. TCP/IP 传输层定义了 TCP 和 UDP 两种协议
B. TCP 是一种面向连接的协议
C. UDP 是一种面向无连接的协议
D. UDP 与 TCP 都能够支持可靠的字节流传输

9. IEEE 802.11 标准定义了（　　）。
A. 无线局域网技术规范　　B. 电缆调制解调器技术规范
C. 光纤局域网技术规范　　D. 宽带网络技术规范

10. 在令牌总线和令牌环局域网中，令牌是用来控制节点对总线的（　　）。
A. 传输速率　　B. 传输延迟
C. 误码率　　D. 访问权

11. 在总线型局域网中，由于总线作为公共传输介质被多个节点共享，因此在工作过程中需要解决的问题是（　　）。
A. 拥塞　　B. 冲突　　C. 交换　　D. 互联

二、简答题

1. 什么是计算机网络，计算机网络由哪些部分组成？
2. 简述计算机网络的主要功能。
3. 局域网、城域网和广域网的主要特征是什么？
4. 什么是网络协议，网络协议在网络中的作用是什么？
5. 简述 TCP/IP 的五个层次及其功能。
6. 简述数据传输技术的分类。

情 2 景

交换机与无线技术

随着企业的发展壮大，许多企业都会构建独立的内部网络，同时希望实现部门间网络的安全隔离。构建局域网的主要网络设备是交换机，通过交换机的 VLAN 技术，可以实现部门间网络的安全隔离，如果部门间想共享资源，利用交换机的三层路由技术，可以实现部门间网络的互联互通。企业网络依靠接入层、分布层和核心层的交换机来分隔网段和实现调整连接。

在本学习情景中，包括以下 6 个工作任务。

任务 2.1　交换机基本知识

任务 2.2　组建单交换机上安全隔离的部门间网络

任务 2.3　组建多交换机上安全隔离的部门间网络

任务 2.4　组建互联互通的部门间网络

任务 2.5　防止交换环路——STP 技术

任务 2.6　组建无线局域网

任务 2.1　交换机基本知识

任务描述

你是某公司新进的网管，公司要求你熟悉网络互联产品。公司采用全系列锐捷网络产品，你要登录交换机，了解、掌握交换机的命令行操作，配置交换机设备名和交换机登录时的描述信息，为交换机的端口配置基本的参数。

知识引入

在传统的共享式局域网中，所有的节点共享一条公共通信传输介质，不可避免地会有冲突发生。随着局域网规模的扩大，网中节点数不断增加，每个节点平均分配的带宽就减少了。因此，当网络通信负荷加重时，冲突与重发现象将大量发生，网络效率将会急剧下降。为了解决网络规模与网络性能之间的矛盾，可以利用局域网交换机，将共享式局域网改为交换式局域网。

局域网交换机有多个端口，每个端口都是独立的，有自己的独立通路，从根本上改变了共享局域网“共享介质”的工作方式，支持交换机端口节点的多个并发连接，实现多节点之间数据的并发传输。因此，局域网交换机可以增加网络带宽，改善局域网的性能和服务质量。在本任务中，可了解以下知识点：

❖ 交换机是带操作系统（OS）的计算机，而且有专为交换处理而设计的硬件。
❖ 交换机的命令行操作。
❖ 如何配置交换机端口的参数。

2.1.1　交换机内部构造

1. 交换机的硬件构成

交换机一般包括以下硬件。

（1）CPU。

（2）背板的 ASIC 芯片。

（3）RAM、ROM。

（4）Flash。

（5）交换机接口：包括 RJ-45 接口、光纤接口和 Console 接口等，如图 2-1 所示。

图 2-1　交换机接口

① RJ-45 接口。这种接口就是最常见的网络设备接口，俗称“水晶头”，专业术语为 RJ-45 连接器，属于双绞线以太网接口类型。

② GBIC 接口。GBIC（gigabit interface converter）是一个通用的、低成本的千兆位以太网模块，可提供交换机间的高速连接，既可建立高密度端口的堆叠，又可实现与服务器或千兆位主干的连接。此外，借助光纤，还可实现与远程高速主干网络的连接。

在 GBIC 接口中可以插入 1000Base-T GBIC 模块（如图 2-2 所示，用于双绞线连接）和 SC 模块（如图 2-3 所示，用于光纤连接，支持 1000Base-SX/LX/ZX 技术）。

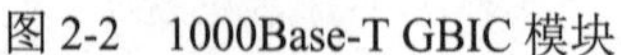

图 2-2 1000Base-T GBIC 模块

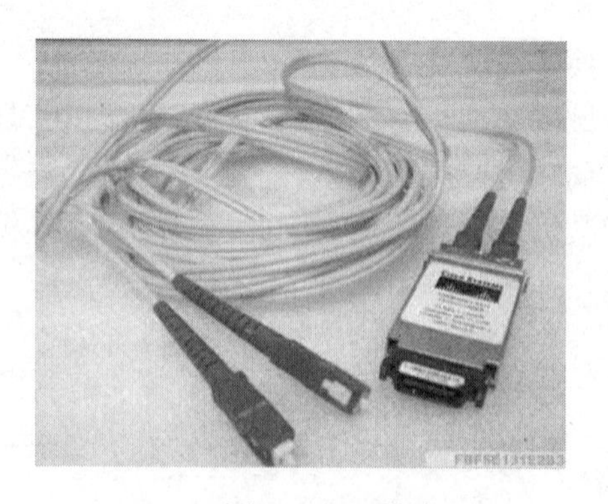

图 2-3 SC 模块

③ SFP 接口。SFP（small form-factor pluggable）可以简单地理解为 GBIC 的升级版本。SFP 模块（见图 2-4）的体积比 GBIC 模块减少一半，可以在相同面板上配置多出一倍以上的端口数量。有些交换机厂商将其称为小型化 GBIC（mini-GBIC）。

图 2-4 SFP 模块

在 SFP 接口中插入 SFP 模块，支持 1000Base-SX/LX/ZX 技术。

④ Console 接口。可网管交换机上都有一个 Console 接口，它是专门用于对交换机进行配置和管理的接口。用于交换机配置的 Console 接口并不都一样，有的交换机采用 RJ-45 类型的 Console 接口，而有的交换机则采用串口作为 Console 接口。

2. 交换机的软件系统

交换机所使用的操作系统是 IOS，IOS 的优点在于命令体系比较易用。利用操作系统所提供的命令，可实现对交换机的配置与管理。

IOS 操作系统具有以下特点。

（1）支持通过命令行界面（CLI）或 Web 界面对交换机进行配置。

（2）支持通过交换机的控制端口或 Telnet 会话登录、连接、访问交换机。

（3）提供用户模式和特权模式两种命令执行级别，并提供全局配置、接口配置、子接口配置和 VLAN 数据库配置等多种级别的配置模式，以允许用户对交换机的资源进行配置。

2.1.2 交换机的交换原理

1. 交换机的功能

最早的局域网交换机结合了集线器和网桥的功能，而现在的局域网交换机已经超越了这些基本功能。交换机具有以下基本功能。

- 像集线器一样，交换机提供大量的端口来连接电缆，构成物理星形拓扑结构。
- 像集线器和网桥一样，在进行帧的转发时，交换机会再生出一个清晰的方波电信号。
- 像网桥一样，交换机的每个端口都使用相同的转发 / 过滤逻辑。

2. MAC 地址表

交换机的数据帧的转发与过滤是由 MAC（media access control）地址表来决定的。在 MAC 地址表中，一条表项主要由一个主机 MAC 地址和该地址所位于的交换机端口号组成。表 2-1 为 MAC 地址映射表。交换机初始化时交换机的 MAC 地址表为空。

表 2-1　MAC 地址映射表

端　口	MAC 地址
1	00:0C:76:C1:D0:06(A)
1	00:0C:34:B4:A0:60(B)
1	00:00:E7:45:C9:60(C)
2	00:E0:4C:6C:10:E5(D)
3	00:0B:6A:E5:D4:1D(E)
4	00:0B:6A:B4:A0:60(F)
5	00:E0:4C:42:53:95(G)
5	00:0C:76:41:97:FF(H)
5	02:00:4C:4F:4F:50(I)

3. 交换机数据帧的转发

交换机根据数据帧的 MAC 地址（即物理地址）进行数据帧的转发操作，如图 2-5 所示。交换机转发数据帧时，遵循以下规则。

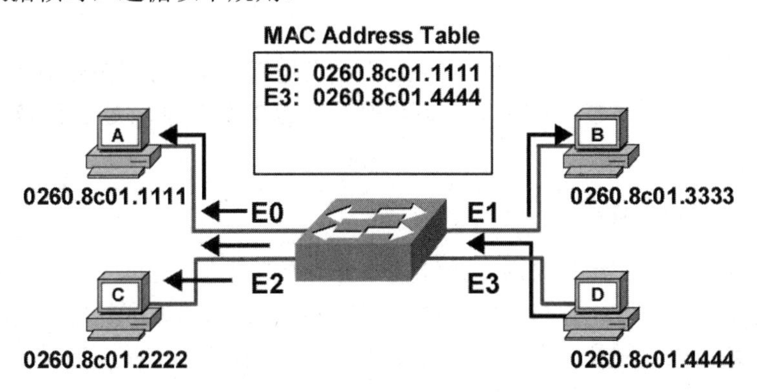

图 2-5　交换机数据帧转发

❖ 如果数据帧的目的 MAC 地址是广播地址或者组播地址，则向交换机所有端口转发（除数据帧来的端口）。
❖ 如果数据帧的目的地址是单播地址，而且这个地址并不在交换机的 MAC 地址表中，那么也会向所有的端口转发（除数据帧来的端口），即广播数据帧，如图 2-6 所示。

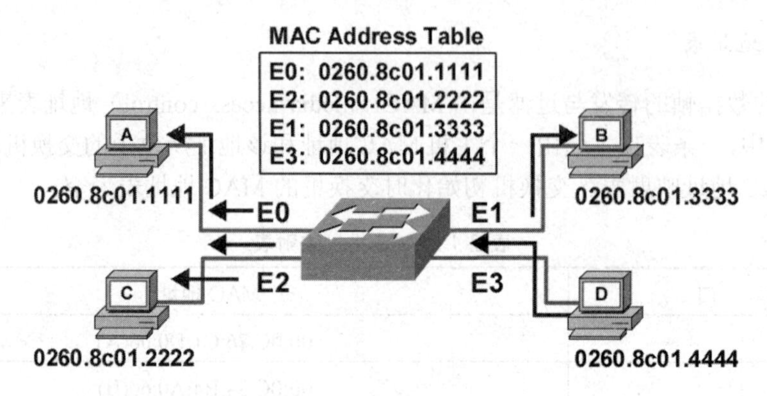

图 2-6　交换机数据帧广播

❖ 如果数据帧的目的地址在交换机的 MAC 地址表中，那么就根据 MAC 地址表转发到相应的端口。
❖ 如果数据帧的目的地址与数据帧的源地址在一个网段上，交换机会丢弃这个数据帧，交换也就不会发生。

以太网交换机的数据交换与转发方式可以分为直接交换、存储转发交换和改进的直接交换 3 类。

（1）直接交换：在直接交换方式下，交换机边接收边检测。一旦检测到目的地址字段，便将数据帧传送到相应的端口上，而不管这一数据是否出错，出错检测任务由节点主机完成。

（2）存储转发交换：在存储转发方式中，交换机首先要完整地接收站点发送的数据，并对数据进行差错检测。如接收数据是正确的，再根据目的地址确定输出端口号，将数据转发出去。

（3）改进的直接交换：改进的直接交换方式是将直接交换与存储转发交换结合起来，在接收到数据的前 64B（字节）之后，判断数据的头部字段是否正确，如果正确则转发出去。

4. 交换机数据帧的过滤

交换机建立起 MAC 地址表后，就可以对通过的信息进行过滤了。以太网交换机在地址学习的同时检查每个帧，并基于帧中的目的地址做出是否转发或转发到何处的决定。如图 2-7 所示，两个以太网和三台计算机通过以太网交换机相互连接。通过一段时间的地址学习，交换机会形成表 2-1 所示的 MAC 地址表。

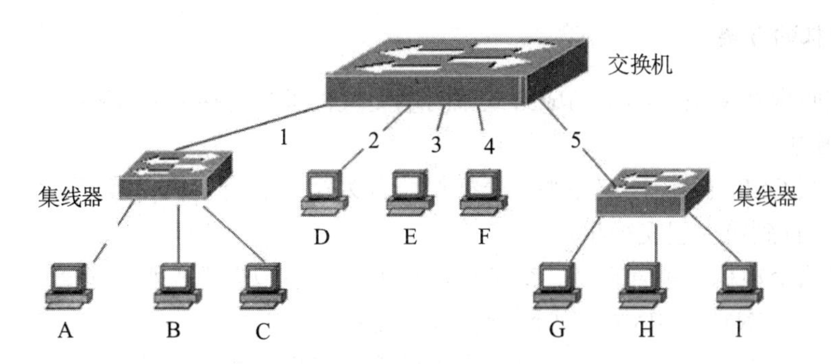

图 2-7　交换机数据帧的过滤

5. 交换机地址管理机制

交换机的 MAC 地址表中，一条表项主要由一个主机 MAC 地址和该地址所位于的交换机端口号组成。整张地址表的生成采用动态自学习的方法，即当交换机收到一个数据帧以后，将数据帧的源地址和输入端口记录在 MAC 地址表中。思科的交换机中，MAC 地址表放置在内容可寻址存储器（content-address able memory，CAM）中，因此也被称为 CAM 表。

6. 交换机的冲突域与广播域

交换机的冲突域仅局限于交换机的一个端口上。如图 2-8 所示，一个站点向网络发送数据，集线器会向所有端口转发，而交换机将通过对帧的识别，只将帧单点转发到目的地址对应的端口，而不是向所有端口转发，从而有效地提高了网络的可利用带宽。

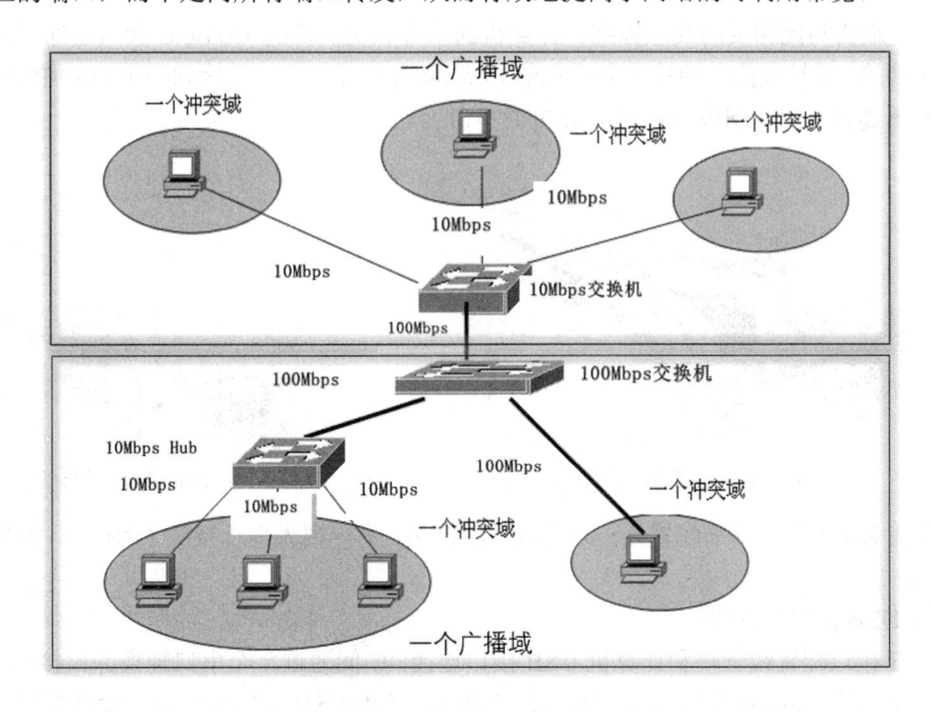

图 2-8　交换机的冲突域与广播域

7. 交换机的分类

（1）按照现在复杂的网络构成方式，网络交换机可分为接入层交换机、汇聚层交换机和核心层交换机。

（2）按照 OSI 的七层网络模型，交换机可分为第二层交换机、第三层交换机、第四层交换机等，一直到第七层交换机。

（3）按照交换机的可管理性，交换机可分为可管理型交换机和不可管理型交换机，它们的区别在于对 SNMP、RMON 等网管协议的支持。

（4）按照是否可堆叠，交换机可分为可堆叠型交换机和不可堆叠型交换机两种。引入堆叠技术的一个主要目的是增加端口密度。

（5）按交换机的端口结构，交换机大致可分为固定端口交换机和模块化交换机。

2.1.3 交换机的基本配置

1. 交换机的配置线

1）串行配置线

串行配置线两端均为串行接口，两端可以分别插入计算机的串口和交换机的 Console 接口。目前这种类型的配置线已不多见。

2）RJ-45 接头扁平配置线

RJ-45 接头扁平配置线两端均为 RJ-45 接头（RJ-45-to-RJ-45），如图 2-9 所示。该配置线又称为反转线，实际内部是双绞线线序标准，一端为 EIA/TIA 568A 或 EIA/TIA 568B 标准，另一端为与此相反的线序标准。计算机的串口和交换机的 Console 接口是通过反转线进行连接的，反转线的一端接在交换机的 Console 接口上，另一端接到一个 DB9-RJ45 转接头（见图 2-10）上，DB9 则接到计算机的串口上。

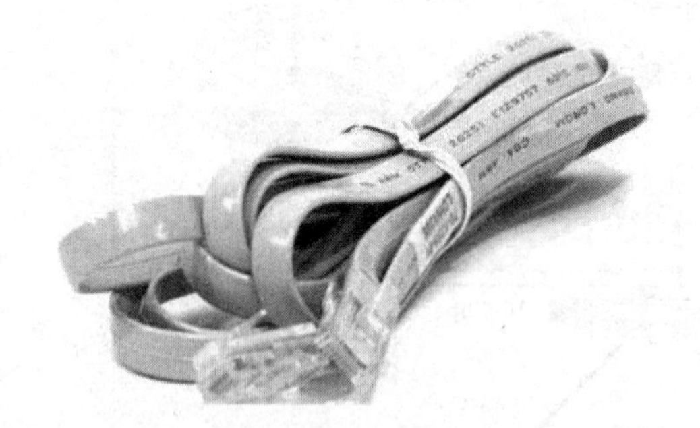

图 2-9 RJ-45 接头扁平配置线

图 2-10 DB9-RJ45 转接头

有些 RJ-45 接头扁平配置线一端为 RJ-45 接头，另一端为串行接头（DB9），如图 2-11 所示。

3）USB 接口配置线

USB 接口配置线一端和计算机 USB 接口连接，中间通过一个串口转换并口接头，另一端和交换机的 Console 接口连接，如图 2-12 所示。使用 USB 接口配置线一般需要在配置计算机上安装 USB 接口转并口的驱动程序，通过 COM5 或 COM7 端口连接。

图 2-11　固定 DB9 接口配置线

图 2-12　USB 接口配置线

2. 交换机配置的登录方式

（1）使用 PC（个人计算机）通过 Console 接口对交换机进行配置和管理。新交换机在进行第一次配置时必须通过 Console 接口访问。

（2）通过 Telnet 对交换机进行远程管理。如果管理员不在交换机跟前，可以通过 Telnet 远程配置交换机，当然这需要预先在交换机上配置 IP 地址和密码。

（3）通过 Web 对交换机进行远程管理。

（4）通过 Ethernet 上的 SNMP 网管工作站对交换机进行管理。通过网管工作站进行配置，需要在网络中有至少一台运行 Ciscoworks 及 CiscoView 等的网管工作站，还需要另外购买网管软件。

3. 交换机工作模式及转换

如图 2-13 所示为交换机的不同工作模式以及各模式之间的关系。

1）用户模式

当 PC 和交换机建立连接，配置好仿真终端时，首先处于用户模式（user EXEC 模式）。

在用户模式下，可以使用少量用户模式命令，命令的功能也受到一定限制。用户模式命令的操作结果不会被保存。

用户模式的命令行提示符为：

```
switch>
```

2）特权模式

要想在可网管交换机上使用更多的命令，必须进入特权模式（privileged EXEC 模式）。

通常由用户模式进入特权模式时，必须输入进入特权模式的命令：enable。在特权模式下，用户可以使用所有的特权命令，可以使用命令的数目也增加了很多。例如，可以查看交换机的状态信息、保存对交换机的配置操作、删除交换机的配置信息。

特权模式的命令行提示符为：

```
switch#
```

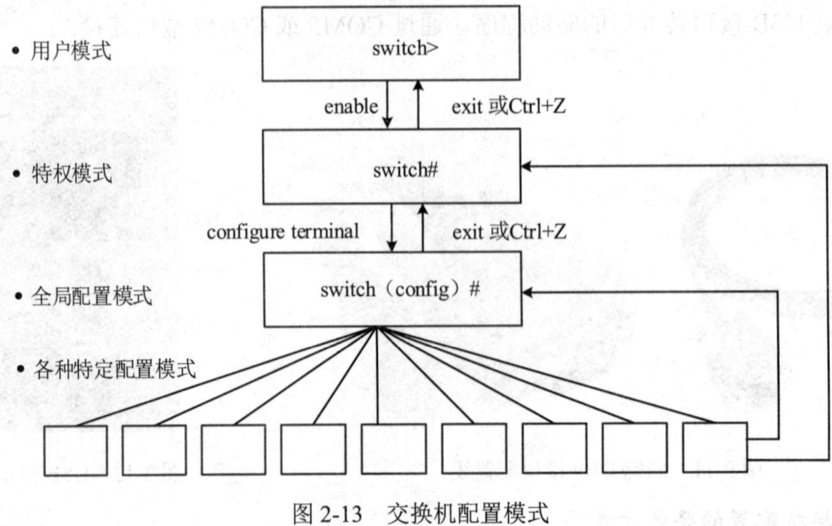

图 2-13　交换机配置模式

3）配置模式

通过 configure terminal 命令，可以由特权模式进入配置模式（全局配置模式，包括接口配置模式、VLAN 配置模式、线程配置模式）。在配置模式下，可以使用更多的命令来修改交换机的系统参数。使用配置模式的命令会对当前的配置产生影响。如果用户保存了配置信息，这些命令将被保存下来，并在系统重新启动时再次执行。

（1）全局配置模式。要进入各种子配置模式（接口配置模式、VLAN 配置模式、线程配置模式），首先必须进入全局配置模式。通过 configure terminal 命令，可由特权模式进入全局配置模式。从全局配置模式出发，可以进入各种子配置模式。

（2）接口配置模式。在全局配置模式下，使用 interface 命令进入该模式。在 interface 命令中必须指明要进入哪一个接口配置子模式。使用该命令可以配置交换机的各种接口。

（3）VLAN 配置模式。在全局配置模式下，使用 vlan vlan-id 命令进入该模式。使用该模式可以配置 vlan 参数。

（4）线程配置模式。在全局配置模式下，执行 line VTY 或 line console 命令，将进入线程配置模式。该模式主要用于对虚拟终端（VTY）和控制台接口进行配置，其配置主要是设置虚拟终端和控制台的用户级登录密码。

线程配置模式的命令行提示符为：

```
switch(config-line)#
```

4. 配置交换机时如何获得帮助

1）使用“？”获得帮助

在命令提示符下，输入问号（？），可以列出每个命令模式可以使用的命令。

2）使用 Tab 键获得帮助

用户可以使用 Tab 键获得帮助，按 Tab 键可以自动补齐命令剩余的字母。

3）使用命令简写获得帮助

先输入命令的前几个字母，然后按 Enter 键，可以自动执行对应的操作。

4）使用历史缓冲区加快操作

可以按↑和↓方向键将以前操作过的命令重新调出使用。

任务实施

任务目标：

将计算机的 COM 接口和交换机的 Console 接口通过 Console 线缆连接起来，使用 Windows 提供的超级终端工具进行连接，并登录交换机的命令行界面进行交换机基本配置。

实验拓扑：

本任务的实验拓扑图如图 2-14 所示。

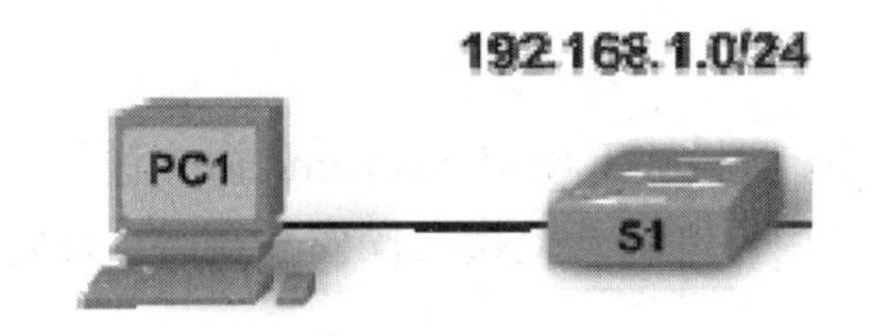

图 2-14　实验拓扑图

实验原理：

交换机的管理方式基本分为两种：带内管理和带外管理。通过交换机的 Console 接口管理交换机属于带外管理，不占用交换机的网络接口，但线缆特殊，需要近距离配置。第一次配置交换机时必须利用 Console 进行配置，使其支持 Telnet 远程管理。

交换机的命令行操作模式主要包括用户模式、特权模式、全局配置模式、端口模式等几种。

- 用户模式：进入交换机后的第一个操作模式，该模式下可以简单查看交换机的软、硬件版本信息，并进行简单的测试。用户模式提示符为 switch>。
- 特权模式：由用户模式进入的下一级模式，该模式下可以对交换机的配置文件进行管理，查看交换机的配置信息，进行网络的测试和调试等。特权模式提示符为 switch#。
- 全局配置模式：属于特权模式的下一级模式，该模式下可以配置交换机的全局性参数（如主机名、登录信息等）。在该模式下可以进入下一级的配置模式，对交换机具体的功能进行配置。全局模式提示符为 switch(config)#。
- 端口模式：属于全局配置模式的下一级模式，该模式下可以对交换机的端口进行参数配置。

实验步骤：

第 1 步：交换机命令行的基本功能。

配置交换机时，需要执行一些基本任务，包括用户模式、特权模式、全局配置模式的转换，命名交换机，设置交换机口令，保存交换机更改。

1. 用户模式、特权模式、全局配置模式的转换

```
switch>
switch>enable
switch#
switch#disable
switch>enable
switch#config terminal
switch(config)#
```

其中，switch 是交换机的名字，而>代表是在用户模式下。enable 命令可以使交换机从用户模式进入特权模式，disable 命令则相反，如果不用 disable，也可以使用 exit 命令代替。特权模式下的提示符为#，全局配置模式下的提示符为(config)#。

2. 命名交换机

命名交换机需要在全局配置模式下使用 hostname 命令进行。配置步骤如下。

（1）登录用户模式。当用户刚登录交换机操作系统时，首先进入用户模式。用户模式提示符如下：

```
switch>
```

（2）进入特权模式。使用 enable 命令进入特权模式。在此模式下，用户可以查看交换机的配置情况，保存对交换机的配置操作。提示符在此模式下将从>更改为#。

```
switch>enable
switch#
```

（3）使用 configure terminal 命令进入全局配置模式。

```
switch#configure terminal
switch(config)#
```

然后使用 hostname 命令为交换机设置唯一的主机名。

```
switch(config)#hostname sw
```

其中，hostname sw 中的 hostname 为命令名称，后面跟着的 sw 则为命令所带的参数，在这里，sw 代表需要更换为的交换机名称。输入上述命令后，交换机提示符如下：

```
sw(config)#
```

3. 设置交换机口令

在交换机操作系统中可以配置控制台口令（用户从控制台进入用户模式所需的口令）、AUX 口令（从辅助端口进入用户模式的口令）、Telnet 或 VTY 口令（用户远程登录的口令）。此外，还有 enable 口令（从用户模式进入特权模式的口令）。图 2-15 显示了登录过程及不同口令的名称。

设置各种模式（用户模式、特权模式等），可以阻止非法用户登录交换机进行破坏性操作。

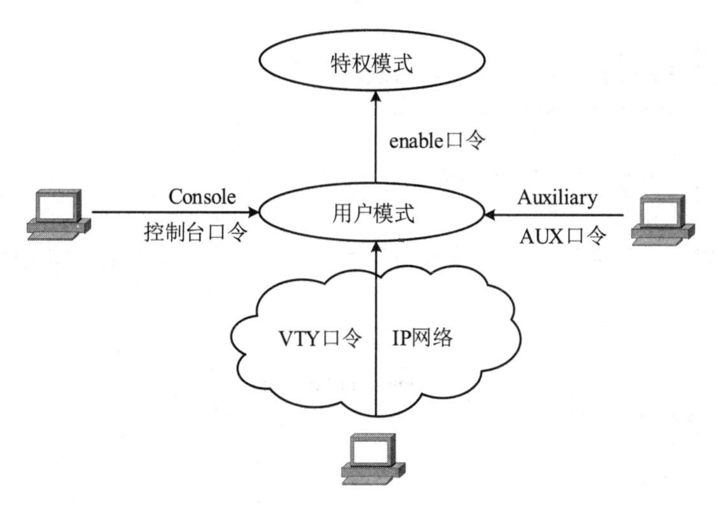

图 2-15　控制台、AUX、VTY 及 enable 口令

现在配置一个口令，用于稍后进入特权模式。在我们的实验室环境中，采用口令 class。但是在生产环境中，交换机应采用强口令。

```
sw(config)#enable secret class
```

在 enable secret class 命令中，enable secret 为命令部分。class 为参数部分。在这里，class 为要设置的交换机特权模式口令。

然后，将控制台和 Telnet 的口令配置为 cisco。同样，口令 cisco 仅在我们的实验室环境中使用。login 命令用于对命令行启用口令检查。如果不在控制台命令行中输入 login 命令，那么用户无须输入口令即可获得命令行访问权。

```
sw(config)#line console 0
sw(config-line)#password cisco
sw(config-line)#login
sw(config-line)#exit
sw(config)#line vty 0 4
sw(config-line)#password cisco
sw(config-line)#login
sw(config-line)#exit
```

4. 保存交换机更改

```
sw#write
sw#
```

5. 交换机配置入门

1）CLI 命令帮助

（1）在任何模式下，输入“？”，即可显示在该模式下的所有命令。例如，在特权模式下输入“？”，将显示在特权模式下可执行的命令列表。

```
switch #?
```

```
Exec commands:
access-enable      Create a temporary Access-List entry
access-profile     Apply user-profile to interface
…
dot1x              Dot1x Exec Commands
--More--
```

（2）命令输入中的帮助功能。输入命令后加上“？”，即可显示该命令的帮助说明。例如：

```
switch #traceroute ?
  WORD        Trace route to destination address or hostname
  appletalk   AppleTalk Trace
  clns        ISO CLNS Trace
  ip          IP Trace
  ipv6        IPv6 Trace
  ipx         IPX Trace
  <cr>
```

（3）如果不会正确拼写某个命令，可以输入前几个字母，在其后紧跟一个问号，交换机即提示有什么样的命令与其匹配。例如：

```
switch #t?
telnet    terminal    test    traceroute    tunnel
```

（4）如果不知道命令行后面的参数，可以在该命令的关键字后面空一个格，再输入“？”，交换机即会提示用户与“？”位置对应的参数是什么。例如：

```
switch#show ip  cache ?
  A.B.C.D        prefix of entries to show
  flow           flow cache entries
  verbose        display extra information
  |              Output modifiers
  <cr>
```

2）命令的快速输入

Cisco 交换机的用户界面比较简单，输入时，在任何模式下，只要输入命令行的关键字从左至右所包含的字母能将该命令与同一模式下的其他命令区别开，交换机就能够接收该命令。例如：

```
hostname # wri t
```

wri t 是命令 write terminal 的缩写，字符串 wri t 足以使交换机正确地解释这个命令，在屏幕上显示交换机的配置。

又如：

```
interface Fastethernet 0/0
```

可以写成

```
int f0/0
```

实际使用这些命令时，可根据习惯使用相应的缩写，以加快输入速度。

3）配置命令的删除

要删除某条配置命令，在原配置命令前输入 no 并空一个格即可。例如，要删除已经输入的 boot system flash 命令，在相同模式下，可以输入 no boot system flash。

交换机利用输出的最下面的一行“--More--”来通知用户还有更多的内容等待输出，有 3 种选择：

- ❖ 按空格键，获得下一屏的信息。
- ❖ 按 Enter 键，获得下一行的信息。
- ❖ 按其他键，终止这个命令的输出。

第 2 步：配置二层交换机接口。

1. 端口选择

1）选择一个端口

在对端口进行配置之前，应先选择所要配置的端口，端口选择命令为：

```
switch (config) #interface type mod/port
switch (config-if) #
```

例如，若要配置 Cisco 3550 第 12 号端口，则命令为：

```
switch (config) #interface fa 0/12
switch (config-if) #
```

2）选择多个端口

交换机大多支持使用 range 关键字来指定一个端口范围，从而实现选择多个端口，并对这些端口进行统一的配置。

同时选择多个交换机端口的配置命令为：

```
switch (config) #interface range type mod/startport-endport
switch (config-if-range) #
```

其中，startport 代表要选择的起始端口号，endport 代表结尾的端口号，中间为连字符“-”。

2. 配置以太网端口

对端口的配置，均在接口配置模式下进行。

1）为端口指定一段描述性文字

在实际配置中，可为端口指定一段描述性的说明文字，对端口的功能和用途等进行说明，以起备忘作用，其配置命令为：

```
switch (config-if) #description port-description
```

如果描述文字中包含空格，则要用引号将描述文字引起来。

例如，若 Cisco 3550 交换机的快速以太网端口 2 连接家属区，需要给该端口添加一段备注说明文字，则配置命令为：

```
switch (config) #int fa 0/2
```

```
switch (config-if) #description  "link to jiashuqu"
```

2）设置端口通信速度

配置命令为：

```
switch (config-if) #speed [10|100|1000|auto]
```

例如，若 Cisco 3550 交换机的快速以太网端口 2 的通信速度设置为 100Mb/s，则配置命令为：

```
switch (config) #int fa 0/2
switch (config-if) #speed 100
```

3）设置端口的单双工模式

配置命令为：

```
switch (config-if) #duplex  [half|full|auto]
```

例如，若 Cisco 3550 交换机的快速以太网端口 2 设置为全双工通信模式，则配置命令为：

```
switch (config) #int fa 0/2
switch (config-if) #duplex full
```

4）启用或禁用端口

可根据管理的需要，对正在工作的端口进行启用或禁用。

禁用端口的配置命令为：

```
switch (config-if) #shutdown
```

启用端口的配置命令为：

```
switch (config-if) #no shutdown
```

第 3 步：查看交换机配置情况。

1. 查看 IOS 版本

```
switch#show version
```

2. 查看配置信息

```
switch#show running-config                //显示当前正在运行的配置
switch#show startup-config                //显示保存在NVRAM中的启动配置
```

3. 查看端口信息

若要查看某一端口的工作状态和配置参数，可使用 show interface 命令，其配置命令为：

```
show int  type mod/port
```

其中，type 表示端口类型，类型通常可简化为 e、fa、gi 和 tengi。mod/port 表示端口所在的模块和在该模块中的编号。

例如，若要查看 Cisco catalyst 2950 交换机 0 号模块的 12 号端口的信息，则命令为：

```
switch#show interface    fa 0/12
```

4. 显示交换表信息

1）查看交换机的 MAC 地址表

查看交换机的 MAC 地址表的命令为：

```
switch#show mac-address-table [dynamic|static] [vlan vlan-id]
```

该命令用于显示交换机的 MAC 地址表，若指定 dynamic，则显示动态学习到的 MAC 地址；若指定 static，则显示静态指定的 MAC 地址表；若未指定，则显示全部。vlan vlan-id 用于查看指定 VLAN 学习到的 MAC 地址。

例如，若要显示交换机从各个端口学习到的 MAC 地址，则查看命令为：

```
switch#show mac-address-table dynamic
```

2）查看从某个端口学习到的 MAC 地址

若要查看交换机从某个端口学习到的 MAC 地址表，则命令为：

```
switch#show mac-address-table dynamic|static interface type mod/port
```

例如，若要显示 Cisco 2950 交换机 0 号模块的 1 号端口动态学习到的 MAC 地址，则查看命令为：

```
switch#show mac-address-table dynamic int fa 0/1
switch#show mac-address-table    dynamic interface fastEthernet 0/1
Mac Address Table
------------------------------------------
Vlan    Mac Address       Type        Ports
----    -----------       --------    -----
   1    000f.e200.b749    DYNAMIC     Fa0/1
   1    000f.e201.4975    DYNAMIC     Fa0/1
  24    000f.e207.484d    DYNAMIC     Fa0/1
  24    000f.e226.c3ac    DYNAMIC     Fa0/1
  32    000f.e207.484d    DYNAMIC     Fa0/1
  32    000f.e226.c3ac    DYNAMIC     Fa0/1
 999    000d.8716.c908    DYNAMIC     Fa0/1
 999    000f.e200.b749    DYNAMIC     Fa0/1
 999    00e0.fc09.bcf9    DYNAMIC     Fa0/1
 999    00e0.fc31.7406    DYNAMIC     Fa0/1
Total Mac Addresses for this criterion: 25
```

任务 2.2　组建单交换机上安全隔离的部门间网络

任务描述

某企业采购部、财务部、研发部三个部门分别组建了自己的局域网，为了实现资源共享和接入Internet，财务部和研发部的局域网都接到了采购部的网络，三个部门在一个网段内，但在使用过程中发现，网络经常出现瘫痪的情况。在这种情况下需要将三个部门划分在不同的子网内，要求各部门内部主机之间有一些业务可以相互访问，但为了安全，各部门之间禁止访问。由于经费紧张，三个部门只购买了一台可网管的交换机，因此需要在这台可网管交换机上利用VLAN（virtual local area network，虚拟局域网）技术来实现部门间网络的安全隔离。

知识引入

传统的局域网中，通常一个工作组（workgroup）在同一个网段上，每个网段可以是一个逻辑工作组或子网。多个逻辑工作组之间通过实现互连的网桥或路由器来交换数据。因此，逻辑工作组的组成要受节点所在网段的物理位置限制。

虚拟局域网（VLAN）建立在交换技术基础上，是通过将局域网内的设备逻辑地而不是物理地划分成一个个网段，从而实现虚拟工作组的技术。交换式局域网是VLAN的基础，VLAN是交换式局域网的灵魂。在本任务中，可了解以下知识点：

❖ VLAN技术的概念。
❖ VLAN的作用。
❖ VLAN的配置。

2.2.1 VLAN技术

1. VLAN的概念

VLAN是指在交换局域网的基础上，采用网络管理软件构建的可跨越不同网段、不同网络的端到端的逻辑网络。VLAN通过交换机软件实现根据功能、部门、应用等因素将设备或用户组成虚拟工作组或逻辑网段的技术，其最大的特点是在组成逻辑网时无须考虑用户或设备在网络中的物理位置。虚拟局域网可以在一台交换机上或者跨多台交换机中实现。VLAN工作在OSI参考模型的第2层和第3层，VLAN之间的通信是通过第3层的路由器来完成的。

VLAN一般基于工作功能、部门或项目团队来逻辑地分隔交换网络，而不管使用者在网络中的物理位置。同组内全部的工作站和服务器共享在同一VLAN，不管物理连接和位置在哪里。

在此让我们先复习一下广播域的概念。广播域指的是广播帧（目标MAC地址全部为1）所能传递到的范围，亦即能够直接通信的范围。严格地说，并不仅仅是广播帧，多播帧（multicast frame）和目标不明的单播帧（unknown unicast frame）也能在同一个广播域中畅行无阻。

本来，二层交换机只能构建单一的广播域，而使用VLAN功能后，它能够将网络分隔成多个广播域。

那么，为什么需要分隔广播域呢？因为如果仅有一个广播域，有可能会影响网络整体的传输性能。具体原因请参看图2-16加深理解。

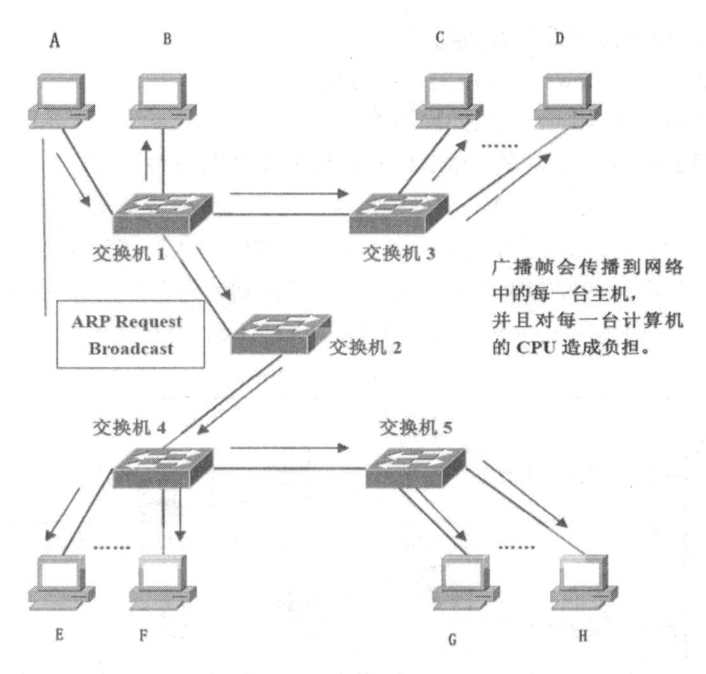

图 2-16　广播帧造成的危害

图 2-16 所示是一个由 5 台二层交换机（交换机 1～5）连接了大量客户机构成的网络。假设计算机 A 需要与计算机 B 通信。在基于以太网的通信中，必须在数据帧中指定目标 MAC 地址才能正常通信，因此计算机 A 必须先广播 ARP 请求（ARP Request）信息来尝试获取计算机 B 的 MAC 地址。交换机 1 收到广播帧（ARP 请求）后，会将它转发给除接收端口外的其他所有端口，也就是 flooding(泛洪)。接着，交换机 2 收到广播帧后也会 flooding。交换机 3、4、5 都会 flooding。最终 ARP 请求会被转发到同一网络中的所有客户机上。

这个 ARP 请求原本是为了获得计算机 B 的 MAC 地址而发出的。也就是说，只要计算机 B 能收到即可。可是事实上，数据帧却传遍整个网络，导致所有的计算机都收到了该请求。如此一来，一方面，广播信息消耗了网络整体的带宽；另一方面，收到广播信息的计算机还要消耗一部分 CPU 时间来对它进行处理，造成了网络带宽和 CPU 运算能力的大量无谓消耗。

实际上广播帧会非常频繁地出现。利用 TCP/IP 协议栈通信时，除了前面出现的 ARP 请求，还有可能需要发出 DHCP、RIP 等很多其他类型的广播信息。

ARP 广播是在需要与其他主机通信时发出的。当客户机请求 DHCP 服务器分配 IP 地址时，就必须发出 DHCP 广播。而使用 RIP 作为路由协议时，每隔 30 s 路由器都会对邻近的其他路由器广播一次路由信息。RIP 以外的其他路由协议使用多播传输路由信息，这也会被交换机转发（flooding）。除了 TCP/IP，NetBEUI、IPX 和 Apple Talk 等协议也经常需要用到广播。例如，在 Windows 下双击打开“网络计算机”时就会发出广播（多播）信息。总之，广播就在我们身边。下面是一些常见的广播通信。

- ARP 请求：建立 IP 地址和 MAC 地址的映射关系。
- RIP：选路信息协议（routing information protocol）。

❖ DHCP：用于自动设定 IP 地址的协议。

❖ NetBEUI：Windows 下使用的网络协议。

❖ IPX：Novell Netware 使用的网络协议。

❖ Apple Talk：苹果公司的 Macintosh 计算机使用的网络协议。

图 2-17 给出了一个关于 VLAN 划分的示例。其中有 9 台计算机分布在 3 个楼层中，构成了 3 个局域网，即 LAN1：（A1，B1，C1），LAN2：（A2，B2，C2），LAN3：（A3，B3，C3）。这 9 个用户划分为 3 个工作组，也就是说划分为 3 个虚拟局域网，即 VLAN1：（A1，A2，A3），VLAN2：（B1，B2，B3），VLAN3：（C1，C2，C3）。

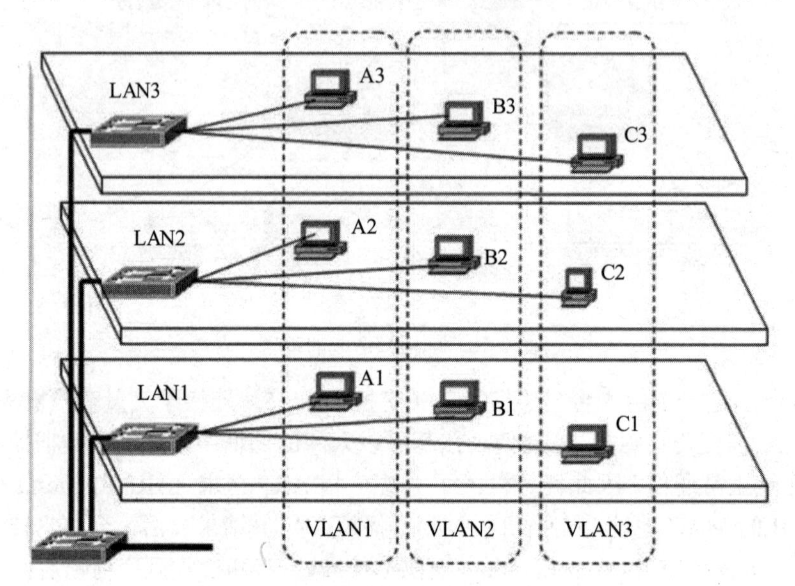

图 2-17　虚拟局域网划分的示例

2. VLAN 的类型

Cisco Catalyst 系列交换机支持的 VLAN，按功能可以分为如下多种。

1）VLAN1

VLAN1 成为一个特殊的 VLAN 是因为第 2 层设备需要一个默认 VLAN 作为它们端口的归属，包括它们的管理端口。此外，很多第 2 层协议，如 BPDU、CDP、VTP、PAgP 和 DTP 需要在一个特定的 VLAN 中发送消息。

2）默认 VLAN

默认情况下，VLAN1 也是所有交换端口所属的 VLAN，VLAN1 被称为默认 VLAN。当使用干净配置且删除 vlan.dat 后，所有的端口默认划入 VLAN1。

3）用户 VLAN

用于分配给不同用户的自定义 VLAN 即为用户 VLAN，可以按逻辑或地域划分。

4）本地 VLAN

本地 VLAN 是为每个中继端口配置的。当一台交换机被配置为中继时，就可以使用适当的 VLAN 号给数据帧打上标记。除本地 VLAN 外，其他 VLAN 帧均要进行 802.1Q 标记。

默认情况下，均将 VLAN1 定义为本地 VLAN。

5）管理 VLAN

管理 VLAN 将受信任设备和不受信任设备分开，同时管理 VLAN 中一般传输 SNMP 等监控信息，并支持 Telent 或者 SSH 的远程登录访问控制。

3. VLAN 的实现机制

在一台未设置任何 VLAN 的二层交换机上，任何广播帧都会被转发给除接收端口外的所有其他端口（flooding）。例如，计算机 A 发送广播信息后，消息会被转发给端口 2、3、4，如图 2-18 所示。

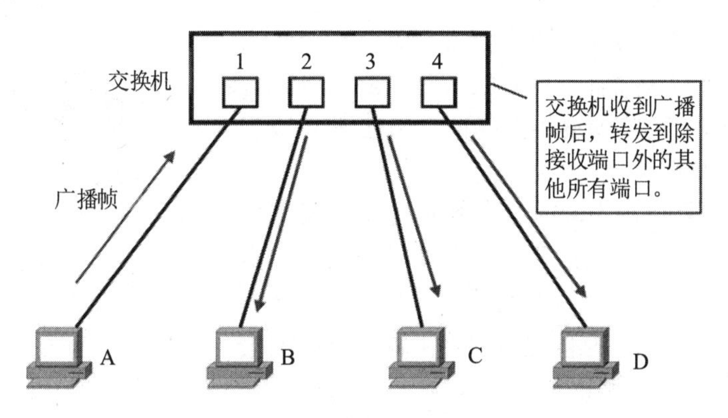

图 2-18　交换机转发广播帧示例

这时，如果在交换机上生成 VLAN10、VLAN20 两个 VLAN，同时设置端口 1、2 属于 VLAN10，端口 3、4 属于 VLAN20，再从 A 发出广播帧后，交换机就只会把它转发给同属于一个 VLAN 的其他端口，也就是同属于 VLAN10 的端口 2，不会再转发给属于 VLAN20 的端口，如图 2-19 所示。同样，C 发送的广播信息只会被转发给其他属于 VLAN20 的端口，不会被转发给属于 VLAN10 的端口。

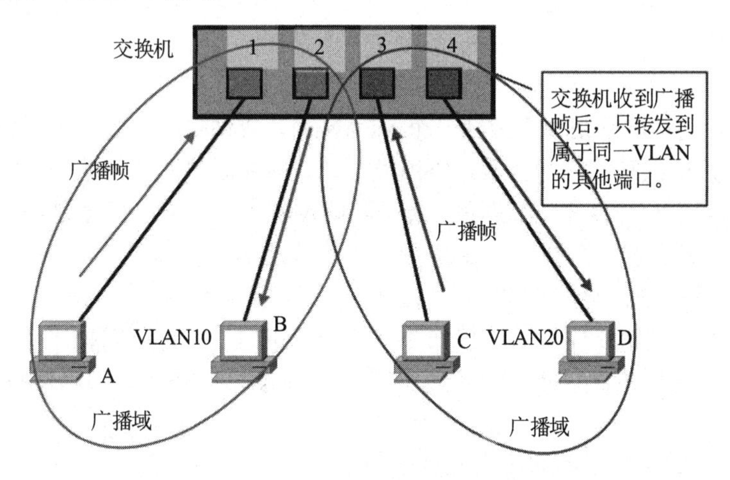

图 2-19　划分 VLAN 后交换机转发广播帧示例

就这样，VLAN通过限制广播帧转发的范围分隔了广播域。

如果要更为直观地描述VLAN，可以把它理解为将一台交换机在逻辑上分隔成数台交换机。在一台交换机上生成VLAN 10、VLAN 20两个VLAN，也可以看作将一台交换机换为两台虚拟的交换机，如图2-20所示。

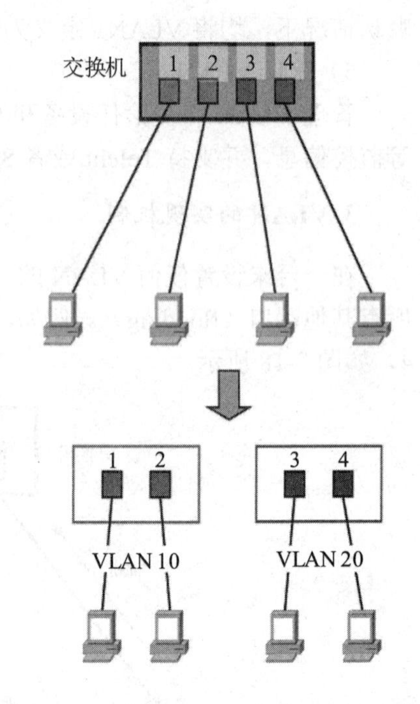

图2-20　划分VLAN后相当于创建多个虚拟交换机

在VLAN 10、VLAN 20两个VLAN之外生成新的VLAN时，可以想象成又添加了新的交换机。但是，VLAN生成的逻辑上的交换机是互不相通的。因此，在交换机上设置VLAN后，如果未做其他处理，VLAN间是无法通信的。明明接在同一台交换机上，但无法通信，这个事实既是VLAN方便易用的特征，又是使VLAN令人难以理解的原因。

那么，当我们需要在不同的VLAN间通信时又该如何操作呢？VLAN是广播域，而通常两个广播域之间由路由器连接，广播域之间来往的数据包都是由路由器中继的。因此，VLAN间的通信也需要路由器提供中继服务，这被称作VLAN间路由。

VLAN间路由可以使用普通的路由器，也可以使用三层交换机。

4. VLAN的优点

1）有利于优化网络性能

将交换机划分到不同的VLAN中，一个VLAN的广播不会影响其他VLAN的性能。即使是同一台交换机的两个端口，只要它们不在同一VLAN中，则相互之间也不会渗透广播流量，也就是说一个VLAN构成一个独立的广播域。

2）提高了网络的安全性

将可以相互通信的网络节点放在一个VLAN内，或将受限制的应用和资源放在一个安全VLAN内，并提供基于应用类型、协议类型、访问权限等不同策略的访问控制列表，就可以有效进入或离开VLAN的数据流；属于不同VLAN的主机，即便是在同一台交换机上的用户主机，如果它们不在同一VLAN中，也不能通信。

3）便于对网络进行管理和控制

同一VLAN中的用户，可以连接在不同的交换机上，并且可以位于不同的物理位置，如分布在不同的楼层或不同的楼，可以大大减少在网络中增加、删除或移动用户的管理开销。

4）提供了基于第二层的通信优先级服务

在千兆以太网中，基于与VLAN相关的IEEE 802.1P标准可以在交换机上为不同的应用提供不同的服务（如传输优先级等）。

总之，虚拟局域网是交换式网络的灵魂，其不仅从逻辑上为网络用户和资源进行有效、灵活、简便管理提供了手段，还提供了极高的网络扩展和移动性。

5. VLAN 的组网方法

从实现的方式上看，所有 VLAN 均是通过交换机软件实现的。根据实现的机制或策略，VLAN 分为静态 VLAN 和动态 VLAN 两种。

1）静态 VLAN

在静态 VLAN 中，由网络管理员根据交换机端口进行静态的 VLAN 分配，当在交换机上将其某一个端口分配给一个 VLAN 时，其将一直保持不变，直到网络管理员改变这种配置，所以静态 VLAN 又被称为基于端口的 VLAN，也就是根据以太网交换机的端口来划分广播域。交换机某些端口连接的主机在一个广播域内，而另一些端口连接的主机在另一个广播域，VLAN 和端口连接的主机无关，如图 2-21 和表 2-2 所示。

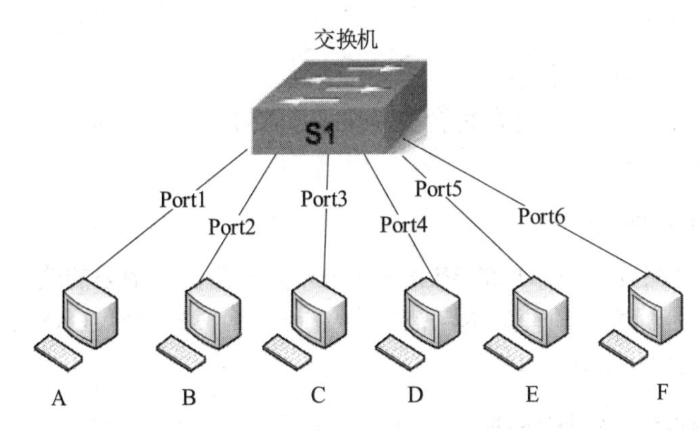

图 2-21　基于端口的 VLAN 划分

表 2-2　VLAN 映射简化表

端　　口	VLAN ID	端　　口	VLAN ID
Port 1	VLAN 2	Port 4	VLAN 3
Port 2	VLAN 3	Port 5	VLAN 2
Port 3	VLAN 2	Port 6	VLAN 3

2）动态 VLAN

动态 VLAN 是指交换机上以连网用户的 MAC 地址、逻辑地址（如 IP 地址）或数据包协议等信息为基础将交换机端口动态分配给 VLAN 的方式。

动态 VLAN 可以大致分为以下 3 类。

❖ 基于 MAC 地址的 VLAN（MAC based VLAN）。

❖ 基于子网的 VLAN（subnet based VLAN）。

❖ 基于用户的 VLAN（user based VLAN）。

总之，不管以何种机制实现，分配在同一个 VLAN 的所有主机共享一个广播域，而分配在不同 VLAN 的主机将不会共享广播域。也就是说，只有位于同一 VLAN 中的主机才能直接相互通信，而位于不同 VLAN 中的主机之间是不能直接相互通信的。

2.2.2 静态VLAN配置

在建立VLAN之前，必须考虑是否使用VLAN干线协议（VLAN trunk protocol，VTP）为网络进行全局VLAN的配置。

大多数桌面交换机支持最多64个激活的VLAN，交换机的原厂默认配置使得VLAN被预先配置好，以支持多种介质和协议类型。默认的以太网VLAN称为VLAN1。CDP和VTP广播发送到VLAN1。

为了便于与远程的交换机通信并管理，交换机必须有一个IP地址。这个IP地址必须在管理的VLAN内，默认是VLAN1。在建立VLAN之前，交换机必须处于VTP服务器模式或VTP透明模式。大多数交换机默认情况下处于VTP服务器模式。

1. 配置静态VLAN

1）配置VLAN的ID和名字

配置VLAN最常用的方法是在每台交换机上手工指定端口－VLAN映射。在全局配置模式下使用VLAN命令。

```
Switch (config) #vlan vlan-id
```

其中，vlan-id是配置要被添加的VLAN的ID，如果要安装增强的软件版本，范围为1～4096，如果安装的是标准的软件版本，范围为1～1005。每一个VLAN都有一个唯一的4位的ID（范围为0001～1005）。

```
Switch (config-vlan) #name vlan-name
```

定义一个VLAN的名字，可以使用1～32个ASCII字符，但是必须保证这个名称在管理域中是唯一的。

2）分配端口

在新创建一个VLAN之后，可以为之手工分配一个端口号或多个端口号。一个端口只能属于唯一一个VLAN。这种为VLAN分配端口号的方法称为静态接入端口。

在接口配置模式下，分配VLAN端口的命令为：

```
Switch (config-if) #switchport access vlan vlan-id
```

默认情况下，所有的端口都属于VLAN 1。

2. 检验VLAN配置

在特权模式下，可以检验VLAN的配置，常用的命令有：

```
Switch#show vlan                                  //显示所有VLAN的配置消息
Switch#show interface interface switchport        //显示一个指定的接口的VLAN信息
```

3. 添加、更改和删除VLAN

为了添加、更改和删除VLAN，需要把交换机设在VTP服务器或透明模式。当要为整个域内的交换机做一些 VLAN 更改时，交换机必须处于 VTP 服务器模式，在 VTP 范围内更新的内容会自动传播到其他交换机上，在 VTP 透明模式下做的 VLAN 更改只能影响本地交换机，不会在 VTP 范围内传播。

为了修改 VLAN 的属性（如 VLAN 的名字），应使用全局配置命令 vlan vlan-id，但不能更改 VLAN 编号。为了使用不同的 VLAN 编号，需要创建新的 VLAN 编号，然后分配相应的端口到这个 VLAN 中。

为了把一个端口移到一个不同的 VLAN 中，要用一个和初始配置相同的命令。在接口配置模式下使用 switchport access 命令来执行这项功能，无须将端口移出 VLAN 来实现这项转换。

当在一个 VTP 服务器模式的交换机上删除一个 VLAN 时，这个 VLAN 就会在这个 VTP 域中的所有交换机上被删除。当在一个 VTP 透明模式的交换机上删除一个 VLAN 时，这个 VLAN 只是在这台交换机上被删除。在 VLAN 配置模式下，使用命令 no vlan vlan-id 删除 VLAN。删除 VLAN 之前，要确定原来在该 VLAN 下的所有端口移到了另一个 VLAN 中。

在接口配置模式下，使用 no switchport access vlan 命令，可以将该端口重新分配到默认 VLAN（VLAN 1）中。

任务实施 1

任务目标：

在一台可网管的交换机上划分 3 个 VLAN，分别属于采购部、财务部和研发部，搭建如图 2-22 所示的网络环境。3 个部门的 VLAN 及分配端口为：

- ❖ 采购部在 VLAN10 中，VLAN10 包括交换机的 f0/1～f0/8 端口。
- ❖ 财务部在 VLAN20 中，VLAN20 包括交换机的 f0/9～f0/16 端口。
- ❖ 研发部在 VLAN30 中，VLAN30 包括交换机的 f0/17～f0/24 端口。

实验拓扑：

本任务的实验拓扑图如图 2-22 所示。

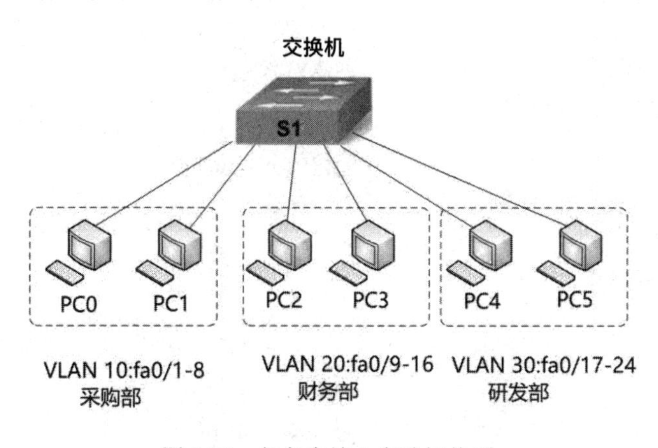

图 2-22　任务实施 1 实验拓扑图

实验原理：

利用静态 VLAN 配置技术将单交换机上的多个端口划分到多个 VLAN 中。

实验步骤：

第 1 步：硬件连接。

在交换机和计算机断电的状态下，按照图 2-22 连接硬件。通过反转线将交换机的 Console 接口和计算机 PC0 的 COM 连接起来，采用直通线将 PC0、PC1 连接到交换机的 f0/2、f0/3，将 PC3、PC4 连接到交换机的 f0/9、f0/10，将 PC5、PC6 连接到交换机的 f0/19、f0/20。

第 2 步：分别打开设备，给设备加电，设备都处于自检状态，直到连接交换机的指示灯为绿灯，表示网络处于稳定连接状态。

第 3 步：配置 PC0、PC1、PC2、PC3、PC4、PC5 的 IP 地址，如表 2-3 所示。

表 2-3 计算机 IP 地址配置表

设 备	IP 地址	子 网 掩 码
PC0	192.168.10.2	255.255.255.0
PC1	192.168.10.3	255.255.255.0
PC2	192.168.10.12	255.255.255.0
PC3	192.168.10.13	255.255.255.0
PC4	192.168.10.22	255.255.255.0
PC5	192.168.10.23	255.255.255.0

第 4 步：分别测试 PC0、PC1、PC2、PC3、PC4、PC5 之间的连通性。

第 5 步：配置交换机 VLAN。

（1）登录到交换机并创建 VLAN。

```
Switch>enable
Switch#
Switch#conf t
Enter configuration commands, one per line. End with CNTL/Z.
Switch (config)#
Switch (config)#vlan 10                    //创建VLAN 10
Switch (config-vlan)# name cgb10
Switch (config-vlan)#exit
Switch (config)#vlan 20                    //创建VLAN 20
Switch (config-vlan)# name cwb20
Switch (config-vlan)#exit
Switch (config)#vlan 30                    //创建VLAN 30
Switch (config-vlan)# name yfb30
Switch (config-vlan)#exit
```

（2）验证配置结果。

```
Switch#show vlan
Switch#show vlan

VLAN Name                             Status    Ports
---- -------------------------------- --------- -------------------------------
1    default                          active           //默认情况下，所有端口都属于VLAN1
```

```
                                                         Fa0/2, Fa0/3, Fa0/4
                                                         Fa0/5, Fa0/6, Fa0/7
                                                         Fa0/8, Fa0/9, Fa0/10
                                                         Fa0/11, Fa0/12, Fa0/13
                                                         Fa0/14, Fa0/15, Fa0/16
                                                         Fa0/17, Fa0/18, Fa0/19
                                                         Fa0/20, Fa0/21, Fa0/22
                                                         Fa0/23, Fa0/24
10     cgb0010                           active       //创建VLAN10，没有连接端口
20     cwb0020                           active       //创建VLAN20，没有连接端口
30     yfb0030                           active       //创建VLAN30，没有连接端口
```

（3）配置交换机，将端口分配到 VLAN。

```
Switch#
Switch#config terminal
Enter configuration commands, one per line. End with CNTL/Z.
Switch (config)# int range f0/1– 8                      //将交换机的f0/1～f0/8端口加入VLAN10
Switch (config-if-range)# switchport access vlan 10
Switch (config)# int range f0/9 – 16                    //将交换机的f0/9～f0/16端口加入VLAN20
Switch (config-if-range)# switchport access vlan 20
Switch (config)# int range f0/17 – 24                   //将交换机的f0/17～f0/24端口加入VLAN30
Switch (config-if-range)# switchport access vlan 30
```

（4）再次验证配置结果。

```
Switch#show vlan

VLAN Name                               Status    Ports
---- -------------------------------- --------- -------------------------------
1      default                          active       //默认情况下，所有端口都属于VLAN1

10     cgb0010                          active       Fa0/1,Fa0/2, Fa0/3, Fa0/4
                                                     Fa0/5,Fa0/6,Fa0/7, Fa0/8
20     cwb0020                          active       Fa0/9, Fa0/10
                                                     Fa0/11, Fa0/12, Fa0/13
                                                     Fa0/14, Fa0/15, Fa0/16

30     yfb0030                          active       Fa0/17, Fa0/18,Fa0/19
                                                     Fa0/20, Fa0/21, Fa0/22
                                                     Fa0/23, Fa0/24
```

第 6 步：项目测试。

（1）分别测试 PC0、PC1、PC2、PC3、PC4、PC5 这 6 台计算机之间的连通性。

（2）重新打开交换机，进行验证测试。

```
Switch#show vlan
Switch#show running-config
```

2.2.3 动态 VLAN 配置

动态 VLAN 配置与静态 VLAN 配置不同，由于它可以根据每个端口所属的计算机随时改变端口所属的 VLAN，因此当网络中计算机变更所连端口或交换机时，不用重新配置 VLAN。而它基于 MAC 地址或用户的认证方式，也可以杜绝非法接入网络的问题。

动态 VLAN 可以大致分为以下三类。

- 基于 MAC 地址的 VLAN（MAC based VLAN）。
- 基于子网的 VLAN（subnet based VLAN）。
- 基于用户的 VLAN（user based VLAN）。

基于 MAC 地址的动态 VLAN 通过查询并记录端口所连计算机上的 MAC 地址决定端口所属 VLAN，如图 2-23 所示。当分配给动态 VLAN 的交换机端口被激活后，交换机就缓存初始帧的源 MAC 地址。随后，交换机向一个称为 VMPS（VLAN 管理策略服务器）的外部服务器发出请求。VMPS 中包含一个文本文件，文件中存有进行 VLAN 映射的 MAC 地址。交换机下载该文件，然后对文件中的 MAC 地址进行校验。

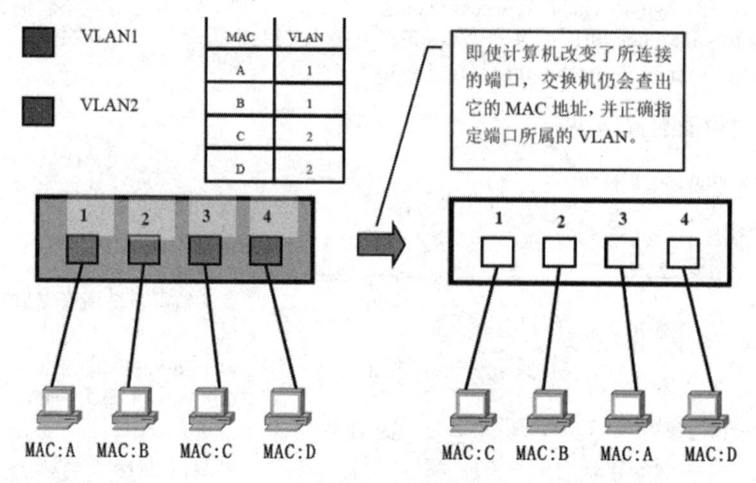

图 2-23　基于 MAC 地址的 VLAN

如果在文件列表中找到 MAC 地址，交换机就将端口分配给列表中该 MAC 所对应的 VLAN。如果列表中没有 MAC 地址，交换机就会将该端口分配给默认 VLAN（假设已经定义了默认 VLAN）。如果列表中既没有 MAC 地址，也没有默认 VLAN，端口将不会被激活。

假定有一个 MAC 地址 A 被交换机设定为属于 VLAN 10，那么不论 MAC 地址为 A 的这台计算机连在交换机哪个端口，该端口都会被划分到 VLAN10 中。计算机连在端口 1 时，端口 1 属于 VLAN10；而计算机连在端口 2 时，则端口 2 属于 VLAN10。

由于是基于 MAC 地址决定所属 VLAN 的，因此可以理解为这是一种在 OSI 的第二层设定访问链接的办法。

但是，设定基于 MAC 地址的 VLAN 时，必须调查所连接的所有计算机的 MAC 地址并登录。而且如果计算机交换了网卡，还是需要更改设定。

基于子网的 VLAN 如图 2-24 所示。它是通过所连计算机的 IP 地址决定端口所属 VLAN 的。不像基于 MAC 地址的 VLAN，即使计算机因为交换了网卡或是其他原因导致 MAC 地址改变，只要它的 IP 地址不变，就仍可以加入原先设定的 VLAN。

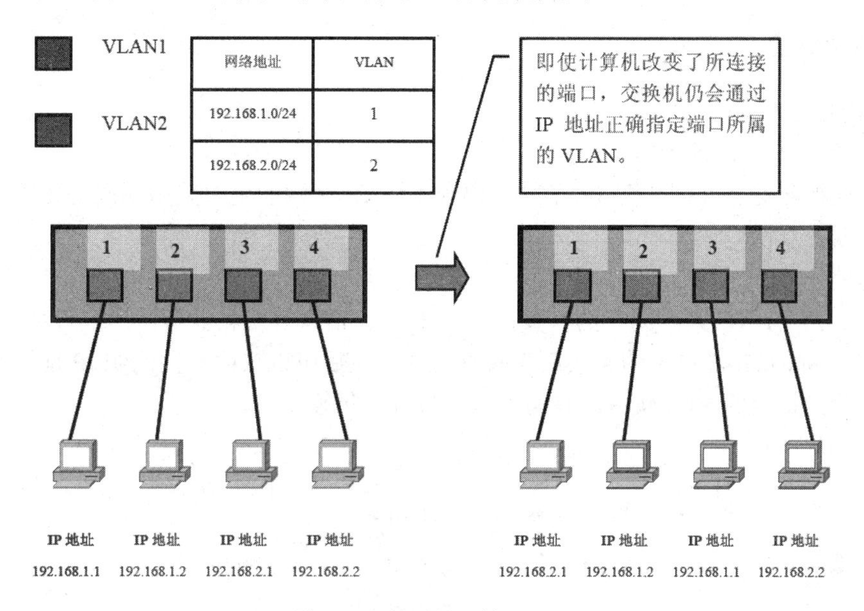

图 2-24　基于子网的 VLAN

因此，与基于 MAC 地址的 VLAN 相比，基于子网的 VLAN 能够更为简便地改变网络结构。因为 IP 地址是 OSI 参考模型中第三层的信息，所以可以理解为基于子网的 VLAN 是一种在 OSI 的第三层设定访问链接的方法。一般路由器与三层交换机都使用基于子网的方法划分 VLAN。

基于用户的 VLAN 则是根据交换机各端口所连的计算机上当前登录的用户决定该端口属于哪个 VLAN。这里的用户识别信息一般是计算机操作系统登录的用户，比如可以是 Windows 域中使用的用户名。这些用户名信息属于 OSI 第四层以上的信息。

总的来说，决定端口所属 VLAN 时利用的信息在 OSI 中的层面越高，就越适于构建灵活多变的网络。

综上所述，VLAN 的划分有静态 VLAN 和动态 VLAN 两种，其中动态 VLAN 又可以细分成几个小类。其中基于子网的 VLAN 和基于用户的 VLAN 有可能是网络设备厂商使用独有的协议实现的，不同厂商的设备之间互联有可能出现兼容性问题。因此在选择交换机时，一定要事先确认。表 2-4 总结了静态 VLAN 和动态 VLAN 的相关信息。

表 2-4　VLAN 组网方法总结

种　类		说　明
静态 VLAN（基于端口的 VLAN）		将交换机的各端口固定指派给 VLAN
动态 VLAN	基于 MAC 地址的 VLAN	根据各端口所连计算机的 MAC 地址设定
	基于子网的 VLAN	根据各端口所连计算机的 IP 地址设定
	基于用户的 VLAN	根据端口所连计算机上登录的用户设定

目前，对于 VLAN 的划分主要采取基于端口的 VLAN 和基于子网的 VLAN 两种，而基于 MAC 地址的 VLAN 和基于用户的 VLAN 一般作为辅助性配置使用。

任务实施 2

任务目标：

配置基于 IP 子网的 VLAN 划分。

某企业按照业务类型分配 IP 子网，要求不同 IP 子网的用户采用不同的传输路径访问上游服务器。

实验拓扑：

如图 2-25 所示，来自用户的有数据库、IPTV、语音等多种业务，用户设备的 IP 地址各不相同，S-switch-A 设备的某接口在收到这些报文后可以按照不同的源 IP 地址将这些报文自动划分到指定的 VLAN 中，并向上游的母设备传输。

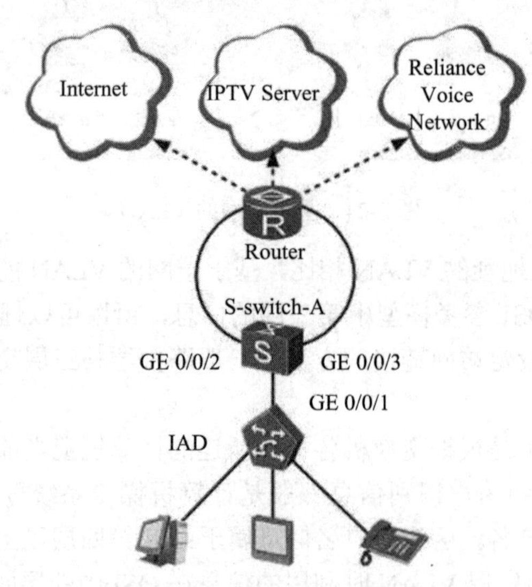

图 2-25　配置 IP 子网 VLAN 组网图

实验原理：

基于 IP 子网的 VLAN 组网。

配置思路：

采用如下思路配置 IP 子网 VLAN。

（1）创建 VLAN。

（2）配置接口 GE0/0/1 的接口类型为 Hybrid，并加入 VLAN。

（3）配置接口 GE0/0/2、GE0/0/3 允许通过的 VLAN。

（4）使能接口 GE0/0/1 的 IP 子网 VLAN 功能。

（5）配置 VLAN 与 IP 子网关联。

数据准备：

为完成此配置，需准备如下数据。

（1）接口 GE0/0/1 属于 VLAN100、VLAN200、VLAN300。

（2）接口 GE0/0/2、GE0/0/3 允许通过 VLAN100、VLAN200、VLAN300。

（3）IP 子网所需配置如表 2-5 所示。

表 2-5　配置表

VLAN ID	IP 子网索引	源 IP 地址	子 网 掩 码	802.1p 优先级
100	1	192.168.1.2	255.255.255.0	2
200	2	192.268.2.2	255.255.255.0	3
300	1	192.168.3.2	255.255.255.0	4

实验步骤：

第 1 步：硬件连接。

第 2 步：配置接口。

```
① 在S-switch-A上配置接口GE0/0/1为Hybrid类型，并加入VLAN100、VLAN200、VLAN300
[S-switch-A]interface gigabitethernet 0/0/1
[S-switch-A-GigabitEthernet0/0/1]port link-type hybrid
[S-switch-A-GigabitEthernet0/0/1]port hybrid untagged vlan 100 200 300
[S-switch-A-GigabitEthernet0/0/1]quit
② 在S-switch-A上配置接口GE0/0/2并加入VLAN100、VLAN200、VLAN300
[S-switch-A]interface gigabitethernet 0/0/2
[S-switch-A-GigabitEthernet0/0/2]port hybrid untagged vlan 100 200 300
[S-switch-A-GigabitEthernet0/0/2]quit
③ 在S-switch-A上配置接口GE0/0/3并加入VLAN100、VLAN200、VLAN300
[S-switch-A]interface gigabitethernet 0/0/3
[S-switch-A-GigabitEthernet0/0/3]port hybrid untagged vlan 100 200 300
[S-switch-A-GigabitEthernet0/0/3]quit
④ 在S-switch-A使能接口GE0/0/1的IP子网VLAN功能
[S-switch-A]interface gigabitethernet 0/0/1
[S-switch-A-GigabitEthernet0/0/1]ip-subnet-vlan enable
[S-switch-A-GigabitEthernet0/0/1]quit
```

第 3 步：配置 IP 子网与 VLAN 关联。

```
① 在S-switch-A上配置VLAN100与IP地址192.168.1.2关联，优先级为2
[S-switch-A]vlan 100
[S-switch-A-vlan100]ip-subnet-vlan 1 ip 192.168.1.2 24 priority 2
[S-switch-A-vlan100]quit
② 在S-switch-A上配置VLAN200与IP地址192.168.2.2关联，优先级为3
[S-switch-A]vlan 100
[S-switch-A-vlan100]ip-subnet-vlan 2 ip 192.168.2.2 24 priority 3
[S-switch-A-vlan100]quit
③ 在S-switch-A上配置VLAN300与IP地址192.168.3.2关联，优先级为4
[S-switch-A]vlan 100
[S-switch-A-vlan100]ip-subnet-vlan 1 ip 192.168.3.2 24 priority 4
[S-switch-A-vlan100]quit
```

第 4 步：验证配置结果。

```
[S-switch-A]display ip-subnet-vlan vlan all
```

2.2.4 VMPS 介绍

VMPS 是 VLAN membership policy server 的简称。顾名思义，它是一种基于端口 MAC 地址动态选择 VLAN 的集中化管理服务器。当某个端口的主机移动到另一个端口后，VMPS 动态地为其指定 VLAN。不过基于 Cisco IOS 的 CATALYST 4500 系列交换机不支持 VMPS 的功能，它只能作为 VLAN 查询协议（VLAN query protocol，VQP）的客户机。通过 VQP 的客户机，可以和 VMPS 通信。如果要让 CATALYST 4500 系列交换机支持 VMPS 的功能，那应当使用 CatOS（或选择 CATALYST 6500 系列交换机）。

VMPS 使用 UDP 端口监听来自 VQP 客户机的请求。因此，VMPS 客户机没有必要知道 VMPS 到底是位于本地网络还是远程网络。当 VMPS 服务器收到来自 VMPS 客户机的请求后，它将在本地数据库里查找 MAC 地址到 VLAN 的映射条目信息。

VMPS 将对请求进行响应。如果被指定的 VLAN 局限于一组端口，VMPS 将对发出请求的端口进行验证。

- ❖ 如果请求端口的 VLAN 被许可，VMPS 向客户发送 VLAN 作为响应。
- ❖ 如果请求端口的 VLAN 不被许可，并且 VMPS 不是处于安全模式（secure mode），VMPS 将发送“access-denied”（访问被拒绝）的信息作为响应。
- ❖ 如果请求端口的 VLAN 不被许可，但 VMPS 处于安全模式，VMPS 将发送“port-shutdown”（端口关闭）的信息作为响应。

但如果数据库里的 VLAN 信息和端口的当前 VLAN 信息不匹配，并且该端口连接的有活动主机，VMPS 将发送“access-denied”、“fallback VLAN name”（后退 VLAN 名）、“port-shutdown”或“new VLAN name”（新 VLAN 名）信息。至于发送何种信息，取决于 VMPS 模式的设置。

如果交换机从 VMPS 那里收到“access-denied”信息，交换机将堵塞来自该 MAC 地址，前往或从该端口返回的流量。交换机将继续监视去往该端口的数据包，并且当交换机识别到一个新的地址后，它会向 VMPS 发出查询信息。如果交换机从 VMPS 那里收到“port-shutdown”信息，交换机将禁用该端口，该端口必须通过命令行或 SNMP 重新启用。

VMPS 有 3 种模式（user registration tool，即 URT，只支持 open 模式）：

- ❖ open 模式。
- ❖ secure 模式。
- ❖ multiple 模式。

1. open 模式

当端口未指定 VLAN：

- ❖ 如果与该端口的 MAC 地址相关联的 VLAN 信息被许可，VMPS 将向客户返回 VLAN 名。

❖ 如果与该端口的 MAC 地址相关联的 VLAN 信息不被许可，VMPS 将向客户返回“access-denied”信息。

当端口已经指定 VLAN：

❖ 如果数据库里的 VLAN 与 MAC 地址相关联的信息和端口的当前 VLAN 关联信息不匹配，并配置有 fallback VLAN 名，那么 VMPS 将返回 fallback VLAN 名给客户机。

❖ 如果数据库里的 VLAN 与 MAC 地址相关联的信息和端口的当前 VLAN 关联信息不匹配，并没有配置 fallback VLAN 名，那么 VMPS 将返回“access-denied”信息给客户机。

2. secure 模式

当端口未指定 VLAN：

❖ 如果与该端口的 MAC 地址相关联的 VLAN 信息被许可，VMPS 将向客户返回 VLAN 名。

❖ 如果与该端口的 MAC 地址相关联的 VLAN 信息不被许可，端口将被关闭。

当端口已经指定 VLAN：

如果数据库里的 VLAN 与 MAC 地址相关联的信息和端口的当前 VLAN 关联信息不匹配，即使配置有 fallback VLAN 名，端口仍将被关闭。

3. multiple 模式

当多个 MAC 地址（主机）处于同一 VLAN 的时候，多个 MAC 地址可以对应一个动态端口。如果动态端口的链路出现故障或断开，端口将被还原成未指定状态，并且在指定 VLAN 之前，VMPS 将对这些地址重新检查。如果这些主机位于不同的 VLAN，VMPS 将向客户返回最新的 MAC 地址到 VLAN 映射的信息。当然，也可以在 VMPS 上指定 fallback VLAN 名。如果该端口未指定任何 VLAN，VMPS 将把端口和发起请求的 MAC 地址进行比较。

❖ 如果主机的 MAC 地址在数据库中不存在，并且 VMPS 上指定了 fallback VLAN 名，那么将向客户机返回 fallback VLAN 名信息。

❖ 如果主机的 MAC 地址在数据库中不存在，并且 VMPS 上未指定 fallback VLAN 名，那么将向客户机返回“access-denied”信息。

如果该端口已经指定任何 VLAN，VMPS 将把端口和发起请求的 MAC 地址进行比较：不管 VMPS 上有没有配置 fallback VLAN 名，只要 VMPS 处于 secure 模式，那么它就将反馈“port-shutdown”信息给客户机。有的时候也可能看到非法的 VMPS 客户机请求，如下两种：

❖ VMPS 上未配置 fallback VLAN 名，并且数据库里没有相应的 MAC 地址到 VLAN 的映射信息。

❖ 当端口已经被指定了 VLAN，并且 VMPS 不处于 multiple 模式，但是 VMPS 收到了第二个不同 MAC 地址的 VMPS 客户机请求信息。

任务实施 3

任务目标：配置基于 MAC 地址的动态 VLAN。

实验拓扑：

本实验拓扑结构图如图 2-26 所示。

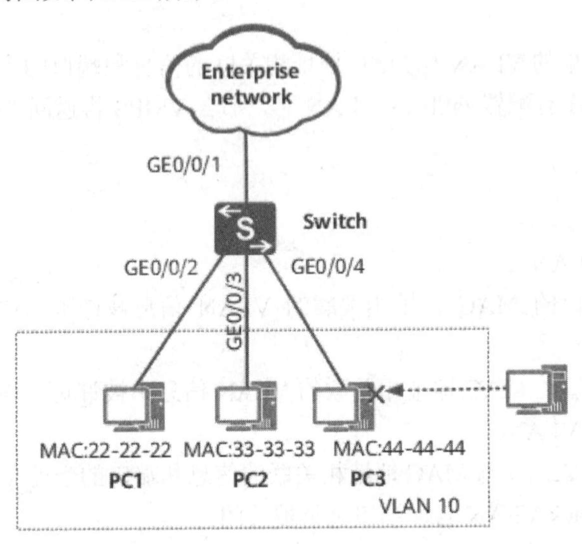

图 2-26　配置 MAC 地址的 VLAN 组网图

实验步骤：

第 1 步：创建 VLAN，配置接口类型为 bybrid。

```
<HUAWEI> system-view
[HUAWEI] sysname Switch
[Switch] vlan  10
[Switch] interface gigabitethernet 0/0/1
[Switch-GigabitEthernet0/0/1] port link-type hybrid
[Switch-GigabitEthernet0/0/1] port hybrid tagged vlan 10
//命令用来配置Hybrid类型接口加入的VLAN，这些VLAN的帧以Untagged（不带标签）方式通过接口
[Switch-GigabitEthernet0/0/1] quit
[Switch] interface gigabitethernet 0/0/2
[Switch-GigabitEthernet0/0/2] port link-type hybrid
[Switch-GigabitEthernet0/0/2] port hybrid untagged vlan 10
[Switch-GigabitEthernet0/0/2] quit
[Switch] interface gigabitethernet 0/0/3
[Switch-GigabitEthernet0/0/3] port link-type hybrid
[Switch-GigabitEthernet0/0/3] port hybrid untagged vlan 10
[Switch-GigabitEthernet0/0/3] quit
[Switch] interface gigabitethernet 0/0/4
[Switch-GigabitEthernet0/0/4] port link-type hybrid
[Switch-GigabitEthernet0/0/4] port hybrid untagged vlan 10
[Switch-GigabitEthernet0/0/4] quit
```

第 2 步：关联 MAC 地址与 VLAN。

```
[Switch] vlan 10
[Switch-vlan10] mac-vlan mac-address 22-22-22
[Switch-vlan10] mac-vlan mac-address 33-33-33
[Switch-vlan10] mac-vlan mac-address 44-44-44
[Switch-vlan10] quit
```

第 3 步：使能基于 MAC 地址划分 VLAN。

```
[Switch] interface gigabitethernet 0/0/2
[Switch-GigabitEthernet0/0/2] mac-vlan enable
[Switch-GigabitEthernet0/0/2] quit
[Switch] interface gigabitethernet 0/0/3
[Switch-GigabitEthernet0/0/3] mac-vlan enable
[Switch-GigabitEthernet0/0/3] quit
[Switch] interface gigabitethernet 0/0/4
[Switch-GigabitEthernet0/0/4] mac-vlan enable
[Switch-GigabitEthernet0/0/4] quit
```

第 4 步：查看交换机基于 MAC 地址划分的 VLAN 信息。

在任意视图下执行命令display mac-vlan { mac-address { all | mac-address [006Dac-address-mask | mac-address-mask-length] } | vlan vlan-id }，查看基于MAC地址划分VLAN的配置信息

任务 2.3　组建多交换机上安全隔离的部门间网络

任务描述

某企业采购部、财务部、研发部为了网络安全，分别位于不同的虚拟局域网，3 个部门共同购买了一台可网管的交换机，作为核心交换机。3 个部门的交换机分别接到可网管的交换机上，并根据部门划分了 VLAN。企业将研发部办公楼的两间办公室分配给采购部，并安装了计算机，但是这两间办公室的计算机无法与采购部的其他计算机互通。

为实现所有采购部的计算机互通，需要在核心交换机与部门交换机之间配置 Trunk 链路。

知识引入

在网络中心扩展的过程中，Trunk 端口的作用变得更加重要。Trunk 端口主要用于连接不同的交换机，以便实现跨交换机的 VLAN 间的通信；使用 VLAN 中继协议，解决各 Cisco 交换机 VLAN 数据库的同步问题。在本任务中，可了解以下知识点。

- ❖ 主干中继链路 Trunk 的原理与配置。
- ❖ VLAN 中继协议 VTP 的原理与配置。

2.3.1　汇聚链路的概念

在规划企业级网络时，很有可能会遇到隶属于同一部门的用户分散在同一座建筑物中

的不同楼层的情况，这时需要考虑如何跨越多台交换机设置 VLAN 的问题，如图 2-27 所示。

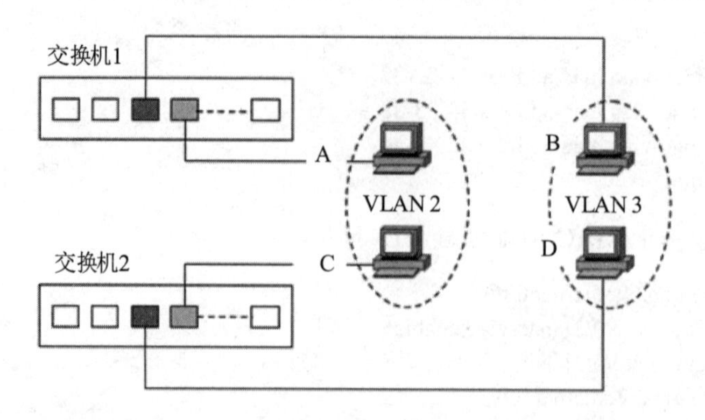

图 2-27 跨多台交换机的 VLAN

当 VLAN 成员分布在多台交换机的端口上时，VLAN 内的主机彼此间应如何自由通信呢？最简单的方法是在交换机 1 和交换机 2 上各设一个 VLAN2、VLAN3 专用的接口并互联，如图 2-28 所示。

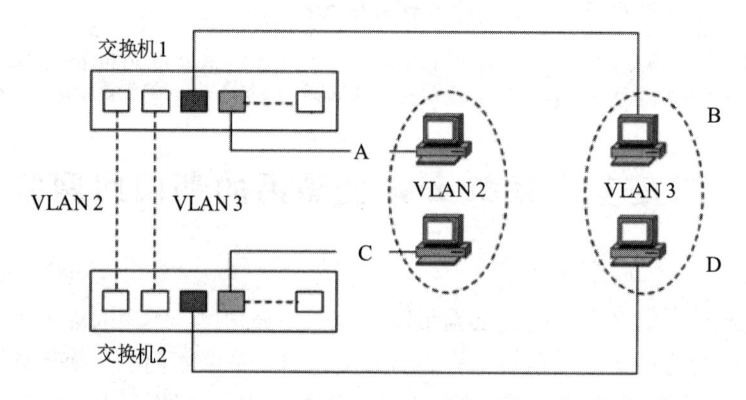

图 2-28 VLAN 内的主机跨交换机的通信

但是，这个办法从扩展性和管理效率来看都不好。例如，在现有网络基础上新建 VLAN 时，为了让这个 VLAN 能够互通，就需要在交换机间连接新的网线。每增加一个 VLAN，就需要在交换机间添加一条互联链路，并且要额外占用交换机端口，扩展性和管理效率都很差。建筑物楼层间的纵向布线也是比较麻烦的，一般不能由基层管理人员随意进行。并且，VLAN 越多，楼层间（严格地说是交换机间）互联所需的端口也越多。交换机端口的利用效率低是对资源的一种浪费，也限制了网络的扩展。为了改进这种低效率的连接方式，人们想办法让交换机间互联的网线集中到一根上，这时使用的就是汇聚链接（trunk link），如图 2-29 所示。用于提供汇聚链接的端口称为汇聚端口。技术领域中把 trunk 翻译为主干、干线、中继线、长途线等。

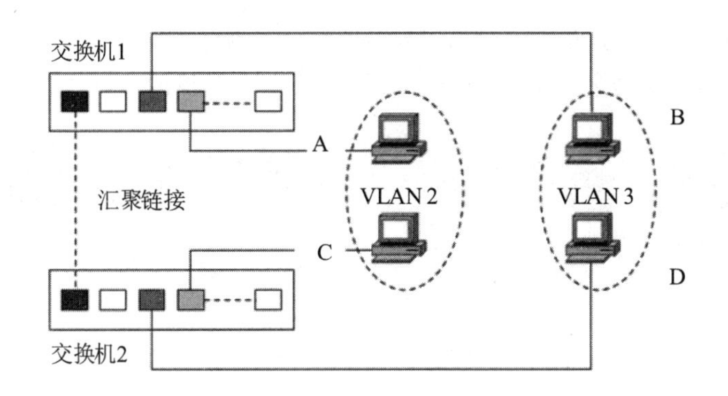

图 2-29　VLAN 内的主机跨交换机的通信

通过汇聚链路时附加的 VLAN 识别信息有可能支持标准的 IEEE 802.1Q 协议，也可能是 Cisco 产品独有的 ISL 协议。如果交换机支持这些协议，那么用户就能够高效率地构筑横跨多台交换机的 VLAN。

另外，汇聚链路上流通着多个 VLAN 的数据，自然负载较重。因此，在设定汇聚链接时，有一个前提是必须支持 100Mb/s 以上的传输速度。

默认条件下，汇聚链接会转发交换机上存在的所有 VLAN 的数据。换一个角度看，可以认为汇聚链接（端口）同时属于交换机上所有的 VLAN。由于实际应用中很可能并不需要转发所有 VLAN 的数据，因此为了减轻交换机的负载，也为了减少对带宽的浪费，我们可以通过用户设定限制能够经由汇聚链路互联的 VLAN。

另外，由于 Trunk 端口属于多个 VLAN，所以需要设置默认 VLAN ID，即 PVID（port vlan ID）。默认情况下，Trunk 端口的 PVID 为 VLAN 1。如果设置了端口的 PVID，当端口接收到不带 VLAN Tag 的报文后，则加上端口的 PVID 并将报文转发到属于默认 VLAN 的端口；当端口发送带有 VLAN Tag 的报文时，如果该报文的 VLAN ID 与端口默认的 VLAN ID 相同，则系统将删除报文的 VLAN Tag，然后发送该报文。

Trunk 的输入/输出端口对数据包的处理如下。

接收端口：如果收到没有打 tag 的数据帧，打上接口的 PVID，查看 PVID 是否允许通过，允许则接收，不允许则丢弃；如果收到打 tag 的数据帧，查看是否允许通过，允许则接收，不允许则丢弃。

发送端口：查看数据帧的 tag 和交换机的接口的 PVID，如果一致，则剥离，然后查看是否允许通过，允许则发送，不允许则不发送。如果不一致，则查看是否允许通过，允许则发送，不允许则不发送。

2.3.2　VLAN 干线技术

干线是网络中两台交换机之间的物理和逻辑关联。在一个交换网络中，一个干线是一个点到点的连接，它能支持多个 VLAN，如图 2-30 所示。当两个设备实施 VLAN 时，使用干线可以节约端口。

现在的干线协议使用帧标签来更快地传送帧，使管理变得更加简单。在以太网中有两种常见的标签方案：Cisco 的 ISL（Inter-Switch Link）和 IEEE 802.1Q。干线连接是交换机之间以及交换机与路由器之间的一个导管，不属于一个具体的 VLAN。

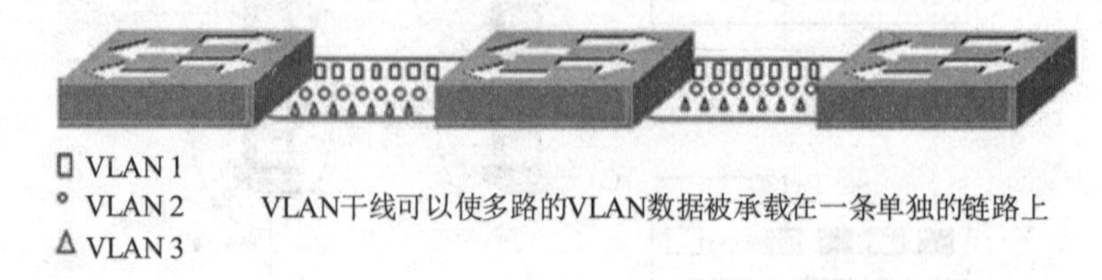

图 2-30　VLAN 干线中的多路 VLAN 数据

1. ISL

ISL 是 Cisco 产品支持的一种与 IEEE 802.1Q 类似的、用于在汇聚链路上附加 VLAN 信息的协议，如图 2-31 所示。使用 ISL 后，每个数据帧头部都会被附加 26 B 的 ISL 包头（ISL header），并且在帧尾带上通过对包括 ISL 包头在内的整个数据帧进行计算后得到的 4 B 的 CRC 值，总共增加了 30 B 的信息。在使用 ISL 的环境下，当数据帧离开汇聚链路时，只要简单地去除 ISL 包头和新 CRC 就可以了。由于原先的数据帧及其 CRC 都被完整保留，因此无须重新计算。

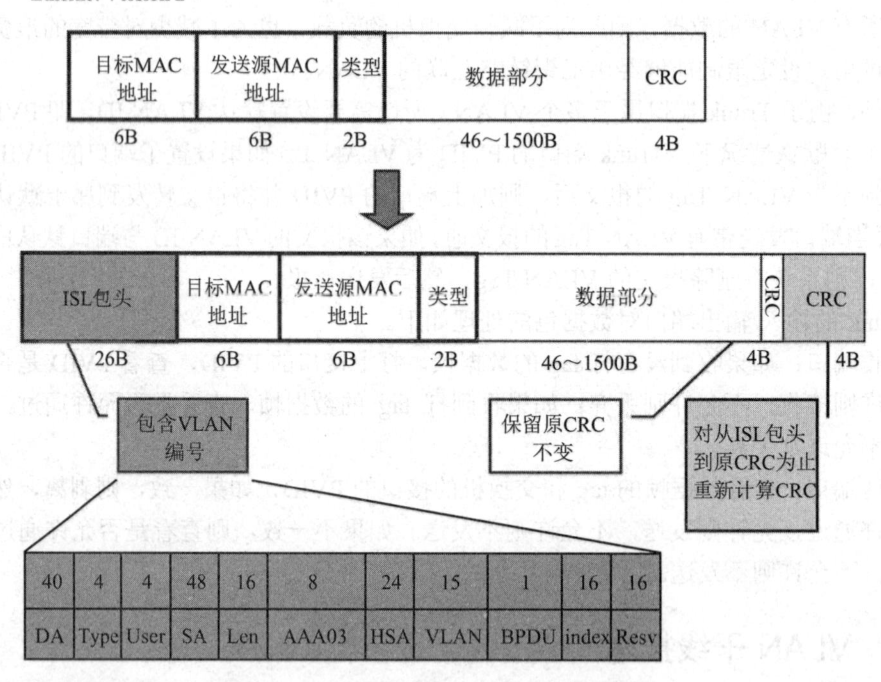

图 2-31　基于 ISL 的 VLAN 干线数据格式

ISL 包头部分介绍如下。

❖　DA：40 位组播目的地址，包括一个广播地址 0X01000C0000 或者 0X03000C0000。

- Type：各种封装帧（Ethernet (0000)、Token Ring (0001)、FDDI (0010) 和 ATM (0011)）的 4 位描述符。
- User：Type 字段使用的 4 位描述符扩展或定义 Ethernet 优先级。该二进制值从最低优先级 0 开始到最高优先级 3。
- SA：传输 Catalyst 交换机中使用的 48 位源 MAC 地址。
- Len：16 位帧长描述符减去 DA、Type、User、SA、Len 和 CRC 字段。
- AAA03：标准 SNAP 802.2 LLC 头。
- HAS：SA 的前 3 字节（厂商的 ID 或组织唯一 ID）。
- VLAN：15 位 VLAN ID。低 10 位用于 1024 VLAN。
- BPDU：1 位描述符，识别帧是否为生成树网桥协议数据单元（BPDU）。如果封装帧为思科发现协议（CDP）帧，也需设置该字段。
- index：16 位描述符，识别传输端口 ID。用于诊断差错。
- Resv：16 位预留字段，应用于其他信息，如令牌环和分布式光纤数据接口帧（FDDI），帧校验（FC）字段。
- ISL 帧最大为 1548B：26(ISL 包头)+1518+4(CRC)=1548。

ISL 用 ISL 包头和新 CRC 将原数据帧整个包裹起来，因此也被称为封装型 VLAN（encapsulated VLAN）。由于 ISL 是 Cisco 独有的协议，因此只能用于 Cisco 网络设备之间的互联。

2. IEEE 802.1Q

IEEE 802.1Q 俗称“Dot One Q”，是经过 IEEE 认证的对数据帧附加 VLAN 识别信息的协议，如图 2-32 所示。

IEEE 802.1Q 所附加的 VLAN 识别信息位于数据帧中“发送源 MAC 地址”与“类别域（type field）”之间。具体内容为 2 B 的 TPID 和 2 B 的 TCI，共计 4 B。在数据帧中添加了 4 B 的内容，那么 CRC 值自然也会有所变化。这时数据帧上的 CRC 是插入 TPID、TCI 后，对包括它们在内的整个数据帧重新计算后所得的值。

基于 IEEE 802.1Q 附加的 VLAN 信息就像在传递物品时附加的标签，因此也被称作标签型 VLAN（tagging VLAN）。需要注意的是，不论是 IEEE 802.1Q 的 tagging VLAN，还是 ISL 的 encapsulated VLAN，都不是很严密的称谓。不同的书籍与参考资料中，上述词语有可能被混合使用，因此需要大家在学习时格外注意。

1）TPID（tag protocol identifier，也就是 EtherType）

TPID 是 IEEE 定义的新的类型，表明这是一个加了 802.1Q 标签的帧。TPID 包含一个固定的值 0x8100。

2）TCI（tag control information）

TCI 包括用户优先级（user priority）、规范格式指示器（canonical format indicator，CFI）和 VLAN ID。

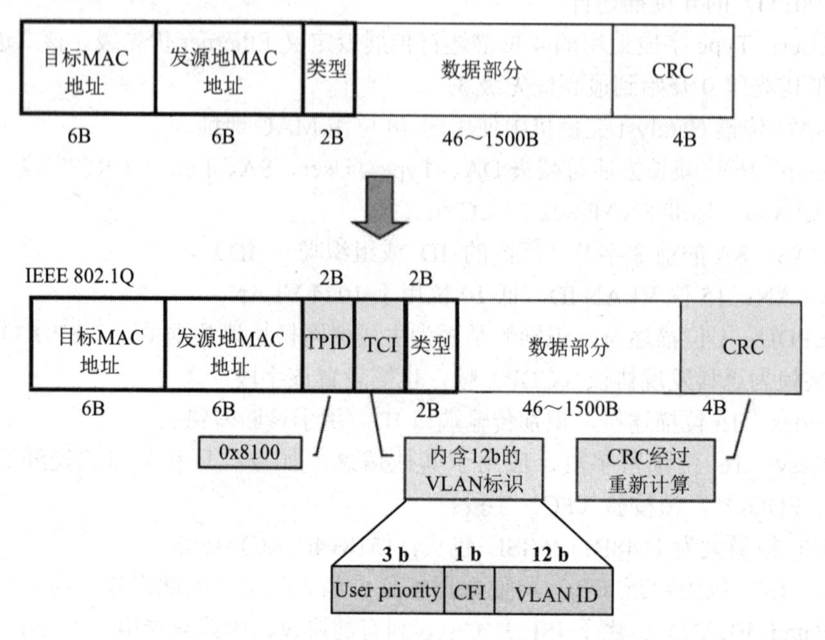

图 2-32　基于 IEEE 802.1Q 的 VLAN 干线数据格式

（1）user priority：该字段为 3b，用于定义用户优先级，总共有 8 个（2 的 3 次方）优先级别。IEEE 802.1P 为 3b 的用户优先级位定义了操作。最高优先级为 7，应用于关键性网络流量，如路由选择信息协议（RIP）和开放最短路径优先（OSPF）协议的路由表更新。优先级 6 和 5 主要用于延迟敏感（delay-sensitive）应用程序，如交互式视频和语音。优先级 4 到 1 主要用于受控负载（controlled-load）应用程序，如流式多媒体（streaming multimedia）和关键性业务流量（business-critical traffic）。优先级 0 是默认值，在没有设置其他优先级值的情况下自动启用。

（2）CFI：CFI 值为 0 说明是规范格式，为 1 说明是非规范格式。它被用在令牌环/源路由 FDDI 介质访问方法中，指示封装帧中所带地址的比特次序信息。

（3）VID：该字段为 12b，VLAN ID 是对 VLAN 的识别字段，在 IEEE 802.1Q 中常被使用，支持 4096（2 的 12 次方）VLAN 的识别。在可能的 VID 中，0 用于识别帧优先级，4095（FFF）作为预留值，所以 VLAN 配置的最大可能值为 4094。因此有效的 VLAN ID 范围一般为 1～4094。

3. IEEE 802.Q 和 ISL 的异同

相同点：都是显式标记，即帧被显式标记了 VLAN 的信息。

不同点：IEEE 802.1Q 是公有的标记方式，ISL 是 Cisco 私有的；ISL 采用外部标记的方法，IEEE 802.1Q 采用内部标记的方法；ISL 标记的长度为 30 B，IEEE 802.1Q 标记的长度为 4B。

2.3.3 VLAN 数据帧的传输

目前任何主机都不支持带有 tag（标签）域的以太网数据帧，即主机只能发送和接收标准的以太网数据帧，而将 VLAN 数据帧视为非法数据帧。因此，支持 VLAN 的交换机在与主机和交换机进行通信时，需要区别对待。当交换机将数据发送给主机时，必须检查该数据帧，并删除 tag 域；而发送给交换机时，为了让对端交换机能够知道数据帧的 VLAN ID，应该给从主机接收到的数据帧增加一个 tag 域后再发送，其数据帧传输过程中的变化如图 2-33 所示。

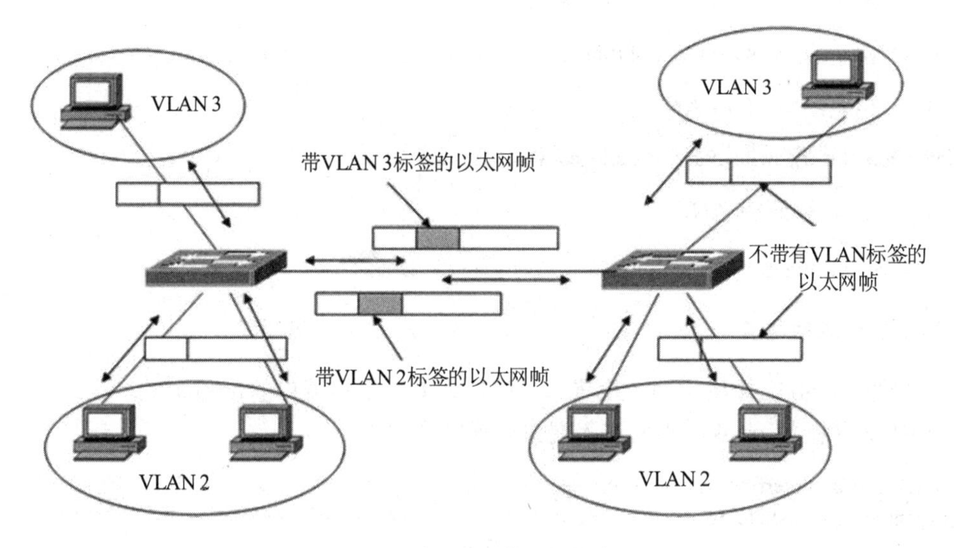

图 2-33 VLAN 数据的传输

根据交换机处理数据帧的不同，可以将交换机的端口分为两类。

（1）Access 端口：只能传送标准以太网帧，一般是指连接不支持 VLAN 技术的端设备的接口，这些端口接收到的数据帧都不包含 VLAN 标签，而向外发送数据帧时，必须保证数据帧中不包含 VLAN 标签。

（2）Trunk 端口：既可以传送有 VLAN 标签的数据帧，也可以传送标准以太网帧，一般是指连接支持 VLAN 技术的网络设备（如交换机）的端口，这些端口接收到的数据帧一般都包含 VLAN 标签（数据帧 VLAN ID 和端口默认 VLAN ID 相同除外），而向外发送数据帧时，必须保证接收端能够区分不同 VLAN 的数据帧，故常常需要添加 VLAN 标签（数据帧 VLAN ID 和端口默认 VLAN ID 相同除外）。

2.3.4 配置 VLAN 干线

实际工程中，Cisco Catalyst 交换机现在越来越少使用 ISL 干线技术，转而更多地使用 802.1Q 干线技术。

1. 802.1Q trunk 的配置

在一台 Catalyst 2950 交换机上，当使用 switchport mode trunk 命令之后，802.1Q 协议会自动配置。

```
Switch (config-if) #switchport mode {access | dynamic {auto | desirable } | trunk }
```

把交换机的一个端口配置为 802.1Q 干线端口的步骤如下。

（1）为了配置 trunk，需要进入端口配置模式。

```
Switch(config)#interface type mod/port
```

（2）配置这个端口作为 VLAN 干线。

```
Switch(config-if)#switchport mode trunk
```

（3）指定默认的 VLAN。

```
Switch(config-if)#switchport trunk allowed vlan vlan-id
```

（4）定义本征 VLAN。

```
Switch(config-if)#switchport    trunk native vlan vlan-id
```

2. ISL 干线的配置

以 Cisco 3550 交换机为例，设置一个端口为 ISL 干线端口的步骤如下。

（1）为了配置 trunk，需要进入端口配置模式。

```
switch(config)#interface type mod/port
switch(config-if)#shutdown
```

（2）配置这个端口使用 ISL 封装。

```
Switch(config-if)#switchport trunk encapsulation ISL
```

（3）配置为 trunk 模式。

```
Switch(config-if)#switchport mode trunk
Switch(config-if)#no shutdown
```

3. 静态指定 trunk 链路中的 VLAN

默认情况下，trunk 链路允许所有 VLAN 的流量通过，可采用手工静态指定或动态自动判断两种方式来设置允许通过 trunk 链路的 VLAN 流量。

1）设置不允许通过 trunk 链路的 VLAN

在配置前，首先应使用 interface 配置命令选中 trunk 链路端口，然后从 trunk 链路中删除指定的 VLAN，即不允许这些 VLAN 的通信流量通过 trunk 链路。配置命令为：

```
Switch (config) #interface type mod/port
Switch (config-if) #switchport trunk allowed vlan remove vlanlist
```

其中，vlanlist 表示要添加的 VLAN 号列表，各 VLAN 之间用逗号进行分隔。

2）设置允许通过 trunk 链路的 VLAN

配置命令为：

```
Switch (config) #interface type mod/port
Switch (config-if) #switchport trunk    allowed vlan add vlanlist
```

其中，vlanlist 表示要删除的 VLAN 号列表，各 VLAN 之间用逗号进行分隔。

2.3.5　VLAN 中继协议——VTP

1. VTP 的概念及模式

VTP（VLAN trunking protocol）是 Cisco 专用协议，大多数交换机都支持该协议。VTP 负责在 VTP 域内同步 VLAN 信息，这样就不必在每台交换机上配置相同的 VLAN 信息。VTP 还提供一种映射方案，以便通信流能跨越混合介质的骨干。VTP 最重要的作用是将进行变动时可能会出现的配置不一致性降至最低。

VTP 也有一些缺点，这些缺点通常与生成树协议有关。

VTP 使用域（domain）关系组织互连的交换机，并在域内的所有交换机上维护 VLAN 配置信息的一致性。VTP 域也被称为 VLAN 管理域（VLAN management domain），由一台以上共享 VTP 域名的相互连接的交换机组成。一台交换机可以属于也只能属于一个 VTP 域。VTP 是一种客户端/服务器消息协议，它能够在单个 VTP 域中增加、删除和重命名 VLAN。同一管理区域内的所有交换机都是域的一部分。每个域都有其唯一的名称。VTP 交换机仅与相同域中的其他交换机共享 VTP 消息。

VTP 有 3 种模式：服务器模式（server mode）、客户端模式（client mode）和透明模式（transparent mode）。表 2-6 为各种运行模式的功能。

表 2-6　各种运行模式的功能

功　能	服务器模式	客户端模式	透 明 模 式
提供 VTP 消息	√	√	×
监听 VTP 消息	√	√	×
修改 VLAN	√	×	√本地有效
记住 VLAN	√	×（在不同的版本有不同的结果）	√本地有效

1）服务器模式

服务器模式是交换机默认的工作模式，运行在该模式的交换机允许创建、修改和删除本地 VLAN 数据库中的 VLAN，并允许设置一些对整个 VTP 域的配置参数。

2）客户端模式

处于客户端模式的交换机不能创建、修改和删除 VLAN，也不能在 NVRAM 中存储 VLAN 配置，如果掉电，将丢失所有的 VLAN 信息。

3）透明模式

处于透明模式的交换机也可以创建、修改或删除本地 VLAN 数据库中的 VLAN，但与服务器模式下的交换机不同的是，对VLAN配置的变化不会传播给其他交换机，即对VLAN的配置改变仅对处于透明模式的交换机自身有效。

2. VTP 通告

VTP通告信息是在交换机的干道链路上传播的，在VTP通告信息中包含配置版本号，配置版本号的高低代表VLAN配置信息的新旧，较高版本号代表更新的信息。只要交换机接收到一个有更高配置版本号的更新，它就用该VTP更新中的信息覆盖过去的信息。

1）VTP通告概述

使用VTP时，加入VTP域的每台交换机在其中继端口上通告如下信息。

❖ 管理域。
❖ 配置版本号。
❖ 它所知道的VLAN。
❖ 每个已知VLAN的某些参数。

这些通告数据帧被发送到一个多点广播地址（组播地址），以使所有相邻设备都能收到这些帧。

新的VLAN必须在管理域内的一台服务器模式下的交换机上创建和配置。该信息可被同一管理域中所有其他设备学到。

VTP帧是作为一种特殊的帧发送到中继链路上的。

有两种类型的通告：

❖ 来自客户机的请求，由客户机在启动时发出，用以获取信息。
❖ 来自服务器的响应。

VTP通告中可包含如下信息：

❖ 管理域名称。
❖ 配置版本号。
❖ MD5摘要。当配置了口令后，MD5是与VTP一起发送的口令。如果口令不匹配，更新将被忽略。
❖ 更新者身份。发送VTP汇总通告的交换机的身份。

VTP通告处理以配置修订号为0为起点。每当随后的字段变更一项时，这个修订号就加1，直到VTP通告被发送出去。

VTP修订号存储在NVRAM中，交换机的电源开关不会改变这个设定值。要将修订号初始化为0，可以用下列方法：

❖ 将交换机的VTP模式更改为透明模式，然后改为服务器模式。
❖ 将交换机VTP的域名更改一次，再更改回原来的域名。
❖ 使用clear config all命令，清除交换机的配置和VTP信息，再次启动。

2）VTP消息类型

（1）汇总通告。用于通知邻接的Catalyst交换机目前的VTP域名和配置修改编号。默认情况下，Catalyst交换机每5分钟发送一次汇总通告。当交换机收到了汇总通告数据包时，它会对比VTP域名：

❖ 如果域名不同，就忽略此数据包。

❖ 如果域名相同，则进一步对比配置修改编号。

❖ 如果交换机自身的配置修改编号更高或与之相等，就忽略此数据包。如果更小，就发送通告请求。

（2）子集通告。如果在 VTP 服务器上增加、删除或者修改了 VLAN，配置修改编号就会增加，交换机会首先发送汇总通告，然后发送一个或多个子集通告。挂起或激活某个 VLAN，改变 VLAN 的名称或者 MTU，都会触发子集通告。

子集通告中包括 VLAN 列表和相应的 VLAN 信息。如果有多个 VLAN，为了通告所有的信息，可能需要发送多个子集通告。

（3）通告请求。交换机在下列情况下会发出 VTP 通告请求：

❖ 交换机重新启动后。

❖ VTP 域名变更后。

❖ 交换机接到了配置修改编号比自己高的 VTP 汇总通告。

3. VTP 配置

当创建 VLAN 时，必须要决定是否使用 VTP。使用 VTP 能使配置在一个或多个交换机上被改变时，那些改变会自动传送给在同一个 VTP 域中的其他交换机。

使用 VTP 全局配置命令改变 VTP 配置信息，包括存储文件名、域名、接口和模式。

```
Switch(config)#vtp {domain domain-name|file filename|interface name |mode {client |server |transparent}|
password password|pruning|version number}
```

使用 no 命令返回默认设置。

1）创建 VTP 管理域

VTP 管理域不会隔断广播域，仅用于同步 VLAN 配置信息。创建 VTP 管理域需要在 VLAN 配置模式下运行，配置命令为：

```
Switch(config)#Vtp domain domain-name
```

其中，domain-name 是要创建的 VTP 管理域的名称，要区分大小写。

2）设置 VTP 模式

设置 VTP 的工作模式需要在 VLAN 配置模式下进行，配置命令为：

```
Switch (VLAN) # Vtp  ［server | client | transparent］
```

3）设置与选择 VTP 版本

VTP 版本设置方法如下：

```
Switch(config)#vtp version 2                //配置为版本2
Switch(config)#no vtp version 2             //回到版本1
Switch#show vtp terminal
VTP V2 mode :enable
```

只有在 VTP 服务器模式下才能变更 VTP 版本。

VTP 支持版本 1 和版本 2 模式，设置启用 VTP 版本 2，可在 VLAN 配置模式下进行，配置命令为：

```
Switch (VLAN) # Vtp v2-mode
```

4）查看 VTP 信息

若要查看 VTP 的状态信息，可使用命令：

```
Show vtp status
```

若要查看 VTP 的统计信息，可使用命令：

```
Show vtp    counters
```

5）启用 VTP Pruning

VTP Pruning（裁剪）功能可以让交换机不转发在远程交换机上并不活动的 VLAN 的用户流量，从而实现在 trunk 链路上裁剪掉不必要的流量。当以后需要这个 VLAN 的流量通过 trunk 链路时，VTP 会自动允许该 VLAN 的流量经过 trunk 链路。

要启用 VTP Pruning 功能，VTP 域中的所有交换机必须支持 VTP 版本 2，但并不一定要启用 VTP 版本 2。目前的交换机均支持 VTP 版本 2。启用 VTP Pruning 功能的配置命令为：

```
Switch(vlan)#Vtp Pruning
```

从可修剪列表中去除某 VLAN 的命令如下：

```
Switchport trunk pruning vlan remove vlan-id
```

用逗号分隔不连续的 VLAN ID，其间不要有空格，用短线表明一个 ID 范围。例如，去除 VLAN2、3、4、6、8，命令如下：

```
Switchport trunk pruning remove 2-4,6,8
```

要检查 VTP 修剪的配置，可以使用命令：

```
Show vtp status
```

和

```
Show interface interface-id switchport
```

例如，配置 VTP 修剪：

```
Switch#config terminal
Switch(config)#vtp pruning
Switch(config)#exit
Switch#show vtp status
-
VTP pruning mode :enable                //表明修剪已经启动
-
```

关闭指定的 VLAN 修剪：

```
Switch#show interface fa0/3 switchport
trunking vlans active:1-4,6,7,200       //说明在该中继链路上可传输哪些VLAN的数据
```

```
pruning vlans enable:2-1001                    //说明该商品上启用了VTP修剪的VLAN列表
-
Switch#config t
Switch(config)#interface fa0/3
Switch(config-if)#switchport trunk pruning remove vlan   2 3 7
Switch(config-if)#end
Switch#show interface fa0/3 switchport
-
trunking vlans active:1-4,6,7,200
pruning vlans enable :4-6,8-1001
```

在管理域中关闭 VTP 修剪：

```
Switch#config t
Switch(config)#no vtp pruning
Switch#show vtp status
-
vtp pruning mode :disabled                     //修剪已关闭
```

任务实施

任务目标：

配置交换机 switch1 为核心，配置 VTP 模式为 server 模式，创建 3 个 VLAN，分别属于采购部、财务部和研发部 3 个部门。配置交换机 switch2 的 VTP 模式为 client 模式。

用一条交叉线将两台交换机的 f0/1 端口连接起来，且两台交换机相连接口设置为 trunk 类型，这样在同一 VLAN 内的主机能够相互访问，不同 VLAN 之间的主机不能相互访问，满足企业要求。

实验拓扑：

3 个部门 VLAN 的划分如图 2-34 所示。

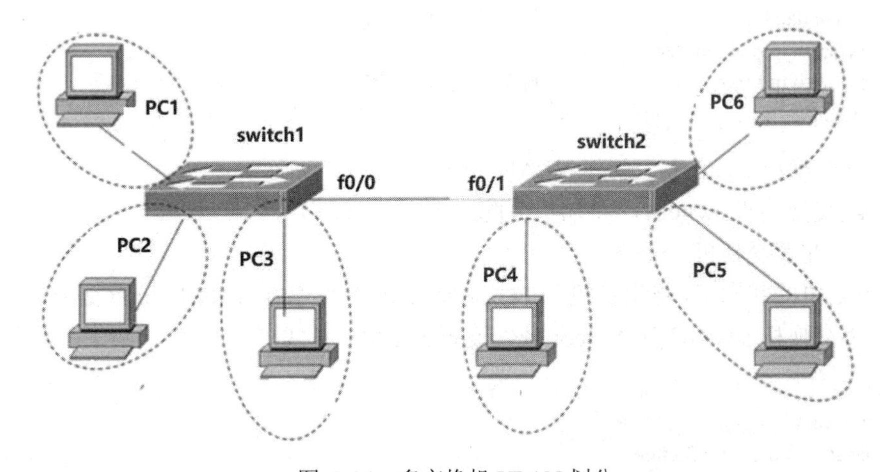

图 2-34　多交换机 VLAN 划分

采购部在 VLAN10 中，VLAN10 包括交换机 switch1 的 f0/2～f0/8 端口和交换机 switch2

的 f0/2～f0/8 端口。

研发部在VLAN20中，VLAN20包括交换机switch1的f0/9～f0/18端口和交换机switch2的 f0/9～f0/18 端口。

财务部在 VLAN30 中，VLAN30 包括交换机 switch1 的 f0/18～f0/24 端口和交换机 switch2 的 f0/18～f0/24 端口。

实验原理：

利用 VLAN 干线技术及 VLAN 中继协议在多交换机上构建 VLAN。

实验步骤：

第 1 步：硬件连接。

在交换机和计算机断电的状态下，按照图 2-33 所示连接硬件。

用一条交叉线将交换机 switch1 的 fa0/0 端口和 switch2 的 fa0/1 端口连接起来，采用直通线将 PC1 连接到交换机 switch1 的 f0/1，将 PC2 连接到交换机 switch1 的 f0/2，将 PC3 连接到交换机 switch1 的 f0/3，将 PC4 连接到交换机 switch2 的 f0/4，将 PC5 连接到交换机 switch2 的 f0/5，将 PC6 连接到交换机 switch2 的 f0/6。

第 2 步：分别打开设备，给设备加电。

第 3 步：配置 PC1、PC2、PC3、PC4、PC5、PC6 的 IP 地址。

第 4 步：分别测试 PC1、PC2、PC3、PC4、PC5、PC6 这 6 台计算机之间的连通性。

第 5 步：配置交换机 switch1。

在设备断电的状态下，将交换机和 PC1 通过反转电缆连接起来，打开 PC1 的超级终端，配置交换机 switch1 的 VLAN，配置如下。

（1）配置交换机 switch1，并设置为 VTP 服务器模式。

```
Switch>en
Switch#config t
Switch(config)#hostname switch1
Switch1(config)# exit
Switch1#vlan database                    //创建VTP管理域
Switch1(vlan)#vtp domain dgpt
Switch1(vlan)#vtp server                 //设置交换机为VTP服务器
Switch1(vlan)#exit
```

（2）在交换机 switch1 上创建 VLAN（略）。

（3）配置交换机 switch1，将端口分配到 VLAN（略）。

第 6 步：配置交换机 switch2。

在设备断电的状态下，将交换机和 PC2 通过反转电缆连接起来，打开 PC2 的超级终端。

（1）将交换机 switch2 加入 dgpt 域，设置为 client 模式。

```
Switch>en
Switch#config t
Switch(config)#hostname Switch2
Switch2#vlan database
Switch2(vlan)#vtp domain dgpt
Switch2(vlan)#vtp client
```

```
Switch2(vlan)#exit
```

（2）配置交换机 switch2，创建 VLAN（略）。

（3）配置交换机 switch2，将端口分配到 VLAN（略）。

第 7 步：跨交换机 VLAN 之间连接。

（1）将交换机 switch1 的端口（f0/0）和交换机 switch2 相连的端口（fa0/1）定义为 trunk 模式。

```
Switch1#config terminal
Enter configuration commands, one per line. End with CNTL/Z.
Switch1 (config)# interface fastethernet0/0
Switch1 (config-if)#switchport                    //设置为2层交换接口
Switch1 (config-if)# switchport mode trunk        //设置该端口为trunk端口
Switch1 (config-if)#exit
Switch1 (config)#exit
Switch1#show interface fastethernet0/0 switchport
```

（2）将交换机 switch2（f0/1）和交换机 switch1 相连的端口（f0/0）定义为 trunk 模式。

```
Switch2#config terminal
Enter configuration commands, one per line. End with CNTL/Z.
Switch2 (config)#interface fastethernet0/1
Switch2 (config-if)# switchport mode trunk
Switch2(config-if)#exit
Switch2 (config)#exit
Switch2#show interface fastethernet0/1 switchport
```

第 8 步：项目测试。

分别测试 PC1、PC2、PC3、PC4、PC5、PC6 这 6 台计算机之间的连通性。

任务 2.4　组建互联互通的部门间网络

任务描述

某企业为防止出现广播风暴，内部网络采用了虚拟局域网技术，不仅提高了网络传输效率，还提高了网络中信息的安全性，但是在使用过程中感到很不方便，有时采购部需要共享财务部的资源，有时财务部需要共享研发部的资源，也就是 3 个部门需要经常共享资源，而它们之间网络是不同的，怎样才能实现网络资源的共享呢？

知识引入

随着数据通信网络范围的不断扩大，网络间互访的需求越来越大，在实际的网络部署中一般会将不同 IP 地址段划分到不同的 VLAN。同 VLAN 且同网段的 PC 之间可直接进行通信，无须借助三层转发设备，VLAN 之间需要通过借助三层设备。而路由器由于成本高、转发性能低、接口数量少等特点无法很好地满足网络发展的需求。因此出现了三层交换机这样一种能实现高速三层转发的设备。在本任务中，可了解以下知识点。

❖　三层交换机技术原理。

- ❖ 三层交换机的路由功能。
- ❖ 三层交换机的配置。

2.4.1 三层交换技术

三层交换技术（或称IP交换技术）是相对于传统交换概念而提出的。三层交换技术在网络模型中的第三层实现了分组的高速转发。简单来说，三层交换技术就是“二层交换技术＋三层转发”。三层交换技术的出现，解决了传统路由器低速、复杂所造成的网络瓶颈问题。

从使用者的角度可以把三层交换机看作二层交换机和路由器的组合，如图2-35所示。

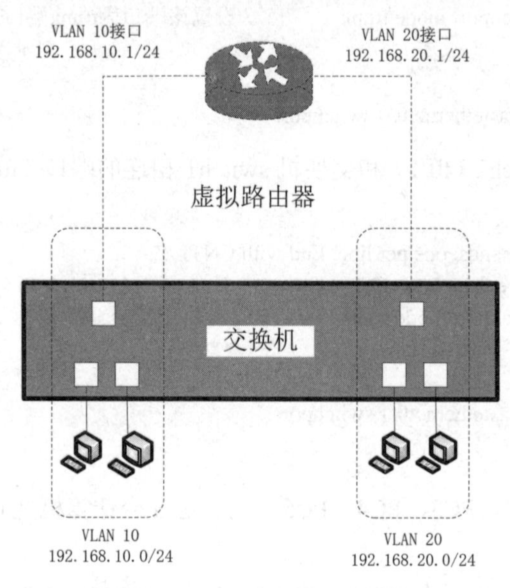

图2-35　三层交换机原理示意图

2.4.2 交换机接口类型

交换机接口分为两大类：二层接口和三层接口（三层设备支持）。

1. 二层接口

二层接口可分为switch port和aggreate port。

（1）switch port：由设备上的单个物理端口构成，只有两层交换功能。

（2）aggreate port：由多个物理成员端口聚合而成。可以把多个物理连接捆绑在一起形成一个简单的逻辑链接，这个逻辑链接称为一个aggregate port（简称AP）。

2. 三层接口

Catalyst多层交换机支持3种不同类型的三层接口。

（1）路由端口（routed port）：类似于Cisco路由器上路由端口的纯第3层接口。

（2）交换机虚拟接口（switch virtual interface，SVI）：VLAN 间路由选择的虚拟 VLAN 接口。换言之，SVI 是虚拟的路由 VLAN 接口。

（3）网桥虚拟接口（bridge virtual interface，BVI）：第 3 层虚拟桥接接口。

2.4.3　三层交换机的路由功能

三层交换机路由功能的实现需要路由选择协议的支持，不同型号的交换机需要针对特定路由协议特性的增强型软件。下面简单介绍三层交换机实现路由功能的 3 种基本方式。

1. 通过交换机虚拟接口实现

交换机虚拟接口（SVI）是一种三层接口，它是在 Catalyst 多层交换机上完成 VLAN 间路由选择而配置的接口。SVI 是一种与 VLAN-ID 相关联的虚拟 VLAN 接口，其目的在于启用该 VLAN 上的路由选择能力。

在三层交换机上配置 SVI 来完成 VLAN 间路由选择，配置步骤如下。

（1）启用 IP 路由选择功能。

```
Switch(config)#ip routing
```

（2）指定 IP 路由选择协议或使用静态路由。

```
Switch(config)#router   ip-routing-protocol options
```

（3）通过使用 VLAN 接口命令指定 SVI。

```
Switch(config)#interface vlan vlan-id
```

（4）为 VLAN 分配 IP 地址。

```
Switch(config-if)#ip address ip-address subnetmask
```

（5）启用接口。

```
Switch(config-if)#no shutdown
```

2. 通过路由端口实现

路由端口是一个物理接口，它类似于在传统路由器上配置了第 3 层地址的接口，能用一个三层路由协议配置。

三层交换机的接口默认配置为二层接口，为了配置路由端口，必须使用 no switchport 命令将一个二层接口配置为三层接口。

在三层交换机上配置路由端口的步骤如下。

（1）使用 no switchport 命令将一个二层接口配置为三层接口。

```
Switch(config)#interface giagabitethernet 1/1
Switch(config-if)#no   switchport
```

（2）为接口分配 IP 地址。

```
Switch(config-if)#ip address ip-address subnetmask
```

（3）启用 IP 路由选择。

```
Switch(config-if)#exit
Switch(config)#ip routing
```

3. 通过网桥虚拟接口实现

网桥虚拟接口（BVI）是一种三层虚拟接口，与普通的 SVI 类似，它能够跨越桥接或路由域来路由数据包，通过第 3 层接口能够桥接第 2 层数据包，是在网络移动数据帧的一种老式方法。

任务实施

任务目标：

以一台三层交换机作为核心层，两台二层交换机作为汇聚层兼接入层。在局域网内划分 3 个 VLAN：VLAN10 分配给采购部，VLAN20 分配给财务部，VLAN30 分配给研发部。为了实现 3 个部门的主机能够相互访问，三层交换机上开启路由功能，并将 VLAN10 的接口 IP 地址设置为 192.168.1.1，也就是 VLAN10 的网关；VLAN20 的接口 IP 地址设置为 192.168.2.1；VLAN30 的接口 IP 地址设置为 192.168.3.1。

实验拓扑：

SW-C3 核心交换机的 f0/24 与 SW1 交换机的 f0/24 相连，SW-C3 核心交换机的 f0/23 与 SW2 交换机的 f0/24 相连，网络拓扑如图 2-36 所示。网络规划如表 2-7 所示。VLAN 与对应的交换机端口分配如表 2-8 所示。

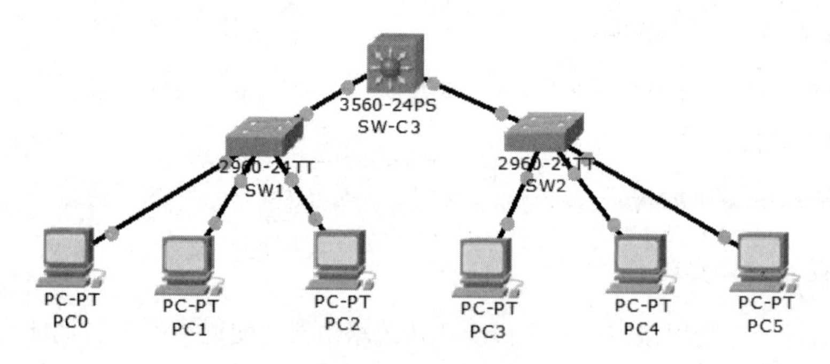

图 2-36　多层交换网络

表 2-7　网络规划表

设　备	VLAN	交换机端口	IP 地址	子 网 掩 码	网　关
PC0	VLAN10（采购部）	SW1～1	192.168.1.10	255.255.255.0	192.168.1.1
PC1	VLAN20（财务部）	SW1～9	192.168.2.10	255.255.255.0	192.168.2.1
PC2	VLAN30（研发部）	SW1～17	192.168.3.10	255.255.255.0	192.168.3.1
PC3	VLAN10（采购部）	SW2～1	192.168.1.20	255.255.255.0	192.168.1.1
PC4	VLAN20（财务部）	SW2～9	192.168.2.20	255.255.255.0	192.168.2.1
PC5	VLAN30（研发部）	SW2～17	192.168.3.20	255.255.255.0	192.168.3.1

表 2-8　VLAN 与对应的交换机端口分配

VLAN	分配交换机端口
VLAN10（采购部）	SW-C3（1～8）、SW1（1～8）、SW2（1～8）
VLAN20（财务部）	SW-C3（9～16）、SW1（9～16）、SW2（9～16）
VLAN30（研发部）	SW-C3（17～22）、SW1（17～23）、SW2（17～23）

实验原理：

利用三层交换技术实现 VLAN 间通信，即各部门的网络互联互通。

实验步骤：

第 1 步：硬件连接。

按照图 2-36、表 2-7 和表 2-8 连接硬件和设置 IP 地址。

第 2 步：配置核心交换机 Cisco 3560。

（1）配置 Cisco 3560 交换机，并设置为 VTP 服务器模式。

```
Switch>en
Switch# config terminal
Switch(config)#hostname   switch3560
Switch3560(config)# exit
Switch3560#vlan database                    //创建VTP管理域
Switch3560(vlan)#vtp domain dgpt
Switch3560(vlan)#vtp server                 //设置交换机为VTP服务器
Switch3560(vlan)#exit
```

（2）在交换机 Cisco 3560 上创建 VLAN。

```
Switch3560#
Switch3560# config terminal
Enter configuration commands, one per line. End with CNTL/Z.
Switch3560(config)#
Switch3560(config)#vlan 10                  //创建采购部的VLAN 10
Switch3560(config-vlan)# name cgb10
Switch3560(config-vlan)#exit
Switch3560(config)#vlan 20                  //创建财务部的VLAN 20
Switch3560(config-vlan)# name cwb20
Switch3560(config-vlan)#exit
Switch3560(config)#vlan 30                  //创建研发部的VLAN 30
Switch3560(config-vlan)# name yfb30
Switch3560(config-vlan)#exit
```

（3）配置交换机 Cisco 3560，将端口分配到 VLAN。

```
Switch3560#
Switch3560# config terminal
Enter configuration commands, one per line. End with CNTL/Z.
Switch3560(config)# interface range f0/1 – 8          //将交换机的f0/1～f0/8端口加入VLAN10
Switch3560(config-if-range)# switchport mode access
Switch3560(config-if-range)#switchport access vlan 10
Switch3560(config)#interface range f0/9 – 16          //将交换机的f0/9～f0/16端口加入VLAN20
```

```
Switch3560(config-if-range)# switchport mode access
Switch3560(config-if-range)# switchport access vlan 20
Switch3560(config)#interface range f0/17 – 22        //将交换机的f0/17～f0/22端口加入VLAN30
Switch3560(config-if-range)# switchport mode access
Switch3560(config-if-range)# switchport access vlan 30
```

（4）配置三层交换机端口具有路由功能。

```
Switch3560(config)#ip routing
Switch3560(config)#interface vlan10
Switch3560(config-if)#ip address 192.168.1.1 255.255.255.0
Switch3560(config-if)#no shutdown
Switch3560(config)#interface vlan20
Switch3560(config-if)#ip address 192.168.2.1 255.255.255.0
Switch3560(config-if)#no shutdown
Switch3560(config)#interface vlan30
Switch3560(config-if)#ip address 192.168.3.1 255.255.255.0
Switch3560(config-if)#no shutdown
Switch3560(config-if)#exit
```

第 3 步：配置交换机 SW1。

在设备断电的状态下，将交换机和 PC1 通过双绞线全反线连接起来，打开 PC1 的超级终端。

（1）配置 Cisco 2950 交换机 SW1，创建 VLAN。

```
Switch>enable
Switch#config terminal
Switch(config)#hostname   switch1
Switch1(config)# exit
Switch1# config terminal
Enter configuration commands, one per line. End with CNTL/Z.
Switch1(config)#
Switch1(config)#vlan 10                    //创建采购部的VLAN 10
Switch1(config-vlan)# name cgb10
Switch1(config-vlan)#exit
Switch1(config)#vlan 20                    //创建财务部的VLAN 20
Switch1(config-vlan)# name cwb20
Switch1(config-vlan)#exit
Switch1(config)#vlan 30                    //创建研发部的VLAN 30
Switch1(config-vlan)# name yfb30
Switch1(config-vlan)#exit
```

（2）将交换机 SW1 加入 dgpt 域并设置为 client 模式。

```
Switch1#vlan database
Switch1(vlan)#vtp domain dgpt
Switch1(vlan)#vtp client
Switch1(vlan)#exit
```

（3）配置交换机 SW1 ，将端口分配到 VLAN。

```
Switch1#
Switch1# config terminal
Enter configuration commands, one per line. End with CNTL/Z.
Switch1(config)#interface range f0/1 – 8          //将交换机的f0/1～f0/8端口加入VLAN10
Switch1(config-if-range)# switchport access vlan 10
Switch1(config)#interface range f0/9– 16          //将交换机的f0/9～f0/16端口加入VLAN20
Switch1(config-if-range)# switchport access vlan 20
Switch1(config)#interface range f0/17 – 23        //将交换机的f0/17～f0/23端口加入VLAN30
Switch1(config-if-range)# switchport access vlan 30
```

第 4 步：配置交换机 SW2。

在设备断电的状态下，将交换机和 PC4 通过反转电缆连接起来，打开 PC4 的超级终端。

（1）配置 Cisco 2950 交换机 SW2，创建 VLAN。

```
Switch2>enable
Switch2#config terminal
Switch2(config）#hostname   Switch2
Switch2(config）# exit
Switch2# config terminal
Enter configuration commands, one per line. End with CNTL/Z.
Switch2(config)#
Switch2(config)#vlan 10                         //创建采购部的VLAN 10
Switch2(config-vlan)# name cgb10
Switch2(config-vlan)#exit
Switch2(config)#vlan 20                         //创建财务部的VLAN 20
Switch2(config-vlan)# name cwb20
Switch2(config-vlan)#exit
Switch2(config)#vlan 30                         //创建研发部的VLAN 30
Switch2(config-vlan)# name yfb30
Switch2(config-vlan)#exit
```

（2）将交换机 SW2 加入 dgpt 域并设置为 client 模式。

```
Switch2#vlan database
Switch2(vlan）#vtp domain dgpt
Switch2(vlan）#vtp client
Switch2(vlan）#exit
```

（3）配置交换机 SW2，将端口分配到 VLAN。

```
Switch2#
Switch2# config terminal
Enter configuration commands, one per line. End with CNTL/Z.
Switch2(config)#interface range f01 – 8             //将交换机的f0/1～f0/8端口加入VLAN10
Switch2(config-if-range)# switchport access vlan 10
Switch2(config)#interface range f0/9 – 16           //将交换机的f0/9～f0/16端口加入VLAN20
Switch2(config-if-range)# switchport access vlan 20
Switch2(config)#interface range f0/17 – 23          //将交换机的f0/17～f0/23端口加入VLAN30
Switch2(config-if-range)# switchport access vlan 30
```

第 5 步：连接二层交换机和核心交换机。

（1）将交换机 SW-C3 和交换机 SW1 相连的端口（假设为 fa0/24）定义为 tag vlan 模式。

```
Switch3560# config terminal
Enter configuration commands, one per line. End with CNTL/Z.
Switch3560(config)#interface fastethernet0/24
Switch3560config-if）#switchport                          //设置为二层交换接口
Switch3560(config-if)# switchport trunk encapsulation dot1q   //设置trunk封装方式为dot1q
Switch3560(config-if)# switchport mode trunk               //设置该端口为trunk端口
Switch3560(config-if)#exit
Switch3560(config)#exit
Switch3560#show int fastethernet0/24 switchport
```

（2）将交换机 SW1 和交换机 SW-C3 相连的端口（假设为 fa0/24）定义为 tag vlan 模式。

```
Switch1# config terminal
Enter configuration commands, one per line. End with CNTL/Z.
Switch1(config)#interface fastethernet0/24
Switch1(config-if)# switchport mode trunk
Switch1(config-if)#exit
Switch1(config)#exit
Switch1#show int fastethernet0/1 switchport
```

（3）将交换机 SW-C3 和交换机 SW2 相连的端口（假设为 fa0/23）定义为 tag vlan 模式。

```
Switch3560# config terminal
Enter configuration commands, one per line. End with CNTL/Z.
Switch3560(config)#interface fastethernet0/23
Switch3560config-if）#switchport                          //设置为二层交换接口
Switch3560(config-if)# switchport trunk encapsulation dot1q   //设置trunk封装方式为dot1q
Switch3560(config-if)# switchport mode trunk               //设置该端口为trunk端口
Switch3560(config-if)#exit
Switch3560(config)#exit
Switch3560#show int fastethernet0/23 switchport
```

（4）将交换机 SW2 和交换机 SW-C3 相连的端口（假设为 fa0/24）定义为 tag vlan 模式。

```
Switch2# config terminal
Enter configuration commands, one per line. End with CNTL/Z.
Switch2(config)#interface fastethernet0/24
Switch2(config-if)# switchport mode trunk
Switch2(config-if)#exit
Switch2(config)#exit
Switch2#show int fastethernet0/24 switchport
```

第 6 步：项目测试。

分别测试 PC0、PC1、PC2、PC3、PC4、PC5 这 6 台计算机之间的连通性。

任务 2.5　防止交换环路——STP 技术

任务描述

某企业为了提高内部网络的健壮性，在建设网络初期，采用了冗余链路，在实际使用过程中，发现经常会由于环路的存在出现广播风暴。为防止交换环路，拟在网络中禁用冗余链路。管理员需要部署生成树技术来避免交换网络中冗余链路的环路问题。

知识引入

以太网交换网络中为了进行链路备份，提高网络可靠性，通常会使用冗余链路。但是使用冗余链路会在交换网络上产生环路，引发广播风暴以及 MAC 地址表不稳定等故障，从而导致用户通信质量较差，甚至通信中断。STP（spanning tree protocol，生成树协议）是用来解决网络中环路问题的协议。运行该协议的设备通过彼此交互信息而发现网络中的环路，并适当对某些端口进行阻塞以消除环路。在本任务中，可了解以下知识点。

- ❖ 生成树的概念。
- ❖ 生成树协议 STP 的原理与配置。
- ❖ 快速生成树协议 RSTP 的原理与配置。
- ❖ 多生成树协议 MSTP 的原理与配置。

2.5.1　交换网络中的冗余

如今的企业对网络的依赖程度越来越高。网络就是许多企业的生命，网络中断会让业务、收入和客户信任产生灾难性的损失。

一条网络链路、一台设备或交换机上的一个关键端口失效都可能造成网络中断。因此设计网络时必须考虑冗余功能，从而保持网络高度可用，并消除任何单点故障。在关键区域内安装备用设备和网络链路即可实现冗余功能。

有时，对网络中所有链路和设备都设置冗余功能，成本会相当高。网络工程师往往需要在冗余功能的成本和网络可用性要求之间做出权衡。

如图 2-37 所示为存在冗余链路的网络。

冗余表示有两条不同的路径可以到达目的地。例如，在实际生活中有两条路可到达一个城市，有两座桥可以过河，或者有两扇门可以走出房间。当其中一条途径阻塞时，人们还可以选择另一条。

提供冗余的方法是将交换机与多条链路连接。交换网络中的冗余链路可减少拥塞情况，并可提供高可用性和负载均衡。

不过将交换机连接在一起也可能会引发问题。例如，以太网流量的广播特性会导致交换环路的产生。广播帧沿所有方向不断送出，从而导致发生广播风暴。广播风暴会耗尽所有可用带宽，导致无法建立网络连接以及现有网络连接断开。

如图 2-38 所示为存在冗余链路的网络发生广播风暴的例子。

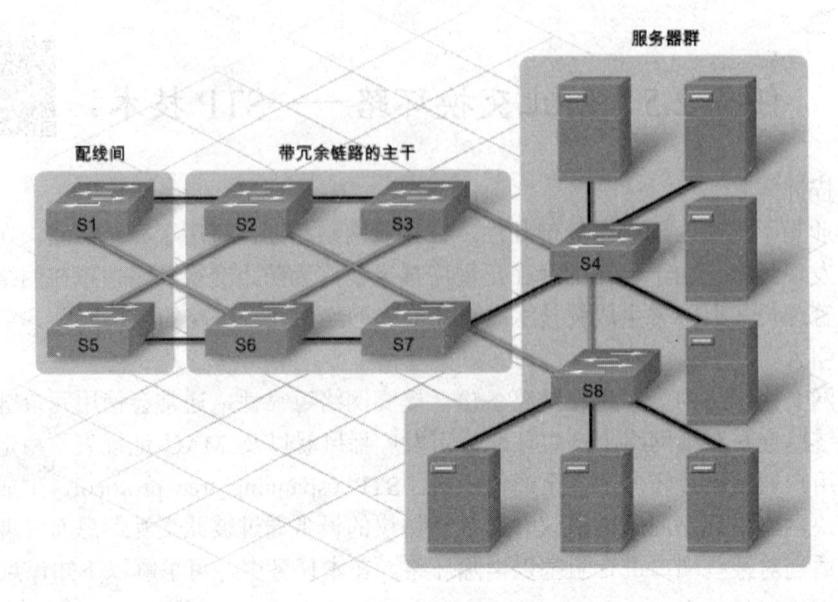

图 2-37 存在冗余链路的网络

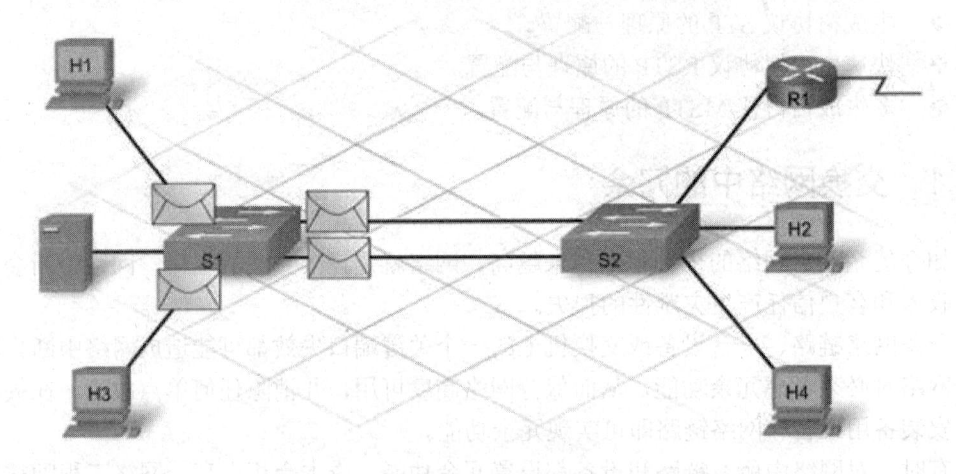

图 2-38 存在冗余链路的网络发生广播风暴

广播风暴并不是交换网络中的冗余链路造成的唯一问题。单播帧有时也会引发问题，例如帧的多重传输和 MAC 数据库不稳定。

1. 帧的多重传输

源主机向目的主机发送一个单播帧后，如果帧的目的 MAC 地址在任何所连接的交换机 MAC 表中都不存在，那么每台交换机便会从所有端口泛洪该帧。在存在环路的网络中，该帧可能会被发回最初的交换机。此过程不断重复，造成网络中存在该帧的多个副本。

最终，目的主机会收到该帧的很多个副本。此情况会造成 3 个问题：带宽的浪费、CPU 时间的浪费以及可能收到重复的事务流量。

2. MAC 数据库不稳定

冗余网络中的交换机可能会获知有关主机位置的错误信息。当存在环路时，一台交换机可能将目的 MAC 地址与两个不同的端口关联，结果造成帧转发出错或未以最佳方式转发。

2.5.2　生成树协议

生成树协议（spanning tree protocol，STP）是一种用来在交换网络中禁用冗余链路的机制。STP 能够提供网络稳定可靠所必需的冗余功能，但又不会造成交换环路。

STP 属于开放式标准协议，能够在交换环境中创建无环的逻辑拓扑。

STP 相对而言比较完善，几乎不需要配置。当使用 STP 的交换机首次加电时，它会检查交换网络是否存在环路。如果检测到潜在的环路，交换机就会阻止某些连接端口，保留其他一些端口来转发帧。如图 2-39 所示为不使用 STP 及使用 STP 的两种网络链路状态。

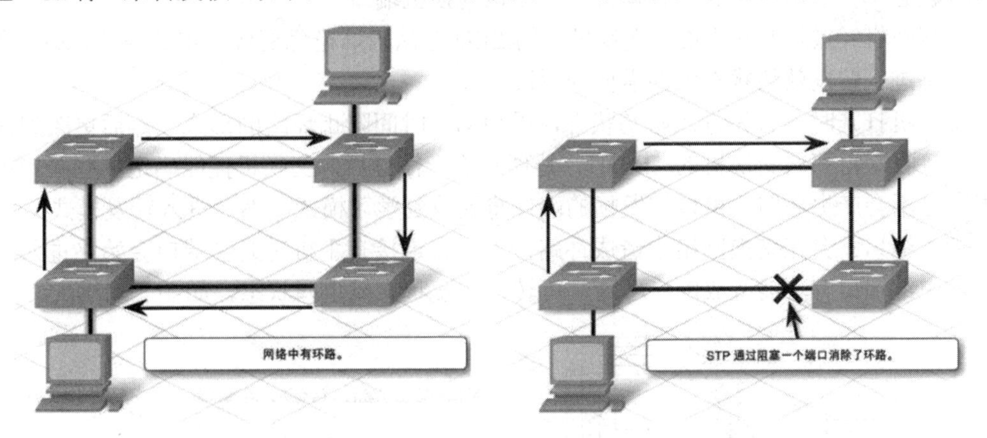

图 2-39　不使用 STP 及使用 STP 的两种网络链路状态

STP 会对扩展星形交换网络中的所有交换机生成一棵树。交换机将不断检查网络，以确保不存在任何环路并且所有端口都能按要求运行。

STP 通过以下方式来防止交换环路：

- ❖ 强制特定接口进入待命或阻塞状态。
- ❖ 保留其他接口处于转发状态。
- ❖ 在现有转发路径失效时，通过启用适当的待命路径来重新配置网络。

在 STP 的相关词汇中，术语“网桥”一般用于指代交换机。例如，“根桥”便是指 STP 拓扑中的主交换机或焦点。根桥使用网桥协议数据单元（BPDU）与其他设备通信。BPDU 是每 2 秒组播给所有其他交换机的一种帧。BPDU 内包含的信息包括：

- ❖ 源交换机的身份标识。
- ❖ 源端口的身份标识。
- ❖ 源端口的开销。
- ❖ 老化计时器的值。
- ❖ hello 计时器的值。

BPDU 的结构如图 2-40 所示。

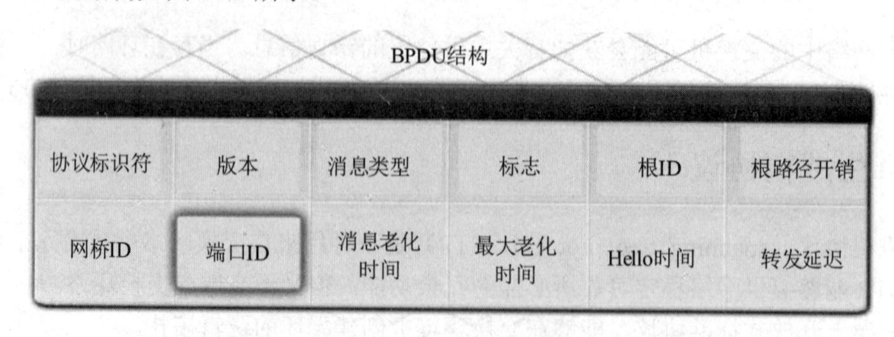

图 2-40　BPDU 结构

打开交换机电源时，交换机的每个端口都会经历 4 种状态：阻塞、侦听、学习和转发。第 5 种状态——禁用，则表示管理员已关闭该交换机端口。

当交换机经过这些状态时，交换机上的 LED 会从闪烁橙色变成稳定的绿色。端口经过这些状态进入转发就绪状态大约需要 50 秒。

交换机打开时，首先进入阻塞状态，以便第一时间阻止环路的形成。然后更改到侦听模式，接收来自邻居交换机的 BPDU。处理完这一信息后，交换机便能确定哪些端口可以转发帧且不会产生环路。可以转发帧的端口将更改到学习模式，然后进入转发模式。

接入端口不会在交换网络中造成环路，而且在连接有主机时此类端口会始终进入转发状态。中继端口有可能造成网络环路，可转入转发状态或阻塞状态，如图 2-41 所示。

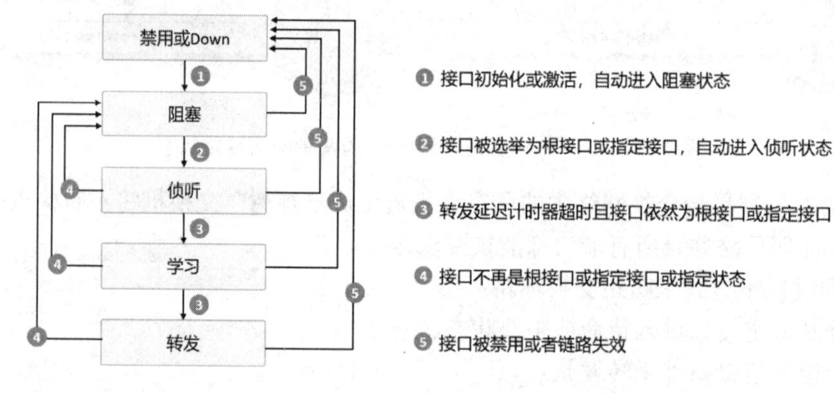

图 2-41　网络阻塞

2.5.3　根桥

要运行 STP，网络中的交换机需要确定哪台交换机是网络的焦点。STP 使用这一焦点（也称为根桥或根交换机）来确定哪些端口进入阻塞状态，哪些端口进入转发状态。根桥向所有其他交换机发送包含网络拓扑信息的 BPDU。这样在发生故障时网络便可根据此信息重新配置。

每个网络中只能有一个根桥，这一设备是根据网桥 ID（BID）选举出来的。网桥优先级值加上 MAC 地址就构成了 BID，如图 2-42 所示。

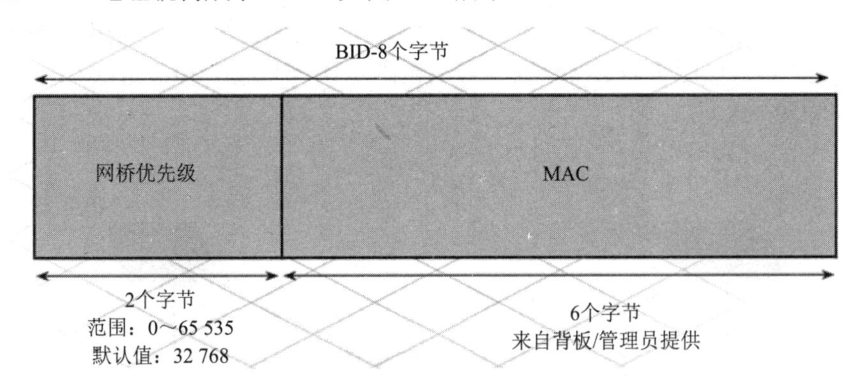

图 2-42　BID 结构

网桥的默认优先级是 32 768。如果某交换机的 MAC 地址是 AA-11-BB-22-CC-33，则该交换机的 BID 是 32768: AA-11-BB-22-CC-33。

根桥由最低的 BID 值决定。由于交换机通常使用相同的默认优先级值，因此 MAC 地址最低的交换机就成为根桥。

每台交换机开机时，都会假设自己是根桥，并送出包含自己的 BID 的 BPDU。例如，如果 S2 通告的根 ID 低于 S1，那么 S1 会停止通告自己的根 ID 并接受 S2 的根 ID。S2 随即成为根桥。

STP 将端口分为 3 种类型：根端口、指定端口和阻塞端口，如图 2-43 所示。

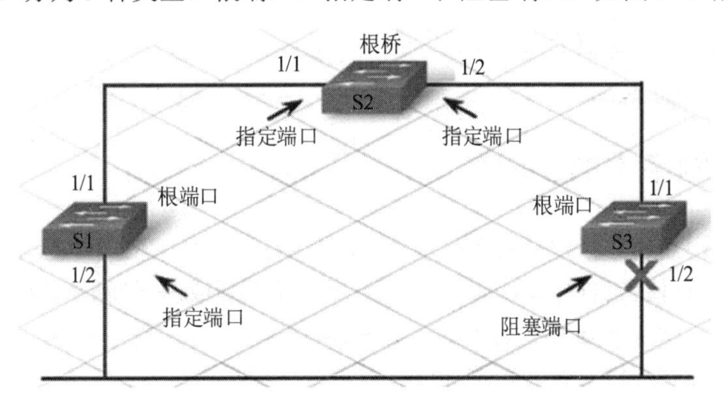

图 2-43　3 种类型端口的状态

- 根端口：提供到根桥的最小开销路径的端口为根端口。交换机使用到达根桥所需的每条链路的带宽开销来算出最小开销路径。
- 指定端口：指定端口会向根桥转发流量，但其所连接的路径不是最小开销路径。
- 阻塞端口：阻塞端口不转发流量。

配置 STP 前，网络技术人员需要规划并评估网络，选出最适合作为生成树的根的交换机。如果以 MAC 地址最低的交换机作为根交换机，可能无法达到最佳转发效果。

位于中心的交换机最适合作为根桥。如果根交换机不是位于中央位置，那么处在网络外侧的阻塞端口可能导致流量需要通过较长的路由路径才能到达目的地。

为了指定根桥，需要为选定交换机的 BID 配置最低的优先级值。可使用网桥优先级命令来配置其优先级。如图 2-44 所示。优先级的范围是 0～65 535，但值是以 4096 的增量递增，默认值为 32 768。

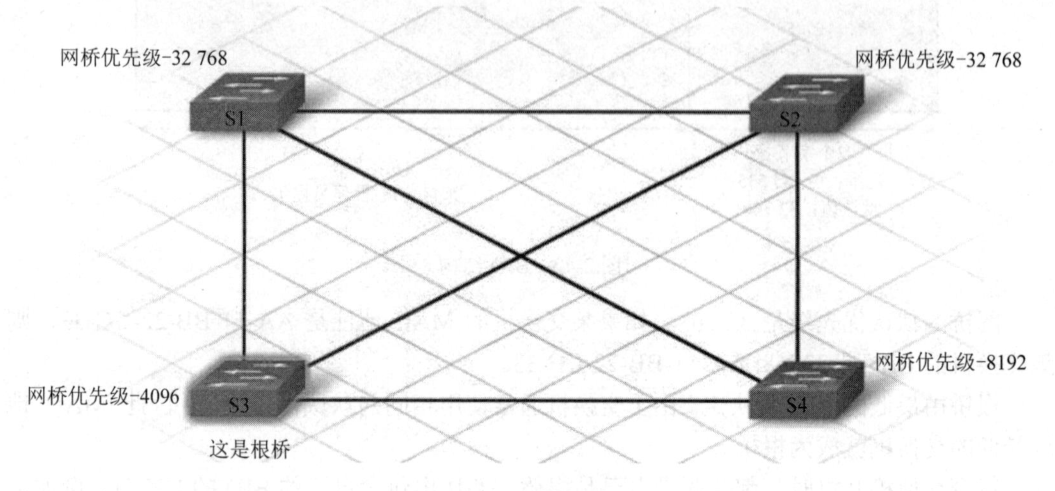

图 2-44　根桥的指定

设置优先级的命令是：

```
S3(config)#bridge priority 4096
```

将优先级恢复为默认值的命令是：

```
S3(config)#no bridge priority
```

2.5.4　分层网络中的生成树

确定根桥、根端口、指定端口和阻塞端口后，STP 就会每隔 2 秒向交换网络发送一次 BPDU。STP 会一直侦听这些 BPDU，以确保没有链路故障或出现新的环路。如果出现链路故障，STP 就会通过以下方式重新计算（见图 2-45）。

- ❖ 将某些阻塞端口更改为转发端口。
- ❖ 将某些转发端口更改为阻塞端口。
- ❖ 形成新的 STP 树以保持网络以无环状态运行。

STP 并不是即刻生效。当链路断开时，STP 会检测到该故障，然后重新计算网络中的最佳路径。这一计算和转换过程约花费每台交换机 30～50 秒的时间。在计算期间，正在执行重新计算的端口不会传输用户数据。

某些用户应用程序也会在重新计算期间超时，从而可能导致生产率下降和收入损失。频繁发生 STP 重新计算会影响网络正常运行。

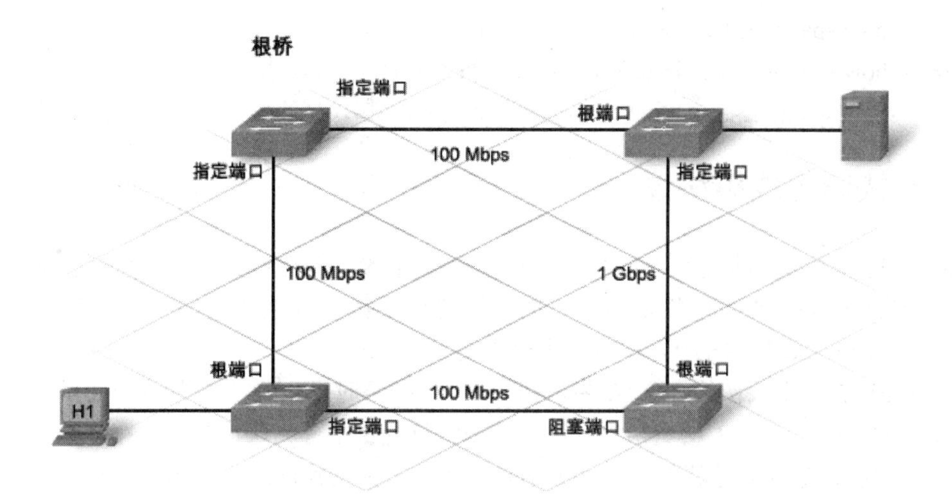

图 2-45　STP 重新计算

假设交换机端口连接了一台高容量的企业服务器。如果该端口因为 STP 而重新计算，则该服务器会停止服务 50 秒。因此而导致的业务损失将难以估计。

在稳定的网络中，很少发生 STP 重新计算的情况。在不稳定的网络中，就非常有必要检查交换机的稳定性以及配置更改情况。导致频繁发生 STP 重新计算的一个常见原因是交换机的电源或供电有问题。有问题的电源会导致设备意外重启。对 STP 实施某些增强技术，可以将 STP 重新计算所造成的停机时间降至最低。

1. PortFast

PortFast 可使接入端口立即进入转发状态，绕过侦听和学习状态。如果对连接到单个工作站或服务器的访问端口使用 PortFast，则这些设备可以立即连接到网络，而不需要等待 STP 收敛。

2. UplinkFast

UplinkFast 在链路或交换机发生故障时，或在 STP 重新配置时，可更快速地选择新的根端口。根端口将立即切换到转发状态，而无须经过正常 STP 程序下的侦听和学习状态。

3. BackboneFast

BackboneFast 能够在生成树拓扑更改时快速收敛，可快速恢复主干的连通性。BackboneFast 用于连接有多台交换机的分布层和核心层。

PortFast、UplinkFast 和 BackboneFast 都是 Cisco 的专有技术，因此网络中如果包含其他厂商的设备便无法使用这些技术。此外，所有这些功能都需要进行配置。

有一些有用的命令可用来检验生成树的运行情况。

- show spanning-tree：显示根 ID、网桥 ID 和端口状态。
- show spanning-tree summary：显示端口状态的摘要信息。
- show spanning-tree root：显示根桥的状态和配置。

- show spanning-tree detail：显示详细的端口信息。
- show spanning-tree interface：显示 STP 接口状态和配置。
- show spanning-tree blockedports：显示阻塞端口。

2.5.5 快速生成树协议

STP 是一个二层的链路管理协议，它在提供链路冗余的同时防止网络产生环路，与 VLAN 配合可以提供链路负载均衡。生成树协议现已经发展为快速生成树协议（rapid spanning tree protocol，RSTP）和多生成树协议。

当 IEEE 制定出最初的 802.1D 生成树协议（STP）时，1～2 分钟的恢复时间被认为是可以接受的。现在，第 3 层交换以及高级路由协议提供了更为快速的其他路径来到达目的地。由于需要传输延迟敏感的流量（如语音和视频），交换网络必须能够快速收敛才能适应新技术的需要。

RSTP 在 IEEE 802.1w 中定义，显著加速了生成树的重新计算速度。与 PortFast、UplinkFast 和 BackboneFast 不同，RSTP 不是专有技术。

RSTP 要求交换机之间采用全双工、点对点连接，以便达到最快的重配置速度。RSTP 重新配置生成树只需不到 1 秒的时间，相比 STP 的 50 秒大大缩短。

RSTP 不需要使用 PortFast 和 UplinkFast 之类的技术。RSTP 能够向下回复到 STP 以便为传统设备提供服务。

为了加速重新计算过程，RSTP 将端口状态减少到 3 种：丢弃、学习和转发。丢弃状态类似于最初的 3 种 STP 状态：阻塞、侦听和禁用。

RSTP 还引入了活动拓扑的概念。所有未处于丢弃状态的端口都是活动拓扑的一部分，会立即转换到转发状态。

RSTP 是 STP 协议的优化版。其“快速”体现在，当一个端口被选为根端口和指定端口后，其进入转发状态的延时在某种条件下大大缩短，从而缩短了网络最终达到拓扑稳定所需要的时间。

RSTP 可以快速收敛，但是和 STP 一样存在以下缺陷：局域网内所有网桥共享一棵生成树，不能按 VLAN 阻塞冗余链路，所有 VLAN 的报文都沿着一棵生成树进行转发。

2.5.6 多生成树协议

多生成树（MST）是对 IEEE 802.1w 的快速生成树（RST）算法进行扩展而得到的，多生成树协议定义文档是 IEEE 802.1S。

多生成树提出了域的概念，在域的内部可以生成多个生成树实例，并将 VLAN 关联到相应的实例中，每个 VLAN 只能关联到一个实例中。这样在域内部每个生成树实例就形成一个逻辑上的树拓扑结构，在域与域之间由 CIST 实例将各个域连成一个大的生成树。各个 VLAN 内的数据在不同的生成树实例内进行转发，这样就提供了负载均衡功能。

具有相同的 MST 配置信息，并且具有完全一致的 VLAN-实例映射关系，同时运行

MSTP 协议的桥组成一个域。每个域的内部有一个主实例，称为 IST（internal spanning tree），域和域由 CST（common spanning tree）连接，这样整个网络拓扑就由 CST 和 IST 功能组成了一个树形拓扑，这个树就是 CIST（common and internal spanning tree）。

MSTP（multiple spanning tree protocol，多生成树协议）将环路网络修剪成为一个无环的树形网络，避免报文在环路网络中的增生和无限循环，同时提供了数据转发的多个冗余路径，在数据转发过程中实现 VLAN 数据的负载均衡。MSTP 兼容 STP 和 RSTP，并且可以弥补 STP 和 RSTP 的缺陷。它既可以快速收敛，也能使不同 VLAN 的流量沿各自的路径分发，从而为冗余链路提供了更好的负载分担机制。

任务实施 1

任务目标：

- SwitchA 为核心层交换机，作为树根。
- Switch B、Switch C 为汇聚层交换机。
- Switch C 为 Switch B 的备份交换机，当 Switch B 出现故障的时候，由 Switch C 转发数据。
- Switch C 和 Switch B 之间通过两条链路相连，保证在一条链路发生故障的时候，另一条链路可以正常工作。
- Switch D、Switch E、Switch F 为接入层交换机。
- Switch D、Switch E、Switch F 下面直接挂接用户的计算机。
- Switch D、Switch E、Switch F 分别通过一个端口与 Switch C、Switch B 相连。

实验拓扑：

本任务拓扑结构如图 2-46 所示。

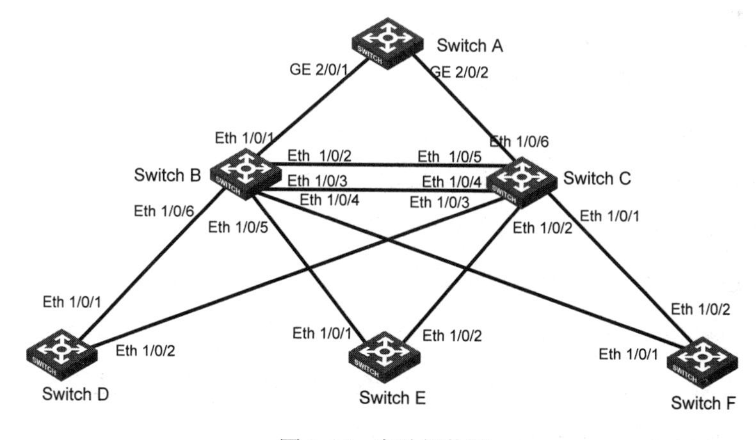

图 2-46　实验拓扑图

说明： Switch A 一般是高、中端交换机，如 S7500E 系列交换机。

Switch B、Switch C 一般为低端交换机中的 S3610 系列、S5500 系列交换机。

Switch D、Switch E、Switch F 一般为低端交换机中的 S3100 系列、S5100 系列交换机等。

实验原理：

RSTP 的配置原理。在后面的配置步骤中仅列出了 RSTP 相关的配置，由于 Switch D、Switch E 和 Switch F 的 RSTP 配置基本一致，本例只列出了 Switch D 上面的 RSTP 配置。

实验步骤：

第 1 步：硬件连接。

产品与软硬件版本关系可参考表 2-9。

表 2-9　配置适用的产品与软硬件版本关系

产　品	软件版本	硬件版本
S3610 系列以太网交换机	Release 5301 软件版本	全系列硬件版本
S5510 系列以太网交换机	Release 5301 软件版本	全系列硬件版本
S5500-SI 系列以太网交换机	Release 1207 软件版本	全系列硬件版本（除 S5500-20TP-SI）
	Release 1301 软件版本	S5500-20TP-SI
S5500-EI 系列以太网交换机	Release 2102 软件版本	全系列硬件版本
S7500E 系列以太网交换机	Release 6100 软件版本	全系列硬件版本

第 2 步：Switch A 的配置。

（1）设备启动 RSTP。

```
<Sysname> system-view
[Sysname] stp enable
[Sysname] stp mode rstp
```

（2）设备的 MSTP 启动后，各个端口的 RSTP 默认为启动状态，在不参与 RSTP 计算的端口上关闭 MSTP，注意不要将参与 RSTP 计算的端口 MSTP 关闭。此处仅列举出 GigabitEthernet 2/0/4。

```
[Sysname] interface GigabitEthernet 2/0/4
[Sysname-GigabitEthernet2/0/4] stp disable
```

（3）配置 Switch A 为树根。有以下两种方法：

❖ 将 Switch A 的 Bridge 优先级配置为 0。

```
[Sysname] stp priority 0
```

❖ 直接使用命令将 Switch A 指定为树根。

```
[Sysname] stp root primary
```

（4）在与 Switch B、Switch C 相连的指定端口上启动根保护功能。

```
[Sysname] interface GigabitEthernet 2/0/1
[Sysname-GigabitEthernet2/0/1] stp root-protection
[Sysname-GigabitEthernet2/0/1] quit
[Sysname] interface GigabitEthernet 2/0/2
[Sysname-GigabitEthernet2/0/2] stp root-protection
[Sysname-GigabitEthernet2/0/2] quit
```

（5）启动 Switch A 的 TC 防攻击功能。

```
[Sysname] stp tc-protection enable
```

第 3 步：Switch B 的配置。

（1）设备启动 RSTP。

```
<Sysname> system-view
[Sysname] stp enable
[Sysname] stp mode rstp
```

（2）设备的 MSTP 启动后，各个端口的 RSTP 默认为启动状态，在不参与 RSTP 计算的端口上关闭 MSTP，注意不要将参与 RSTP 计算的端口 MSTP 关闭。此处仅列举出 Ethernet 1/0/8。

```
[Sysname] interface Ethernet 1/0/8
[Sysname-Ethernet1/0/8] stp disable
[Sysname-Ethernet1/0/8] quit
```

（3）配置 Switch B 的 Bridge 优先级为 4096。

```
[Sysname] stp priority 4096
```

（4）在各个指定端口上启动根保护功能。

```
[Sysname] interface Ethernet 1/0/4
[Sysname-Ethernet1/0/4] stp root-protection
[Sysname-Ethernet1/0/4] quit
[Sysname] interface Ethernet 1/0/5
[Sysname-Ethernet1/0/5] stp root-protection
[Sysname-Ethernet1/0/5] quit
[Sysname] interface Ethernet 1/0/6
[Sysname-Ethernet1/0/6] stp root-protection
[Sysname-Ethernet1/0/6] quit
```

MSTP 的工作模式、时间参数、端口上的参数都采用默认值。

第 4 步：Switch C 的配置。

（1）设备启动 RSTP。

```
<Sysname> system-view
[Sysname] stp enable
[Sysname] stp mode rstp
```

（2）设备的 MSTP 启动后，各个端口的 RSTP 默认为启动状态，在不参与 RSTP 计算的端口上关闭 MSTP，注意不要将参与 RSTP 计算的端口 MSTP 关闭。此处仅列举出 Ethernet 1/0/8。

```
[Sysname] interface Ethernet 1/0/8
[Sysname-Ethernet1/0/8] stp disable
[Sysname-Ethernet1/0/8] quit
```

（3）配置 Switch C 的 Bridge 优先级为 8192，充当 Switch B 的备份交换机。

```
[Sysname] stp priority 8192
```

（4）在各个指定端口上启动根保护功能。

```
[Sysname] interface Ethernet 1/0/1
[Sysname-Ethernet1/0/1] stp root-protection
[Sysname-Ethernet1/0/1] quit
[Sysname] interface Ethernet 1/0/2
[Sysname-Ethernet1/0/2] stp root-protection
[Sysname-Ethernet1/0/2] quit
[Sysname] interface Ethernet 1/0/3
[Sysname-Ethernet1/0/3] stp root-protection
[Sysname-Ethernet1/0/3] quit
```

MSTP 的工作模式、时间参数、端口上的参数都采用默认值。

第 5 步：Switch D 的配置。

（1）设备启动 RSTP。

```
<Sysname> system-view
[Sysname] stp enable
[Sysname] stp mode rstp
```

（2）设备的 MSTP 启动后，各个端口的 RSTP 默认为启动状态，在不参与 RSTP 计算的端口上关闭 MSTP，注意不要将参与 RSTP 计算的端口 MSTP 关闭。此处仅列举出 Ethernet 1/0/3。

```
[Sysname] interface Ethernet 1/0/3
[Sysname-Ethernet1/0/3] stp disable
```

（3）将直接与用户相连的端口配置为边缘端口，并使能 BPDU 保护功能。此处仅以 Ethernet 1/0/3 为例。

```
[Sysname-Ethernet1/0/3] stp edged-port enable
[Sysname-Ethernet1/0/3] quit
[Sysname] stp bpdu-protection
```

MSTP 的工作模式、时间参数、端口的其他参数都采用默认值。Switch E 和 Switch F 的配置同 Switch D。

本任务完整配置如下。

1. SwitchA 上的配置

```
#
stp mode rstp
stp instance 0 priority 0
(stp instance 0 root primary)
stp TC-protection enable
stp enable
#
```

```
interface GigabitEthernet2/0/1
 stp root-protection
#
interface GigabitEthernet2/0/2
 stp root-protection
#
interface GigabitEthernet2/0/4
 stp disable
```

2. Switch B 上的配置

```
#
stp mode rstp
stp instance 0 priority 4096
stp enable
#
interface Ethernet1/0/4
 stp root-protection
#
interface Ethernet1/0/5
 stp root-protection
#
interface Ethernet1/0/6
 stp root-protection
#
interface Ethernet1/0/8
 stp disable
```

3. Switch C 上的配置

```
#
stp mode rstp
stp instance 0 priority 8192
stp enable
#
interface Ethernet1/0/1
 stp root-protection
#
interface Ethernet1/0/2
 stp root-protection
#
interface Ethernet1/0/3
 stp root-protection
#
interface Ethernet1/0/8
 stp disable
```

4. Switch D 上的配置

```
#
stp mode rstp
```

```
stp enable
#
interface Ethernet1/0/3
 stp disable
 interface Ethernet3/0/5
 stp edged-port enable
 stp bpdu-protection
```

注意事项：stp mode 命令用于设置交换机的 STP 工作模式：STP、RSTP 或 MSTP。交换机默认工作于 MSTP 模式。

任务实施 2

任务目标：

在接入层和分布层交换机上配置 MSTP 并进行验证。

某企业网络管理员认识到，传统的生成树协议（STP）是基于整个交换网络产生一个树形拓扑结构，所有的 VLAN 共享一个生成树，这种结构不能进行网络流量的负载均衡，使得有些交换设备比较繁忙，而另一些交换设备又很空闲。为了解决这个问题，他决定采用基于 VLAN 的多生成树协议（MSTP），现要在交换机上做适当配置来完成这一任务。

实验拓扑：

本实验采用 4 台交换机设备，PC1 和 PC3 在 VLAN10 中，IP 地址分别为 172.16.1.10/24 和 172.16.1.30/24，PC2 在 VLAN 20 中，PC4 在 VLAN 40 中，如图 2-47 所示。

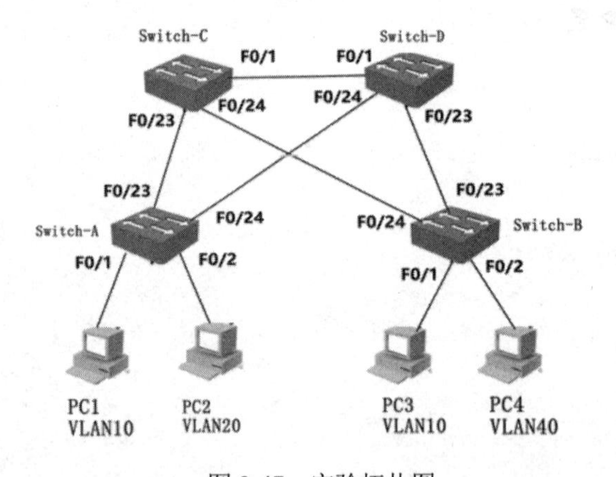

图 2-47　实验拓扑图

实验原理：

利用 MSTP 除了可以实现网络中的冗余链路，还能够实现可靠性和负载均衡（分担）。

可以认为MSTP技术是STP和RSTP技术的升级版本，除了保留低级版本的特性，MSTP考虑到网络中 VLAN 技术的使用，引入了实例和域的概念。实例为 VLAN 的组合，这样可以针对一个或多个 VLAN 进行生成树运算，从而不会阻断网络中应保留的链路，也可以让各实例的数据经由不同路径得以转发，实现网络中的负载分担。

实验步骤：

第 1 步：硬件连接。

第 2 步：在交换机 Switch-A 上划分 VLAN 并配置 Trunk。

```
Switch-A(config)#spanning-tree
Switch-A(config)#spanning-tree mode mstp //配置生成树模式为MSTP
Switch-A(config)#vlan 10
Switch-A(config-vlan)#vlan 20
Switch-A(config-vlan)#exit
Switch-A(config)#interface fastethernet 0/1
Switch-A(config-if)#switchport access vlan 10
Switch-A(config-if)#exit
Switch-A(config)#interface fastethernet 0/2
Switch-A(config-if)#switchport access vlan 20
Switch-A(config-if)#exit
Switch-A(config)#interface fastethernet 0/23
Switch-A(config-if)#switchport mode trunk
Switch-A(config-if)#exit
Switch-A(config)#interface fastethernet 0/24
Switch-A(config-if)#switchport mode trunk
Switch-A(config-if)#exit
```

第 3 步：在交换机 Switch-B 上划分 VLAN 并配置 Trunk。

```
Switch-B(config)#spanning-tree
Switch-B (config)#spanning-tree mode mstp //配置生成树模式为 MSTP
Switch-B(config)#vlan 10
Switch-B(config-vlan)#vlan 40
Switch-B(config-vlan)#exit
Switch-B(config)#interface fastethernet 0/1
Switch-B(config-if)#switchport access vlan 10
Switch-B(config-if)#exit
Switch-B(config)#interface fastethernet 0/2
Switch-B(config-if)#switchport access vlan 40
Switch-B(config-if)#exit
Switch-B(config)#interface fastethernet 0/23
Switch-B(config-if)#switchport mode trunk
Switch-B(config-if)#exit
Switch-B(config)#interface fastethernet 0/24
Switch-B(config-if)#switchport mode trunk
Switch-B(config-if)#exit
```

第 4 步：在交换机 Switch-C 上划分 VLAN 并配置 Trunk。

```
Trunk Switch-C(config)#spanning-tree
Switch-C (config)#spanning-tree mode mstp
Switch-C(config)#vlan 10
Switch-C(config-vlan)#vlan 20
Switch-C(config-vlan)#vlan 40
Switch-C(config-vlan)#exit
```

```
Switch-C(config)#interface fastethernet 0/1
Switch-C(config-if)#switchport mode trunk
Switch-C(config-if)#exit
Switch-C(config)#interface fastethernet 0/23
Switch-C(config-if)#switchport mode trunk
Switch-C(config-if)#exit
Switch-C(config)#interface fastethernet 0/24
Switch-C(config-if)#switchport mode trunk
Switch-C(config-if)#exit
```

第 5 步：在交换机 Switch-D 上划分 VLAN 并配置 Trunk。

```
Switch-D(config)#spanning-tree
Switch-D (config)#spanning-tree mode mstp
Switch-D(config)#vlan 10
Switch-D(config-vlan)#vlan 20
Switch-D(config-vlan)#vlan 40
Switch-D(config-vlan)#exit
Switch-D(config)#interface fastethernet 0/1
Switch-D(config-if)#switchport mode trunk
Switch-D(config-if)#exit
Switch-D(config)#interface fastethernet 0/23
Switch-D(config-if)#switchport mode trunk
Switch-D(config-if)#exit
Switch-D(config)#interface fastethernet 0/24
Switch-D(config-if)#switchport mode trunk
Switch-D(config-if)#exit
```

第 6 步：在交换机 Switch-A 上配置 MSTP。

```
Switch-A(config)#spanning-treemst configuration //进入MSTP配置模式
Switch-A(config-mst)#instance 1 vlan 10,20        //配置instance 1（实例1）并关联VLAN 10和VLAN 20
Switch-A(config-mst)#name region1                 //配置域名称
Switch-A(config-mst)#revision 1                   //配置修订号
```

验证 MSTP 配置：

```
Switch-A#show spanning-tree mst configuration
```

第 7 步：在交换机 Switch-B 上配置 MSTP。

```
Switch-B(config)#spanning-treemst configuration   //进入MSTP配置模式
Switch-B(config-mst)#instance 2 vlan 10,40        //配置实例2并关联VLAN 10和VLAN 40
Switch-B(config-mst)#name region2                 //配置域名称
Switch-B(config-mst)#revision 2                   //配置修订号
```

验证 MSTP 配置：

```
Switch-B#show spanning-tree mst configuration
```

第 8 步：在交换机 Switch-C 上配置 MSTP。

```
Switch-C (config)#spanning-tree mst 1 priority 4096        //配置交换机 Switch-C 在 instance 1 中的优
```

```
先级为4096，使其成为instance 1中的根
    Switch-C (config)#spanning-treemst configuration          //进入MSTP配置模式
    Switch-C (config-mst)#instance 1 vlan 10,20               //配置实例1并关联VLAN 10和VLAN 20
    Switch-C (config-mst)#name region1                        //配置域名为region1
    Switch-C (config-mst)#revision 1                          //配置修订号
```

验证 MSTP 配置：

```
    Switch-C#show spanning-tree mst configuration
```

第 9 步：在交换机 Switch-D 上配置 MSTP。

```
    Switch-D(config)#spanning-tree mst 2 priority 4096        //配置交换机Switch-D在instance 2中的优先级
为4096，使其在instance2中成为根
    Switch-D(config)#spanning-treemst configuration           //进入MSTP配置模式
    Switch-D(config-mst)#instance 1 vlan 10,20                //配置实例1并关联VLAN 10 和VLAN 20
    Switch-D(config-mst)#name region1                         //配置域名为region1
    Switch-D(config-mst)#revision 1                           //配置修订号
    Switch-D(config-mst)#instance 2 vlan 10,40                //配置实例2并关联VLAN 10和VLAN 40
    Switch-D(config-mst)#name region2                         //配置域名为region2
    Switch-D(config-mst)#revision 2                           //配置修订号
```

验证 MSTP 配置：

```
    Switch-D#show spanning-tree mst configuration
```

第 10 步：查看交换机 MSTP 选举结果。

```
    Switch-C#show spanning-tree mst 1
    MST 1 vlans mapped : 1,10
    BridgeAddr : 00d0.f8ff.4e3f
    Priority : 4096
    TimeSinceTopologyChange : 0d:7h:21m:17s
    TopologyChanges : 0
    DesignatedRoot : 100100D0F8FF4E3F      ! Switch-C 是 instance 1 的生成树的根
    RootCost : 0
    RootPort : 0
```

从上述 show 命令输出结果可以看出交换机 Switch-C 为实例 1 中的根交换机。

```
    Switch-D#show spanning-tree mst 2
    MST 2 vlans mapped : 20,40
    BridgeAddr : 00d0.f8ff.4662
    Priority : 4096
    TopologyChanges : 0
    DesignatedRoot : 100200D0F8FF4662  ! Switch-D 是 instance 2 的生成树的根
    RootCost : 0
    RootPort : 0
```

从上述 show 命令输出结果可以看出交换机 Switch-D 为实例 2 中的根交换机。

```
    Switch-A#show spanning-tree mst 1
    MST 1 vlans mapped : 1,10
    BridgeAddr : 00d0.f8fe.1e49
```

```
Priority : 32768
TimeSinceTopologyChange : 7d:3h:19m:31s
TopologyChanges : 0
DesignatedRoot : 100100D0F8FF4E3F  ! 实例1的生成树的根交换机是 Switch-C
RootCost : 200000
RootPort : Fa0/23
```

从上述 show 命令输出结果可以看出，在实例 1 中，交换机 Switch-A 的端口 F0/23 为根端口，因此 VLAN1 和 VLAN10 的数据经端口 F0/23 转发。

```
Switch-A#show spanning-tree mst 2
MST 2 vlans mapped : 20,40
BridgeAddr : 00d0.f8fe.1e49
Priority : 32768
TimeSinceTopologyChange : 7d:3h:19m:31s T
TopologyChanges : 0
DesignatedRoot : 100200D0F8FF4662  ! 实例 2 的生成树的根交换机是 Switch-D
RootCost : 200000
RootPort : Fa0/24
```

从上述 show 命令输出结果可以看出，在实例 2 中，交换机 Switch-A 的端口 F0/24 端口为根端口，因此 VLAN20 和 VLAN40 的数据包经端口 F0/24 转发。

注意事项：可以将规模很大的交换网络划分为多个域（region），在每个域里可以创建多个 instance（实例）。

划分在同一个域里的各台交换机需配置相同的域名（name）、相同的修订号（revision number）、相同的 instance-vlan 对应表。交换机可以支持 65 个 MSTP instance，其中实例 0 是默认实例，是强制存在的，其他实例可以创建和删除。将整个 spanning-tree 恢复为默认状态用命令 spanning-tree reset。

任务 2.6　组建无线局域网

正如移动电话已成为固定电话的有力补充一样，无线网络也以其灵活便利的接入方式博得了众多移动用户的青睐。

毋庸置疑，无线网络在远程接入、移动接入和临时接入中都拥有无与伦比的巨大优势。随着无线网络设备价格的平民化，无线网络的实际应用也越来越多。

在人们的生活中，有很多局域网无法延伸到的场所，如室外广场、会议室、体育场馆等。在这些地方，人们也希望能够快捷方便地接入网络。与传统的有线网络相比，无线网络不需要在办公室中重新布线，成本低，更灵活多变。

所谓无线网络，是指无须布线即可实现计算机互连的网络。无线网络的适用范围非常广泛，凡是可以通过布线而建立网络的环境，无线网络也同样能够搭建，而通过传统布线无法建立网络的环境，却正是无线网络大显身手的地方。而且，无线网络的保密性能比普通局域网要高得多。

通过本任务的学习，可以学会组建小型无线局域网，并学会排除无线网络中可能发生的故障，为将来工作积累经验。

任务描述

某部门主管张主管家里原有两台台式计算机，后来所在公司为方便其移动办公，给其配发了一台笔记本电脑，张主管觉得使用方便，就将家中原来的两台台式机也更换成了笔记本电脑。

张主管想重新搭建家庭网络，把两台笔记本电脑连接起来。如果使用传统的有线组网技术构建家庭网络，则需要在家中重新布线，不可避免地要进行砸墙和打孔等施工，这样不仅家中的装修会被破坏，而且裸露在外的网线也影响美观，笔记本电脑方便移动的优势也无法发挥。这时他想，能否通过无线网卡将家中的计算机连接起来呢？

知识引入

无线局域网是一种不用布线就可以实现设备间数据传输的局域网技术。近年来，随着无线技术的不断发展，越来越多的企业和家庭开始组建无线局域网，以实现高速、便捷的无线网络连接。在本任务中，可了解以下知识点。

❖ 无线网络基础知识。
❖ 无线局域网标准。
❖ 无线局域网介质访问控制标准。
❖ 无线网络硬件。
❖ 服务区域认证 ID。
❖ 无线局域网的组网模式。

2.6.1　无线网络基础知识

1. 无线局域网

无线局域网（wireless local area network，WLAN）是指采用无线传输介质的局域网。WLAN 利用电磁波在空气中发送和接收数据，而无须借助线缆介质。无线联网方式是对有线联网方式的一种补充和扩展，使网上的计算机具有可移动性，能快速、方便地解决以有线方式不易实现的网络联通问题。

无线局域网可以简单，也可以复杂。最简单的无线局域网络只需将两台装有无线适配卡的计算机放在有效距离内，这就是常说的对等网络。这类简单网络无须进行特殊组合或专人管理，任何两台移动式计算机之间不需要中央服务器就可以相互通信。

2. 无线局域网的特点

与有线网络相比，WLAN 具有以下优点。

（1）安装便捷：WLAN 最大的优势就是免去或减少了繁杂的网络布线的工作量，一般只要安放一个或多个接入点（access point）设备就可建立覆盖整个建筑或地区的局域网络。

（2）使用灵活：WLAN 建成后，在无线网的信号覆盖区域内任何一个位置都可以接入网络，进行通信。

（3）经济节约：不需预设大量利用率较低的信息点。网络改造费用低。

（4）易于扩展：WLAN 有多种配置方式，可根据实际需要灵活选择。这样，WLAN 能够胜任小到只有几个用户的小型局域网，大到拥有上千用户的大型网络，并且能够提供像“漫游（roaming）”等有线网络无法提供的特性。

由于 WLAN 具有多方面的优点，其发展十分迅速。WLAN 已经在医院、商店、工厂和学校等不适合网络布线的场合得到了广泛的应用。

2.6.2 无线局域网标准

目前支持无线网络的技术标准主要有 IEEE 802.11 系列标准、家庭网络（HomeRF）技术以及蓝牙（bluetooth）技术。

1. IEEE 802.11 系列标准

IEEE 802.11 系列标准覆盖了无线局域网的物理层和 MAC 子层。参照 ISO 七层模型，IEEE 802.11 系列标准主要从 WLAN 的物理层和 MAC 层两个层面制定系列规范，物理层标准规定了无线传输信号等基础规范，如 802.11a、802.11b、802.11d、802.11g、802.11h，而媒体访问控制层标准是在物理层上的一些应用要求规范，如 802.11e、802.11f、802.11i。

802.11 标准涵盖许多子集，其中最核心的是 802.11a、802.11b 和 802.11g，它们定义了最核心的物理层规范，这也是令所有芯片开发商及系统集成商瞩目的 802.11 未来走势所在。

2. 家庭网络技术

HomeRF 工作组是由美国家用射频委员会于 1997 年成立的，其主要工作任务是为家庭用户建立具有互操作性的话音和数据通信网。2001 年 8 月推出 HomeRF 2.0 版，集成了语音和数据传送技术，工作频段在 10GHz，数据传输速率达到 10Mb/s，在 WLAN 的安全性方面主要考虑访问控制和加密技术。HomeRF 是针对现有无线通信标准的综合和改进：当进行数据通信时，采用 IEEE 802.11 规范中的 TCP/IP 传输协议；进行语音通信时，则采用数字增强型无绳通信标准。

3. 蓝牙技术

蓝牙是一种支持设备短距离通信（一般 10m 内）的无线电技术，能在包括移动电话、PDA、无线耳机、笔记本电脑、相关外设等众多设备之间进行无线信息交换。利用蓝牙技术，能够有效地简化移动通信终端设备之间的通信，也能够成功地简化设备与因特网（Internet）之间的通信，从而使数据传输变得更加迅速高效，为无线通信拓宽道路。蓝牙采用分散式网络结构以及快跳频和短包技术，支持点对点及点对多点通信，工作在全球通用的 2.4GHz ISM（即工业、科学、医学）频段。其数据速率为 1Mb/s。采用时分双工传输方案实现全双工传输。蓝牙无线技术是在两个设备间进行无线短距离通信的最简单、最便捷的方法。它广泛应用于世界各地，可以无线连接手机、便携式计算机、汽车、立体声耳机、MP3 播放器等多种设备。由于有了“配置文件”这一独特概念，蓝牙产品不再需要安装驱动程序软件。截至 2023 年 8 月，蓝牙技术最新版本是 5.3，与先前的版本相比，蓝牙

5.3 的数据传输速度更快，稳定性更好，功耗优化，具有多链路功能，允许设备同时连接多个蓝牙设备，增加了新的安全性功能，还升级了定向广播和定向扫描等功能，可以实现更为精准的设备定位和通信。总的来说，蓝牙 5.3 版本在传输速度、稳定性、功耗、连接性、安全性和定位精度等方面都带来了显著的提升。

2.6.3　无线局域网介质访问控制算法

IEEE 802.11 工作组考虑了两种介质访问控制 MAC 算法。一种算法是分布式的访问控制，它和以太网类似，通过载波监听方法来控制每个访问节点；另一种算法是集中式访问控制，它是由一个中心节点来协调多节点的访问控制。分布式访问控制协议适用于特殊网络，而集中式访问控制适用于几个互连的无线节点和一个与有线主干网连接的基站。

2.6.4　无线网络硬件设备

组建无线局域网的网络设备主要包括无线网卡、无线访问接入点、无线路由器和天线，几乎所有的无线网络产品都自含无线发射/接收功能。

1. 无线网卡

无线网卡在无线局域网中的作用相当于有线网卡在有线局域网中的作用。按无线网卡的总线类型可将其分为适用于台式机的 PCI 接口的无线网卡和适用于笔记本电脑的 PCMCIA 接口的无线网卡（见图 2-48）。笔记本电脑和台式机均适用 USB 接口的无线网卡，如图 2-49 所示。

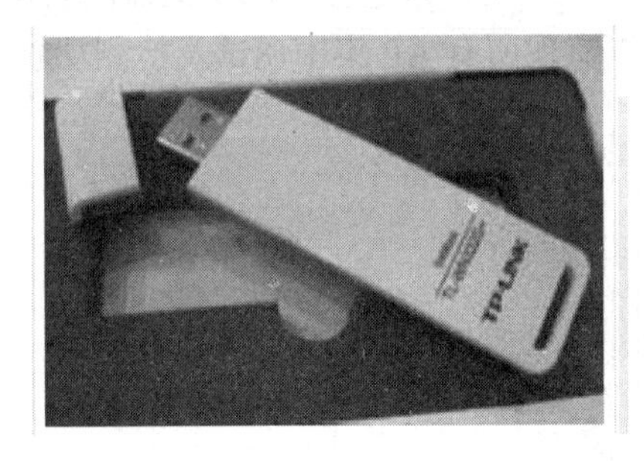

图 2-48　USB 无线网卡

图 2-49　笔记本电脑无线网卡

2. 无线访问接入点

无线访问接入点（access point，AP）也称无线网桥，主要提供无线工作站对有线局域网和有线局域网对无线工作站的访问。无线 AP 是一个包含内容很广的名称，它不仅指单纯性无线接入点，也是无线路由器（含无线网关、无线网桥）等类设备（见图 2-50）的统称。厂家对无线 AP 的称呼比较混乱，但随着无线路由器的普及，到目前为止，若没有特别的说明，我们一般只将所称呼的无线 AP 理解为单纯性无线 AP，以与无线路由器加以区分。单纯性无线 AP 就是一个无线的交换机，仅仅提供无线信号发射的功能。单纯性无线 AP 的工作原理是网络信号通过双绞线传送过来，经过 AP 产品的编译，将电信号转换成为无线电信号发送出去，形成无线网的覆盖。根据不同的功率，其可以实现不同程度、不同范围的网络覆盖，一般无线 AP 的最大覆盖距离可达 300 m。多数单纯性无线 AP 本身不具备路由功能，包括 DNS、DHCP、Firewall 在内的服务器功能都必须由独立的路由或计算机来完成。大多数的无线 AP 都支持多用户（30～100 台计算机）接入、数据加密、多速率发送等功能，在家庭、办公室内，一个无线 AP 便可实现所有计算机的无线接入。单纯性无线 AP 还可对装有无线网卡的计算机做必要的控制和管理。单纯性无线 AP 既可以通过 10BASE-T（WAN）端口与内置路由功能的 ADSL MODEM 或 CABLE MODEM（CM）直接相连，也可以在使用时通过交换机/集线器、宽带路由器接入有线网络。无线 AP 与无线路由器类似，按照协议标准，IEEE 802.11b 和 IEEE 802.11g 的覆盖范围是室内 100 m、室外 300 m。这个数值仅是理论值，在实际应用中，会碰到各种障碍物，其中以玻璃、木板、石膏墙对无线信号的影响最小，而混凝土墙壁和铁对无线信号的屏蔽作用最大。所以通常实际使用范围是室内 30 m、室外 100 m（没有障碍物）。因此，作为无线网络中重要的环节，无线 AP 的作用类似于有线网络中的集线器。在那些需要大量 AP 来进行大面积覆盖的公司，所有 AP 通过以太网连接起来并连到独立的控制器，以实现所有 AP 集中调试及检测功能。

图 2-50　无线 AP 设备

3. 无线路由器

无线路由器集成了无线 AP 的接入功能和路由器的第三层路径选择功能。无线路由器除了基本的 AP 功能，还带有路由、DHCP、NAT 等功能。因此，无线路由器既能实现宽带接入共享，又能轻松拥有有线局域网的功能。绝大多数无线宽带路由器拥有 4 个以太网交换口（RJ-45 接口），可以当作有线宽带路由器使用，如图 2-51 和图 2-52 所示。

图 2-51　无线路由器

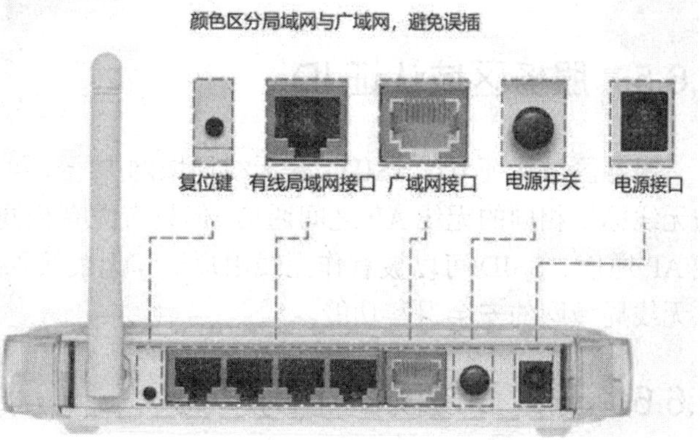

图 2-52　无线路由器端口

4. 天线

天线（antenna）的功能是将信号源发送的信号传送至远处。天线一般有定向性（uni-directional）与全向性（omni-directional）之分，前者较适合长距离使用，而后者则较适合区域性应用，如图 2-53 所示。例如，若要将在第一栋楼内的无线网络的范围扩展到 1 千米甚至数千米以外的第二栋楼，其中的一个方法是在每栋楼上安装一个定向天线，如图 2-54 所示，天线的方向互相对准，第一栋楼的天线经过网桥连到有线网络，第二栋楼的天线接在第二栋楼的网桥上，如此无线网络就可接通相距较远的两个或多个建筑物。

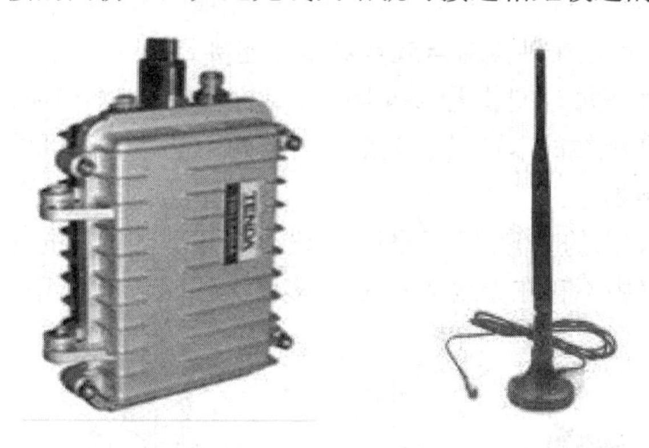

图 2-53　定向天线及全向天线

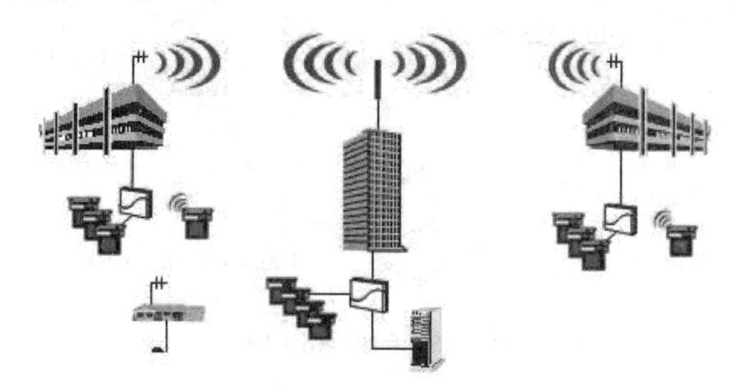

图 2-54　全向天线使用示例

2.6.5 服务区域认证 ID

服务区域认证 ID（SSID）是无线局域网中一个可配置的无线标识，它允许无线用户端与无线标识相同的无线 AP 之间通信，但只有配有相同 SSID 的无线用户端设备才可以和无线 AP 通信。SSID 可以被看作无线用户端和无线接入点之间传递的一个简单密码，从而提供无线局域网的安全保密功能。

2.6.6 无线局域网的组网模式

一般来说，组建无线局域网时，可供选择的方案主要有两种：一种是无中心无线 AP 结构的 Ad-hoc（自组）网络模式，一种为有中心无线 AP 结构的 Infrastructure（基础结构）网络模式。

1. Ad-hoc 网络模式

1）AD-hoc 模式的工作原理

自组网络又称对等网络，即点对点（point to point）网络，它是一种无中心拓扑结构，网络连接的计算机具有平等的通信关系，仅适用于较少数的计算机无线互联（通常是在 5 台主机以内）。简单地说，无线对等网就是指无线网卡+无线网卡组成的局域网，不需要安装无线 AP 或无线路由器。可以实现点对点或点对多点连接。

该无线组网方式的原理是每台安装无线网卡的计算机相当于一个虚拟 AP（软 AP），即类似于一个无线基站。在无线网卡信号覆盖范围内，两个基站之间可以进行信息交换，它们既是工作站，又是服务器。

Ad-hoc 网络是一种点对点的对等式移动网络，没有有线基础设施的支持，网络中的节点均由移动主机构成。网络中不存在无线 AP，通过多张无线网卡自由组网实现通信。其基本结构如图 2-55 所示。

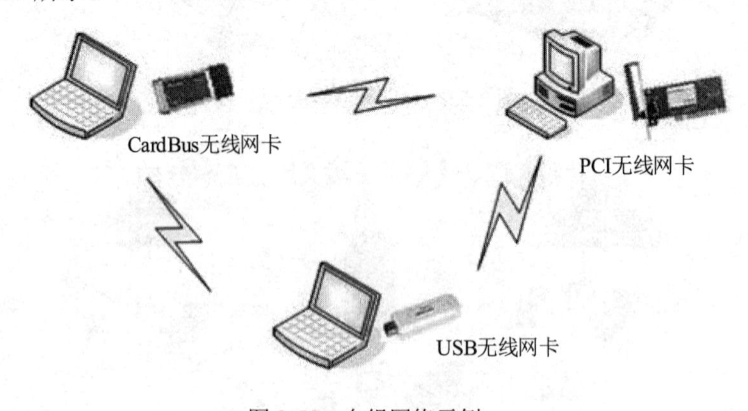

图 2-55　自组网络示例

要建立对等式网络，需要完成以下几个步骤。

（1）为计算机安装好无线网卡，并且为无线网卡配置好 IP 地址等网络参数。注意，要实现互连的主机的 IP 必须在同一网段，因为对等网络不存在网关，所以网关可以不用填写。

（2）设定无线网卡的工作模式为 Ad-hoc 模式，并给需要互连的网卡配置相同的 SSID、频段、加密方式、密钥和连接速率。

注：TP-LINK 全系列无线网卡产品都支持此应用模式。

2）Ad-hoc 模式的特点

（1）安装简单：只需在计算机上安装无线网卡，并进行简单的配置即可。

（2）节约成本：省去了无线 AP，直接搭建无线网络，适合于小型规模的网络环境。

（3）通信距离较近：因为无线网卡的发射功率都比较小，所以计算机之间的距离不能太远。

（4）通信带宽低：Ad-hoc 模式中所有的计算机共享连接的带宽。例如，有 4 台计算机同时共享带宽（见图 2-56），每台计算机的可利用带宽就只有标准带宽的 1/4。

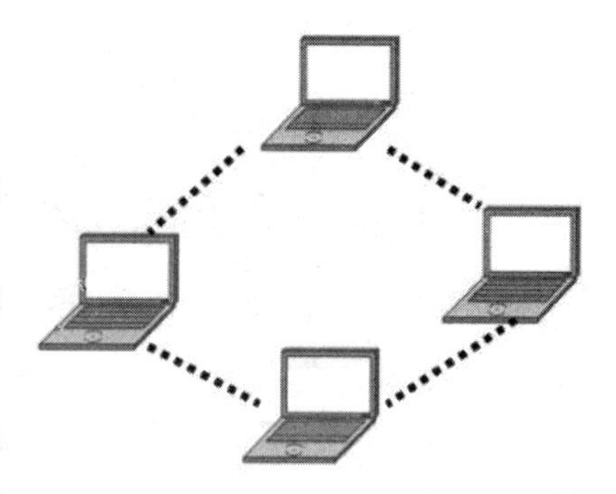

图 2-56　对等无线网络

（5）传输速率的最低匹配：无线网络中网卡的传输速率最好是一样的，否则整个网络的传输速率将自动与速率较低的那个保持一致。

（6）和外网连接困难：无线对等网络的最大缺点是必须通过网络中的一台计算机上网，因此，接入外网的计算机必须始终处于开机状态。

3）Ad-hoc 模式中设备连接标识

处于同一网络中的无线设备使用一种无线网络身份标识符号进行区别，如图 2-57 所示。这种无线身份标识符号又叫作 SSID。SSID 是配置在无线网络设备中的一种无线标识，具有相同的 SSID 的无线用户端设备之间才能进行通信。因此，SSID 也是保证无线网络接入设备安全的一种重要标志。

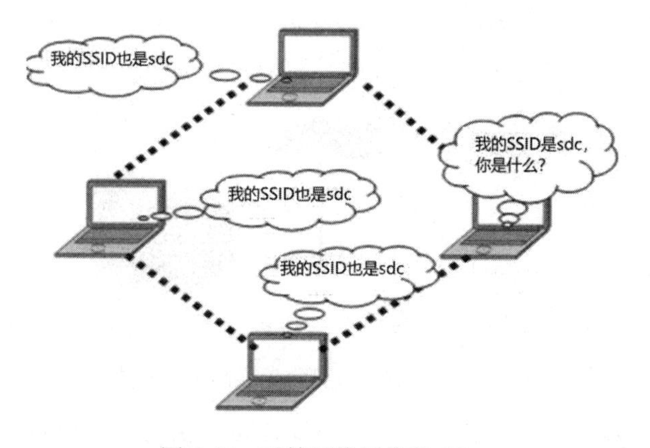

图 2-57　对等无线网络的 SSID

2. Infrastructure（基础结构）网络模式

在具有一定数量用户或需要建立一个稳定的无线网络平台时，一般会采用以 AP 为中心的模式，将有限的“信息点”扩展为“信息区”，这种模式也是无线局域网最为普通的构建模式，即基础结构模式。在基础结构网络中，有一个无线固定基站充当中心站，所有节点对网络的访问均由其控制，如图 2-58 所示。

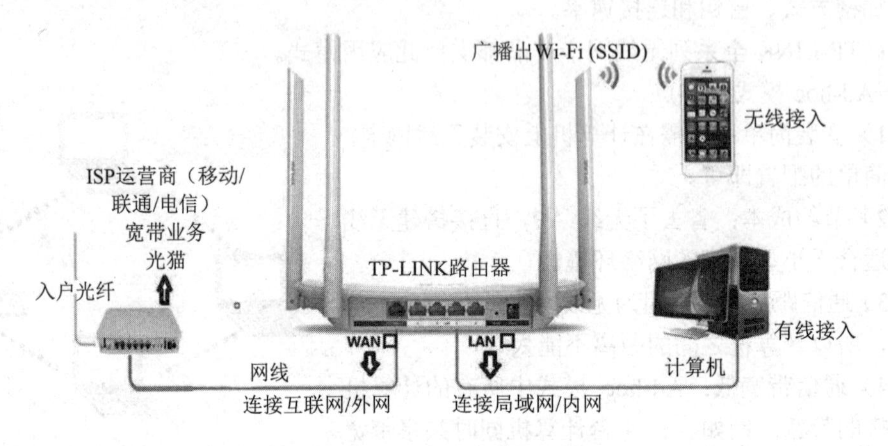

图 2-58 基础结构网络

集中控制式模式网络是一种整合有线与无线局域网架构的应用模式。在这种模式中，无线网卡与无线 AP 进行无线连接，再通过无线 AP 与有线网络建立连接。实际上 Infrastructure 模式网络还可以分为两种模式：一种是“无线路由器+无线网卡”建立连接的模式；一种是“无线 AP+无线网卡”建立连接的模式。

“无线路由器+无线网卡”模式是目前很多家庭使用的模式，这种模式下无线路由器相当于一个无线 AP，集合了路由功能，用来实现有线网络与无线网络的连接。例如，某企业的无线路由器系列，它们不仅集合了无线 AP 功能和路由功能，同时集成了一个有线的四口交换机，可以实现有线网络与无线网络的混合连接，如图 2-59 所示。

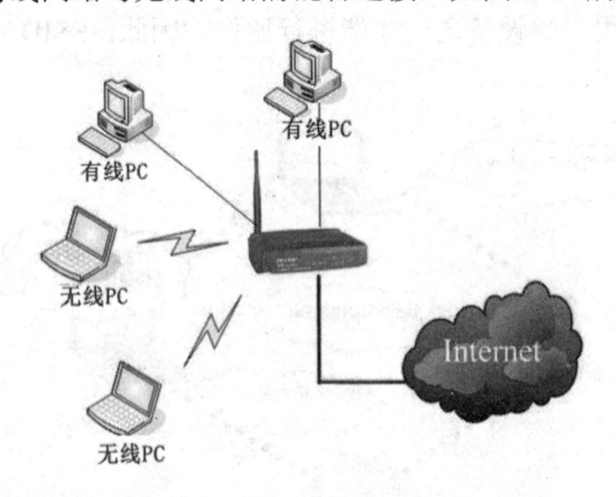

图 2-59 “无线路由器+无线网卡”模式

在“无线 AP+无线网卡”模式下，无线 AP 应该如何设置，应该如何与无线网卡或者有线网卡建立连接，主要取决于用户所要实现的具体功能以及用户预定要用到的设备。因为无线 AP 有多种工作模式，不同的工作模式所能连接的设备不一定相同，连接的方式也不一定相同。下面以无线 AP TL-WA501G 的工作模式及其设置为例进行介绍。501G 支持 5 种基本的工作模式，分别是 AP 模式、AP client 模式、Bridge（point to point）模式、Bridge（point to multi-point）模式和 repeater 模式。

1）AP 模式

AP（access point，接入点）模式是无线 AP 的基本工作模式，用于构建以无线 AP 为中心的集中控制式网络，所有通信都通过 AP 转发，AP 的功能类似于有线网络中的交换机的功能。这种模式下的连接方式大致如图 2-60 所示。

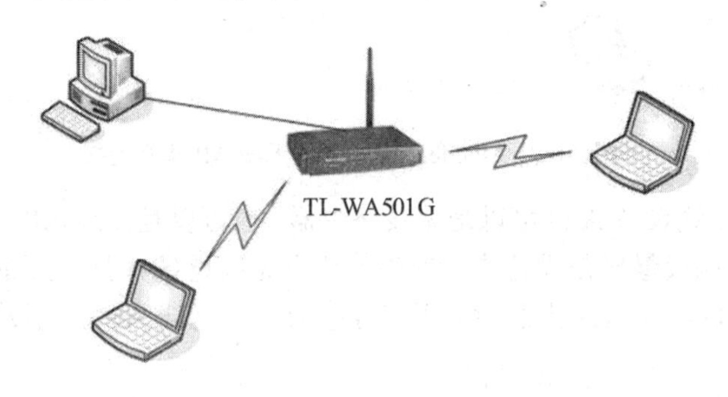

图 2-60　AP 模式

在这种模式下，无线 AP 既可以和无线网卡建立无线连接，也可以和有线网卡通过网线建立有线连接。501G 只有一个 LAN 口，一般不用来直接连接计算机，而是用来与有线网络建立连接，直接连接前端的路由器或者交换机。这种模式下，对 501G 的设置具体如图 2-61 所示。

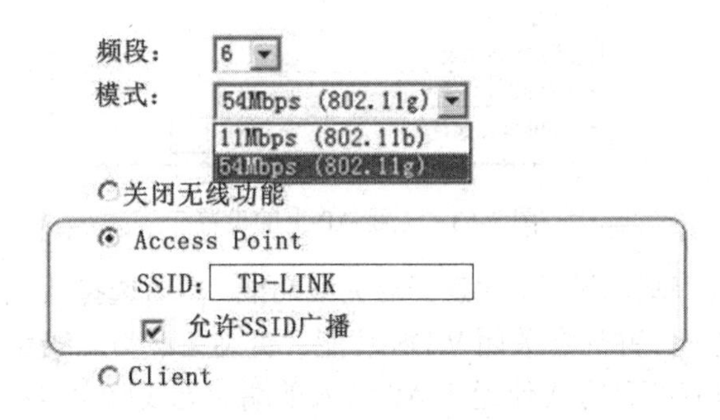

图 2-61　501G 的设置

首先是设置该网络工作的频段，选择的范围为 1～13。选择时应该注意，如果周围环境中还有其他的无线网络，尽量不要与其使用相同的频率段。然后选择 501G 工作的模式，501G 支持 11Mbps（802.11b）、54Mbps（802.11g）模式（兼容 802.11b 模式）。同时注意开启无线功能，就是不要选中“关闭无线功能”单选按钮。选中“Access Point”单选按钮，设置好 SSID 号。注意，通过无线方式与无线 AP 建立连接的无线网卡上设置的 SSID 号必须与无线 AP 上设置的 SSID 号相同，否则无法接入网络。

2）AP client 模式

AP client（客户端）模式下，既可以有线接入网络，也可以无线接入网络，但此时接在无线 AP 下的计算机只能通过有线的方式进行连接，不能以无线方式与 AP 进行连接。工作在 AP client 模式下的无线 AP 建立连接的方式大致如图 2-62 所示。

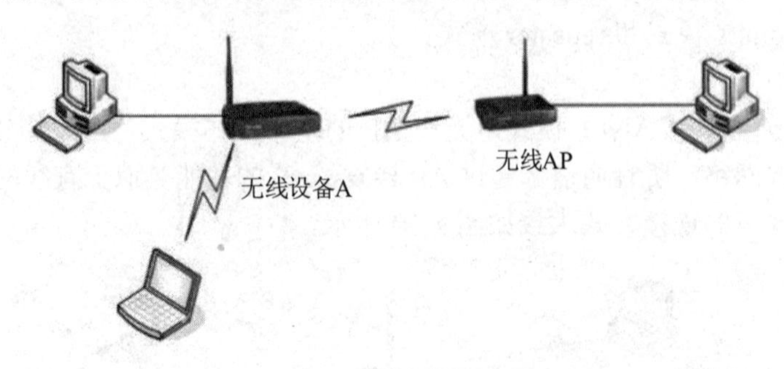

图 2-62　AP client 模式下的无线 AP 建立连接

图 2-62 中的无线设备 A 既可以是无线路由器，也可以是无线 AP。注意在进行连接时，无线 AP 所使用的频段最好是设置成与前端的这个无线设备 A 所使用的频段相同。

当需要用 501G 与无线路由器建立无线连接时，在无线 AP 上的设置如图 2-63 所示。

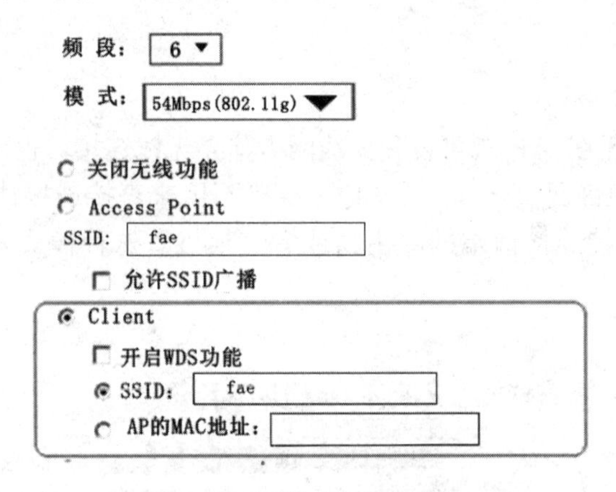

图 2-63　无线 AP 上的设置

首先是频段、模式等基本设置，注意开启无线功能。然后选择 AP 的工作模式，使 501G 工作在 AP client 模式下，并注意关闭 WDS 功能，否则无法与无线路由器建立无线连接。在 client 模式下，可以有两种方式使无线 AP 接入前端的无线路由器：一种是通过设置和无线路由器相同的 SSID 号，从而连接无线路由器；另一种是通过在“AP 的 MAC 地址”处填写无线路由器 LAN 口的 MAC 地址来建立连接。

注意：在这种工作模式下，无线 AP 下面只能通过有线的方式连接一台计算机。因为 501G 工作在 AP client 模式下，并且关闭 WDS 功能时，它只学习一个 MAC 地址。如果需要连接多台计算机，可以在 501G 下面连接一个路由器，501G 的 LAN 口与路由器的 WAN 口连接，路由器 LAN 口下面可以接多台计算机。

当需要工作在 AP client 模式下的无线 AP 再与另外的无线 AP 建立连接时，连接的无线 AP 可以是 AP 模式，也可以是 repeater 模式。此时，AP client 模式下的 WDS 功能既可以是开启的，也可以是关闭的。

当与设置为 AP 模式的无线 AP 进行连接时，设置为 AP client 模式的无线 AP 可以通过设置一个 SSID 号，使这个 SSID 号与设置成 AP 模式的无线 AP 的 SSID 号相同来建立连接；也可以通过在 client 模式下的“AP 的 MAC 地址”栏中填写前端设置为 AP 模式的无线 AP 的 MAC 地址来进行连接。

当前端的 AP 设置为 repeater 模式时，它并没有 SSID 号，因此，设置为 AP client 模式的无线 AP 要与它建立连接，只能通过在“AP 的 MAC 地址”栏中填写前端 AP 的 MAC 地址来实现连接，如图 2-64 所示。

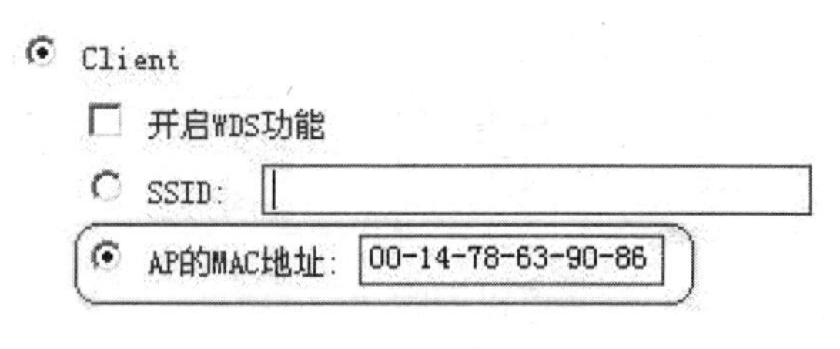

图 2-64　无线 AP 上的设置

3）Bridge（point to point）模式

无线网桥模式下，无线 AP 不能通过无线的方式与无线网卡进行连接，只能使用无线 AP 的 LAN 口有线地连接计算机。在这种模式下使用时，一般两个 AP 都设置为桥接模式进行对连，其效果就相当于一根网线。具体的连接如图 2-65 所示。

图 2-65　Bridge（point to point）模式

设置成桥接模式的无线 AP 没有 SSID 号，因此只能通过指定要接入的 AP 的 MAC 地址来进行连接，界面如图 2-66 所示。

在要通过桥接模式进行连接的两个无线 AP 上，设置好对端 AP 的 MAC 地址来与对端的 AP 进行连接。设置中需要注意，两个无线 AP 必须设置为相同的工作频段，否则可能无法进行连接。

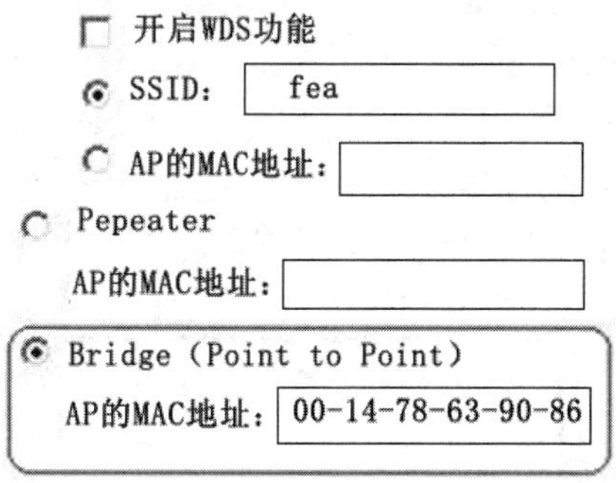

开启WDS功能
SSID: fea
AP的MAC地址:
Pepeater
AP的MAC地址:
Bridge (Point to Point)
AP的MAC地址: 00-14-78-63-90-86

图 2-66　Bridge（point to point）模式的设置

4）Bridge（point to multi-point）模式

无线多路桥模式下，无线 AP 与设置成桥接模式的 AP 配合使用，组建点对多点的无线网络。基本模式如图 2-67 所示。

B
C
D

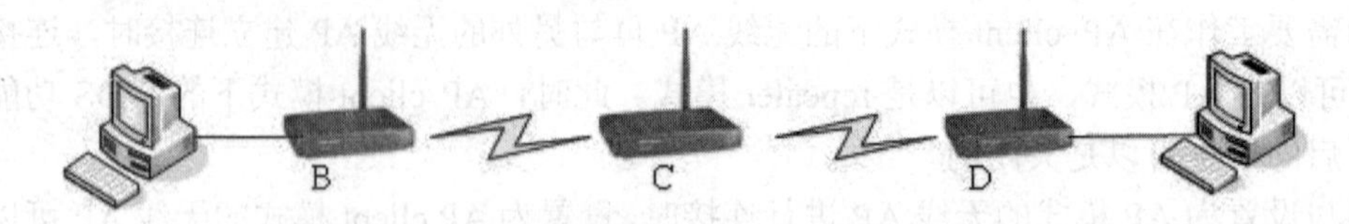

图 2-67　无线 AP 与设置成桥接模式的 AP 配合使用

图 2-67 中有 3 个无线 AP，分别为 B、C、D。其中 B 和 D 都设置成桥接模式，C 设置为多路桥接模式，在 B 和 D 上都要设置成指向 C，即填入 C 的 MAC 地址，在 C 上同时要添加 B 和 D 的 MAC 地址，从而建立连接。设置成多路桥模式的无线 AP 中，有多个 MAC 地址需要填写，如果填写的条目少于两条，那么在保存时将会报错。也就是说，当无线 AP 设置成多路桥模式时，至少要与另外的两个无线 AP 进行连接。501G 的多路桥模式下，最多可以同时与 4 个无线 AP 进行连接。具体设置如图 2-68 所示。

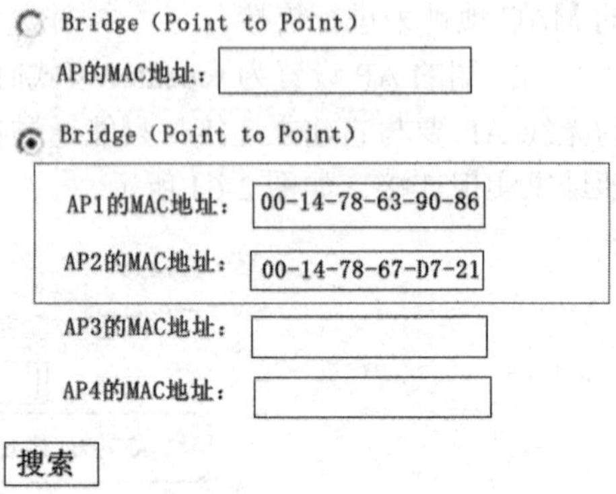

Bridge (Point to Point)
AP的MAC地址：
Bridge (Point to Point)
AP1的MAC地址：
00-14-78-63-90-86
AP2的MAC地址：
00-14-78-67-D7-21
AP3的MAC地址：
AP4的MAC地址：
搜索

图 2-68　多个无线 AP 桥接设置

5）repeater 模式

无线中继模式下的无线 AP 起到的作用是对信号的放大和重新发送，因此它可以与设置成 AP 模式的无线 AP 来进行连接并对信号进行中继。repeater 模式的无线 AP 还可以与同样设置成 repeater 模式的无线 AP 进行连接，如图 2-69 所示。

B
C
D

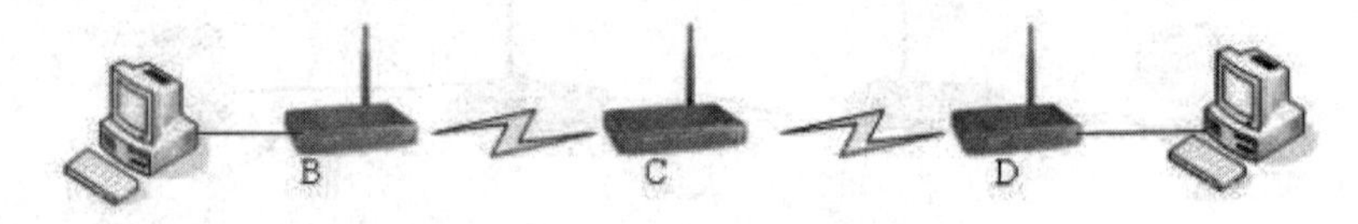

图 2-69　repeater 模式的无线 AP

repeater 模式的无线 AP 主要用来扩大无线网络的覆盖范围。在图 2-69 中，假设 B 和 D 下面的计算机要相互通信，可是 B 的信号无法到达 D，因此可以在中间加一个无线 AP 对 B 的信号进行中继，从而实现 B 和 D 的通信。我们可以把 B 设置为 AP 模式，把 C 设置为对 B 的中继，再把 D 设置为对 C 的中继，从而使 B 和 D 实现通信。把 C 设置成对 B 的中继，只要把 B 的 MAC 地址填入 C 的“AP 的 MAC 地址”栏内即可，如图 2-70 所示。

允许SSID广播
Client
开启WDS功能
SSID:
fae
AP的MAC地址：
Repeater
AP的MAC地址：
00-14-78-63-90-86

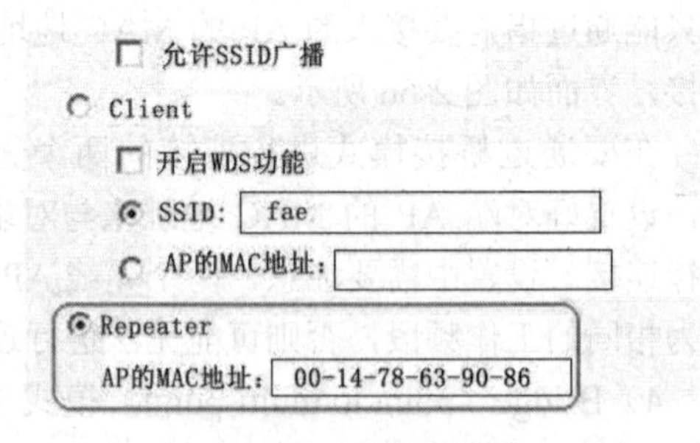

图 2-70　repeater 模式的无线 AP 设置

无线网络受到现代化时尚办公的青睐，但是单个 AP 的覆盖面积有限，因此一些面积较大的公司往往会安置两个或者两个以上无线 AP 以扩大无线网络覆盖的范围。但是会遇到这样的问题，就是当移动的用户在不同的无线 AP 之间切换时，每次都要查找无线网络，重新进行连接，非常麻烦。在这种情况下，“无线漫游”这样一个新概念诞生了。

无线信号在传播的过程中会不断衰减，导致 AP 的通信范围被限定在一定的范围之内，这个范围通常被称为微单元。当网络环境中存在多个无线 AP，并且它们的微单元相互有一定范围的重合时，无线用户可以在整个无线信号覆盖的范围内进行移动，无线网卡能够自动发现附近信号强度最大的无线 AP，并通过这个 AP 收发数据，保持不间断的网络连接，这就称为无线漫游。

如图 2-71 所示是由 4 个无线 AP 组成的无线漫游网络，4 个无线 AP 分别通过网线与有线网络相连，形成以有线网络为基础的无线网络，所有终端通过最近的无线 AP 连入网络，实现对整个网络资源的访问。要实现无线漫游，首先必须给每个无线 AP 分配好 IP 地址，并且保证所有无线 AP 的 IP 地址都在同一网段。每个无线 AP 都设置成 AP 模式，并且所设置的 SSID 必须相同。如果要设置加密，那么无线 AP 的加密方式和加密的密钥也必须相同。

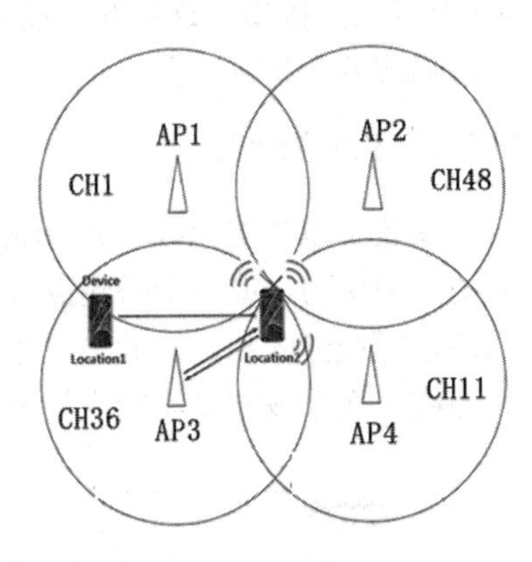

图 2-71　无线漫游网络

要实现漫游，无线 AP 的覆盖范围有一部分是相互重叠的，如果覆盖范围重叠的无线 AP 之间使用了有信号重叠的信道，那么它们的信号在传输时就会相互干扰，从而降低网络性能和效率。因此各个 AP 的覆盖区域所占信道必须遵循一定的规范，覆盖范围有重叠的 AP 不能使用相同的信道。

如图 2-72 所示，802.11b 协议工作在 2.402～2.483GHz 信道上，2.4GHz 频段被分为 14 个交叠的、错列的 22MHz 信道，信道编码从 1 到 14，邻近的信道之间存在一定的重叠范围。以信道 1 为例，从图中可知，至少要到信道 6 才能和信道 1 没有交叠区域。一般场景通常推荐采用 1、6、11 这种至少分别间隔 4 个信道的信道组合方式来部署蜂窝式的无线网络覆盖，同理也可以选用 2、7、12 或 3、8、13 的组合方式。在高密场景下通常推荐使用 1、9、5、13 四个信道组合方式。

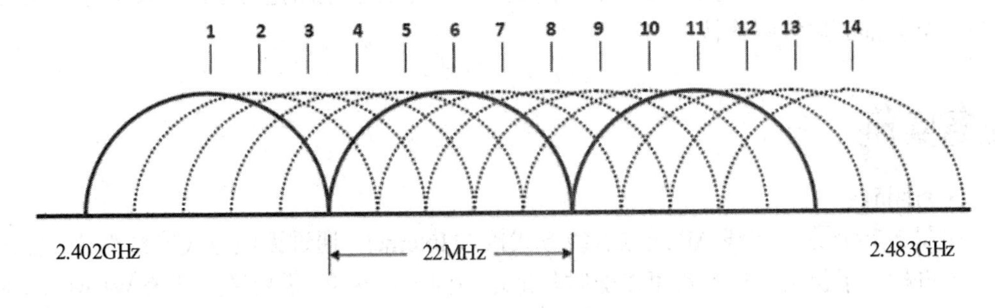

图 2-72　802.11b 协议的信道

2.6.7 Infrastructure 模式适合场所

Ad-hoc 结构的无线局域网只适用于纯粹的无线环境或者数量有限的几台计算机之间的对接。在实际应用中，如果需要把无线局域网和有线局域网连接起来，或者有数量众多的计算机需要进行无线连接，最好采用以无线 AP 为中心的 Infrastructure 结构模式。

1. 室内移动办公

这种方式以星状拓扑为基础，以 AP 为中心，所有的基站通信都要通过 AP 接转。由于 AP 有以太网接口，这样既能以 AP 为中心独立建立一个无线局域网，也能将 AP 作为一个有线局域网的扩展部分。

2. 室外点对点

安装于室外的无线 AP 通常称为无线网桥，主要用于实现室外的无线漫游、无线局域网的空中接力，或用于搭建点对点、点对多点的无线连接。如图 2-73 所示，两个有线局域网通过无线方式相连。此方案主要用于两点之间距离较远或中间有河流、马路等无法布线且专线、拨号成本又比较高的情况。

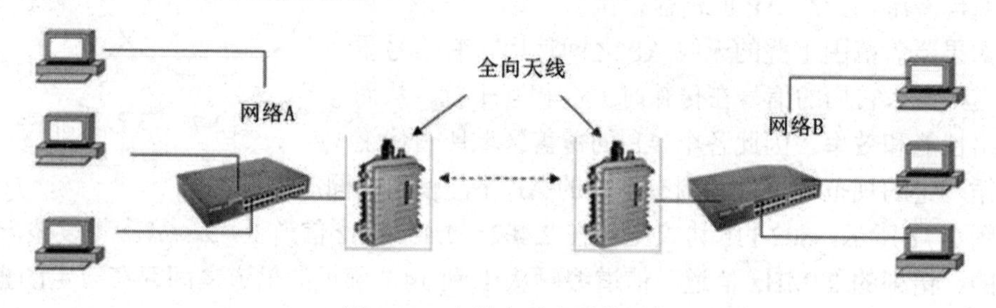

图 2-73 室外点对点无线网络

3. 室外点对多点

如图 2-74 所示，网络 A 是有线中心局域网，网络 B、C、D 分别是外围的 3 个有线局域网。在无线设备上中心点需要使用全向天线，其他各点采用定向天线，此方案适用于总部与多个分部的局域网连接。

任务实施

任务目标：

如图 2-75 所示，无线 AP 通过有线方式接入 Internet，通过无线方式连接终端。现某企业分支机构为了保证工作人员可以随时随地地访问公司网络，需要通过部署 WLAN 基本业务实现移动办公。要求通过命令行界面操作。

具体要求如下：

❖ 提供名为“wlan-net”的无线网络。

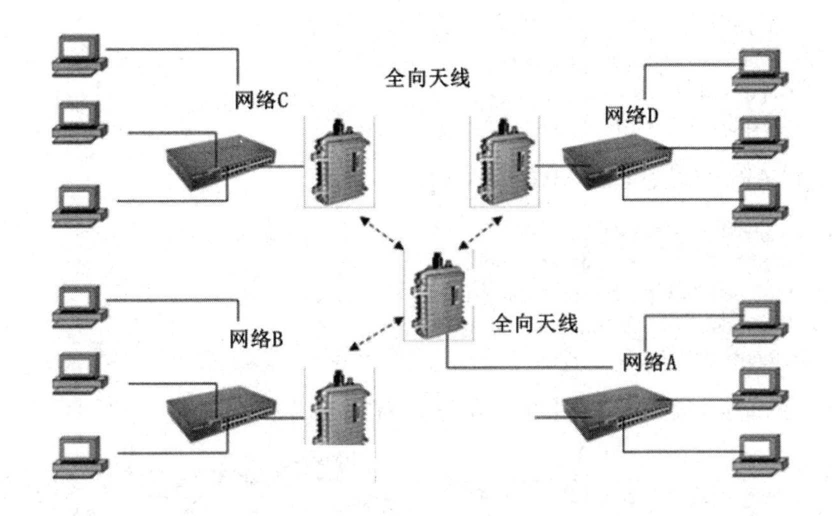

图 2-74　室外点对多点无线网络

- Router 作为 DHCP 服务器为工作人员分配 IP 地址，FAT AP 做 DHCP 报文的二层透传。

实验拓扑：

本任务拓扑结构如图 2-75 所示。

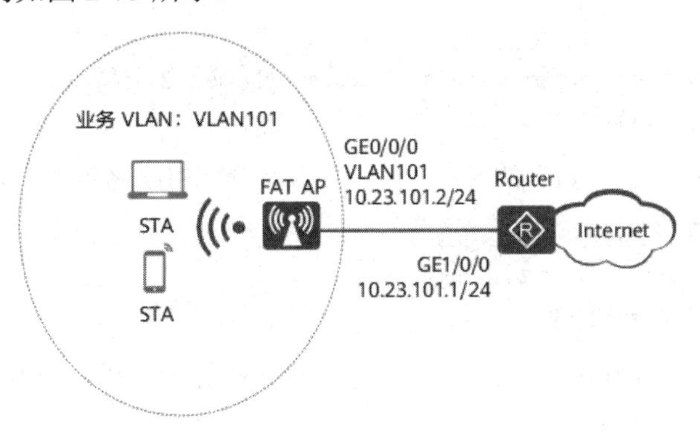

图 2-75　无线网络组建

方式 1：采用命令行界面进行操作。

采用如下的思路配置二层网络的 WLAN 基本业务。

（1）配置 AP 和上层网络设备，实现二层互通。

（2）在 Router 上配置基于接口的 DHCP 服务器，为 STA 分配 IP 地址。

（3）配置 AP 的系统参数，包括国家码。

（4）配置 VAP，实现 STA 访问 WLAN 网络功能。

实验步骤：

第 1 步：配置 AP 与上层网络设备互通。

（1）新建 VLANIF101，并配置 VLANIF101 的 IP 地址，用于和 Router 通信。

```
<AP> system-view
```

```
[AP] vlan batch 101
[AP] interface vlanif 101
[AP-Vlanif101] ip address 10.23.101.2 24
[AP-Vlanif101] quit
```

（2）配置 AP 上行接口 GE0/0/0 加入 VLAN101。

```
[AP] interface gigabitethernet 0/0/0
[AP-GigabitEthernet0/0/0] port link-type trunk
[AP-GigabitEthernet0/0/0] port trunk allow-pass vlan 101
[AP-GigabitEthernet0/0/0] port trunk pvid vlan 101
[AP-GigabitEthernet0/0/0] quit
```

第 2 步：配置 Router 作为 DHCP 服务器，为 STA 分配 IP 地址。

```
[Router] dhcp enable
[Router] interface gigabitethernet 1/0/0
[Router-GigabitEthernet1/0/0] ip address 10.23.101.1 24
[Router-GigabitEthernet1/0/0] dhcp select interface
[Router-GigabitEthernet1/0/0] dhcp server excluded-ip-address 10.23.101.2
[Router-GigabitEthernet1/0/0] quit
```

第 3 步：配置 WLAN 业务参数。

（1）创建名为“wlan-net”的安全模板，并配置安全策略。

```
[AP-wlan-view] security-profile name wlan-net
[AP-wlan-sec-prof-wlan-net] security wpa-wpa2 psk pass-phrase a1234567 aes
[AP-wlan-sec-prof-wlan-net] quit
```

（2）创建名为“wlan-net”的 SSID 模板，并配置 SSID 名称为“wlan-net”。

```
[AP-wlan-view] ssid-profile name wlan-net
[AP-wlan-ssid-prof-wlan-net] ssid wlan-net
[AP-wlan-ssid-prof-wlan-net] quit
```

（3）创建名为“wlan-net”的 VAP 模板，配置业务 VLAN，并引用安全模板和 SSID 模板。

```
[AP-wlan-view] vap-profile name wlan-net
[AP-wlan-vap-prof-wlan-net] service-vlan vlan-id 101
[AP-wlan-vap-prof-wlan-net] security-profile wlan-net
[AP-wlan-vap-prof-wlan-net] ssid-profile wlan-net
[AP-wlan-vap-prof-wlan-net] quit
```

第 4 步：验证配置结果。

配置完成后会自动生效，通过执行命令 display vap ssid wlan-net 查看如下信息，当“Status”项显示为“ON”时，表示 AP 对应的射频上的 VAP 已创建成功。

```
[AP] display vap ssid wlan-net
WID : WLAN ID
--------------------------------------------------------------------------------
AP MAC            RfID WID      BSSID               Status   Auth type        STA    SSID
```

```
-------------------------------------------------------------------------------
00bc-da3f-e900 0    2    00BC-DA3F-E901 ON    WPA/WPA2-PSK    0    wlan-net
00bc-da3f-e900 1    2    00BC-DA3F-E911 ON    WPA/WPA2-PSK    0    wlan-net
-------------------------------------------------------------------------------
Total: 2
```

STA 搜索到名为“wlan-net”的无线网络，输入密码“a1234567”并正常关联后，在 AP 上执行 display station all 命令，可以查看到用户已经接入无线网络“wlan-net”中。

```
[AP] display station all
Rf/WLAN: Radio ID/WLAN ID
Rx/Tx: link receive rate/link transmit rate(Mbps)
--------------------------------------------------------------------------------------------------------
STA MAC        Ap name          Rf/WLAN  Band  Type  Rx/Tx   RSSI  VLAN  IP address      SSID
--------------------------------------------------------------------------------------------------------
14cf-9202-13dc  00bc-da3f-e900 0/2      2.4G  11n   19/13    -63   101   10.23.101.254 wlan-net
--------------------------------------------------------------------------------------------------------
Total: 1 2.4G: 1 5G: 0
```

方式 2：通过 Web 界面操作。

第 1 步：连接无线接入设备 AP，搭建基础结构无线网络。

在计算机或手机上登录无线接入设备的管理界面。打开 Web 浏览器，在 URL 地址栏中输入 http://192.168.0.50，按 Enter 键或 Return 键。弹出登录界面，在用户名栏输入 admin，密码栏为空白。单击“确定”按钮，登录成功，出现首页（Home）。

第 2 步：配置 WLAN 基本业务。

（1）依次选择“向导”—“配置向导”命令，进入“Wi-Fi 信号设置”页面。

（2）配置 Wi-Fi 信号。

① 单击“新建”按钮，进入“基本信息配置”页面。

② 配置 SSID 基本信息，如图 2-76 所示。

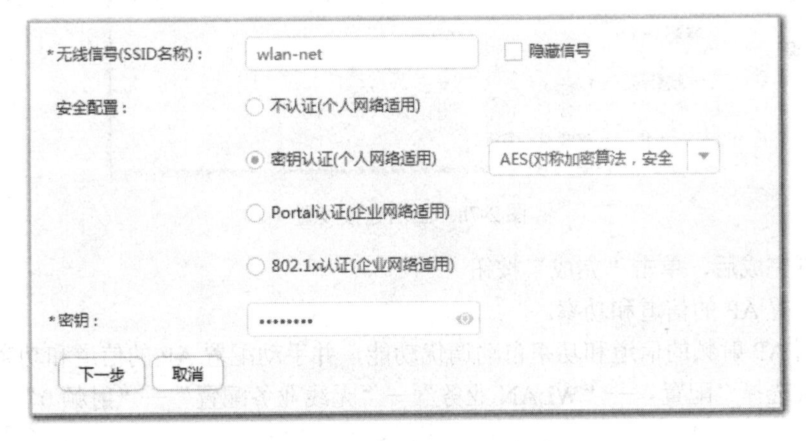

图 2-76　配置 SSID 基本信息

③ 单击“下一步”按钮，进入“地址及速率配置”页面。

④ 配置地址参数，如图 2-77 所示。

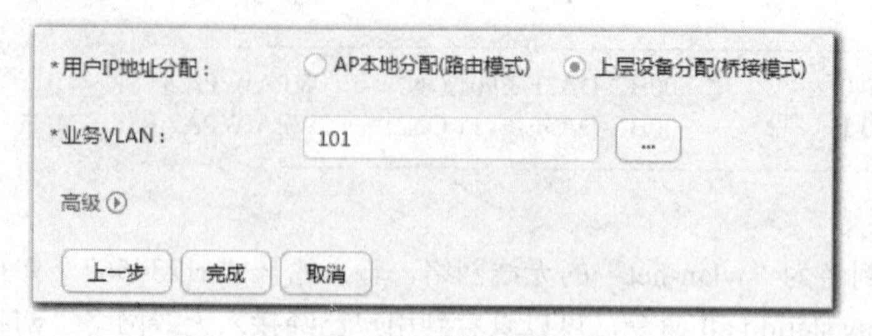

图 2-77　配置地址参数

（3）配置上网连接参数。

① 单击“下一步”按钮，进入“上网连接设置”页面，如图 2-78 所示。

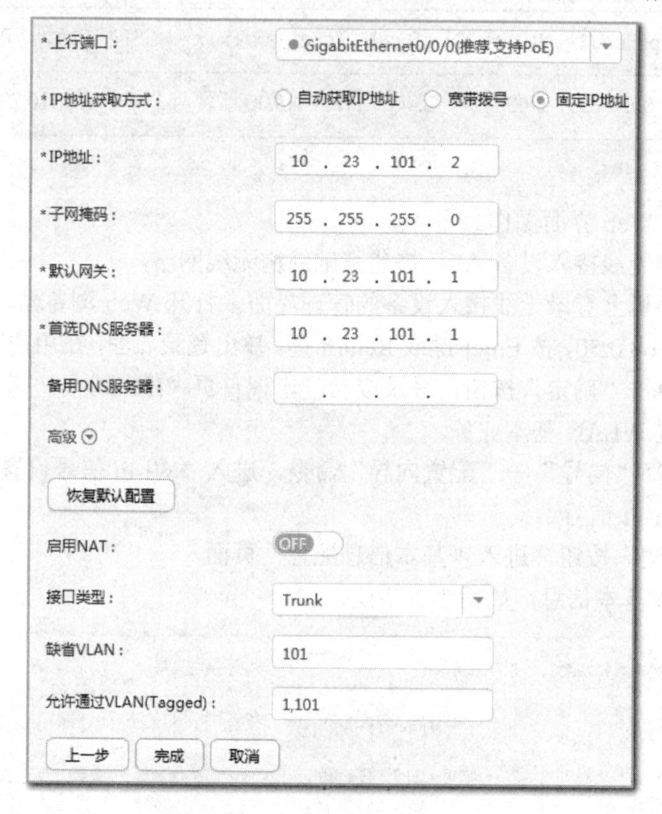

图 2-78　上网连接设置

② 设置完成后，单击“完成”按钮。

（4）配置 AP 的信道和功率。

① 关闭 AP 射频的信道和功率自动调优功能，并手动配置 AP 的信道和功率。

② 依次选择“配置”—“WLAN 业务”—“无线业务配置”—“射频 0”，进入“射频 0”页面。

③ 单击“射频管理”按钮，进入“射频 0 配置(2.4G)”页面。

④ 在“射频 0 配置(2.4G)”页面关闭信道自动调优和功率自动调优功能，并设置信道为带宽 20MHz、信道 6，发送功率为 127dBm，如图 2-79 所示。

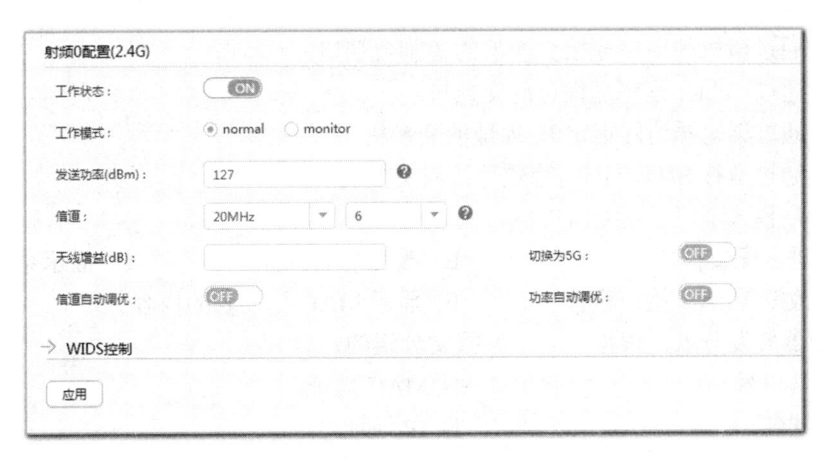

图 2-79　配置 AP 的信道和功率

⑤ 在“射频 1”页面关闭信道自动调优和功率自动调优功能，并设置信道为带宽 20MHz、信道 149，发送功率为 127dBm。步骤与设置“射频 0”类似，此处不再赘述。

⑥ 单击“应用”按钮，在弹出的提示对话框中单击“确定”按钮，完成配置。

（5）检查配置结果。

① 无线用户可以搜索到 SSID 为“wlan-net”的无线网络。

② 无线用户可以关联到无线网络中，获取到的 IP 地址为 10.23.101.254/24，如图 2-80 所示。

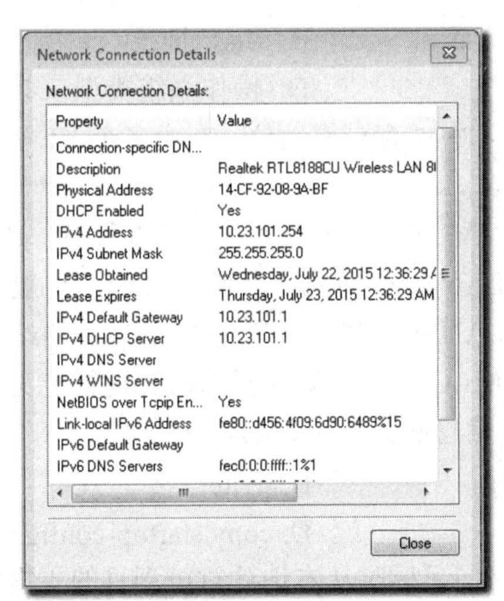

图 2-80　无线用户关联到无线网络

习　题

一、选择题

1. 访问一台新的交换机可以（　　）进行访问。

A. 通过微机的串口连接交换机的控制台端口

B. 通过 Telnet 程序远程访问交换机

C. 通过浏览器访问指定 IP 地址的交换机

D. 通过运行 SNMP 的网管软件访问交换机

2. 在用户模式下可以用 CLI（　　）。（双选）

A. 进入配置模式　　B. 改变终端设置　　C. 显示系统信息

D. 改变 VLAN 接口设置　　E. 显示 MAC 地址表的内容

3. 路由器转发分组是根据（　　）报文分组的。

A. 端口号　　B. MAC 地址

C. 域名　　D. IP 地址

4. 局域网交换机的数据帧交换时需要查询交换机上的（ ）。

A. 端口/IP 地址缓存表　　B. 端口/路由协议映射表

C. 端口/介质类型映射表　　D. 端口/MAC 地址映射表

5. 如果 Ethernet 交换机有 2 个 100Mbps 全双工端口和 20 个 10Mbps 半双工端口，那么这个交换机的总带宽最高可以达到（　　）Mbps。

A. 400　　B. 1200

C. 300　　D. 600

6. 动态 VLAN 的划分中，不能按照（　　）方法定义其成员。

A. 交换机端口　　B. MAC 地址

C. IP 地址　　D. 操作系统类型

7. VLAN 在现代组网技术中占有重要地位。在由多个 VLAN 组成的一个局域网中，以下说法不正确的是（　　）。

A. 在二层交换机中，VLAN 中的一个站点可以和另一个 VLAN 中的站点直接通信

B. 当站点从一个 VLAN 转移到另一个 VLAN 时，一般不需要改变物理连接

C. 当站点在一个 VLAN 中广播时，其他 VLAN 中的站点不能收到

D. VLAN 可以通过 MAC 地址、交换机端口等进行定义

8. 保存思科交换机配置信息的命令正确的是（　）。

A. erase startup-config　　B. write

C. save　　D. copy startup-config running-config

9. 用于获得 IP 数据报访问目标时从本地计算机到目的主机的路径信息的是（　　）。

A. ping　　B. tracert

C. show ip route　　D. netstat

10. 以下关于 VTP 的说法不正确的是（　　）。

A. 新交换机出厂时，所有端口均预配置为 VLAN1，VTP 工作模式预配置为 VTP Server

B. VTP Transparent 可以建立、删除和修改本机上的 VLAN 信息，不可以转发从其他交换机传递来的任何 VTP 消息

C. VTP Client 不能建立、删除或修改 VLAN

D. VTP 域是指一组有相同 VTP 域名并通过 Trunk 端口互连的交换机

二、简答题

1. 简述虚拟局域网的原理和优势。
2. 将交换机端口划分到 VLAN 中的方式有哪两种？它们之间有何区别？
3. 如果静态地将交换机端口划分到 VLAN 中，删除该 VLAN 后将出现什么情况？
4. 描述生成树协议的作用，以及根桥、根端口、指定端口、阻塞端口的选举过程。
5. 描述二层交换机与三层交换机的区别。

三、实践题

1. 交换机 sw0、sw1、sw2 上配置 VTP 来同步 VLAN 的信息，如图 2-81 所示。sw0 为 server 模式、sw1 为 transparent 模式，sw2 为 client 模式，VTP 域名为名字缩写 XXX，password 为 cisco，实现相同 vlan 互通，不同 vlan 无法通信。

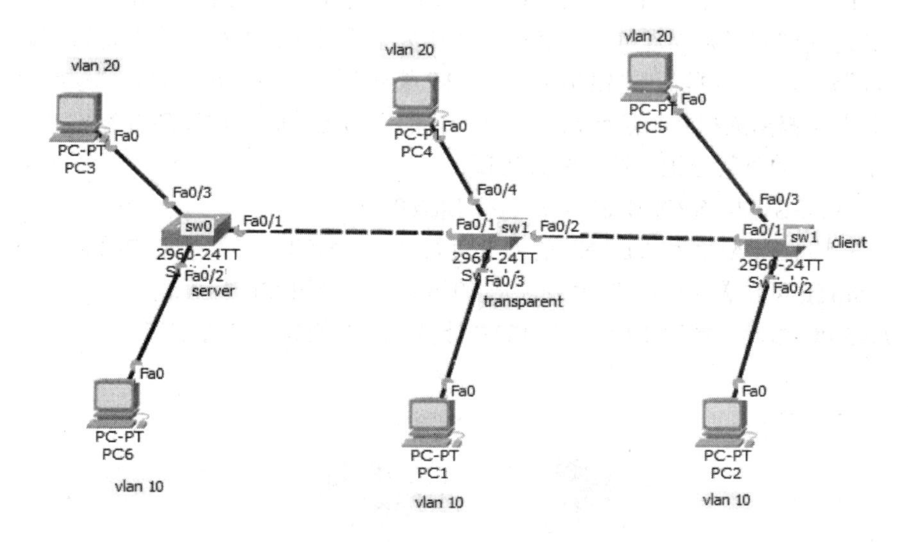

图 2-81　VTP 拓扑图

2. 采用一台三层交换机作为核心层，在局域网内划分 3 个 VLAN：VLAN100 分配给办公室 200、VLAN101 分配给办公室 201、 VLAN102 分配给办公室 202。为了实现 3 个办公室的主机能够相互访问，三层交换机上开启路由功能，并将 VLAN100 的接口 IP 地址设置为 10.29.100.254/24；VLAN101 的接口 IP 地址设置为 10.29.101.254/24；VLAN102 的接口 IP 地址设置为 10.29.102.254/24，分别作为 VLAN100~VLAN102 的网关，网络拓扑如图 2-82 所示。

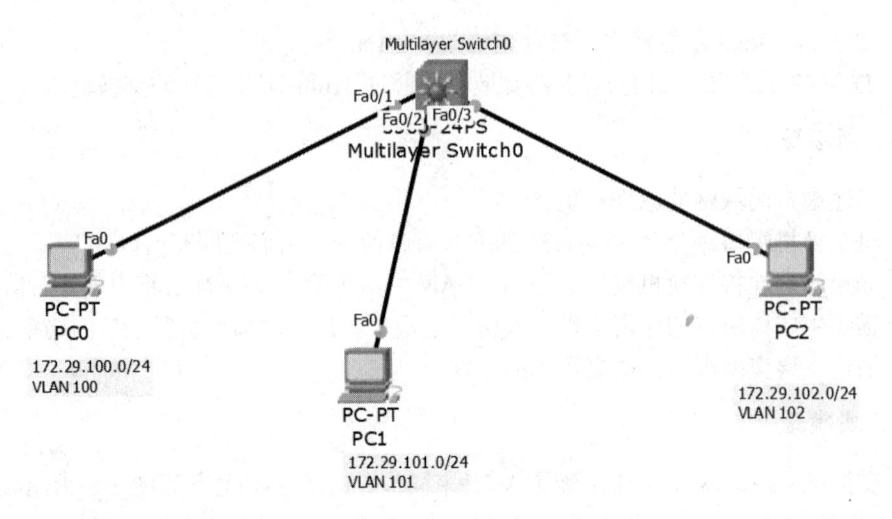

图 2-82　三层交换机拓扑图

3. 如图 2-83 所示，在一个复杂的网络中，由于冗余备份的需要，网络规划者一般都倾向于在设备之间部署多条物理链路，其中一条作为主用链路，其他作为备份链路，这样就可能形成环路。为此，可以在网络中部署 MSTP 避免环路。MSTP 可阻塞二层网络中的冗余链路，将网络修剪成树状，达到消除环路的目的。与此同时，通过部署 MSTP 可以实现不同 VLAN 流量的负载分担。通过配置实现：

（1）SW1、SW2、SW3 和 SW4 都运行 MSTP。

（2）为实现 VLAN2 和 VLAN3 的流量负载分担，MSTP 引入了多实例。

（3）MSTP 可设置 VLAN 映射表，把 VLAN 和生成树实例相关联。

（4）与 PC 相连的端口不用参与 MSTP 计算，将其设置为边缘端口。

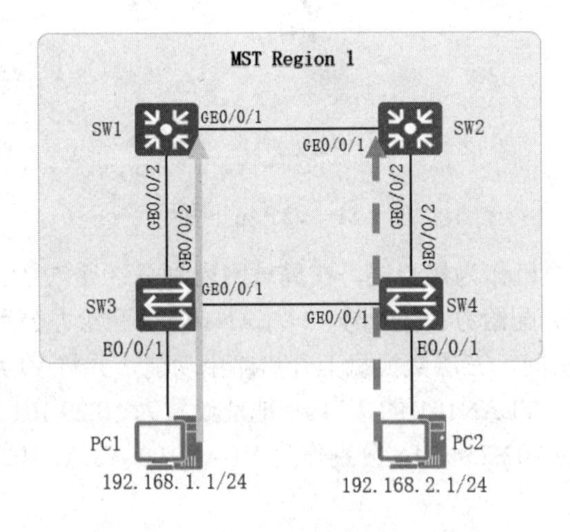

图 2-83　MSTP 拓扑图

情 3 景

接入 WAN

随着经济全球化与数字化变革加速，企业规模不断扩大，越来越多的分支机构出现在不同的地域。每个分支的网络被认为是一个 LAN（local area network，局域网），总部和各分支机构之间通信需要跨越地理位置。因此，企业需要通过 WAN（wide area network，广域网）将这些分散在不同地理位置的分支机构连接起来，以便更好地开展业务。

广域网技术的发展伴随着带宽的不断升级：早期出现的 X.25 只能提供 64 Kbps 的带宽，其后 DDN（digital data network，数字数据网）和 FR（frame relay，帧中继）提供的带宽提高到 2 Mbps，SDH（synchronous digital hierachy，同步数字结构）和 ATM（asynchronous transfer mode，异步传输模式）进一步把带宽提升到 10 Gbps，最后发展到当前以 IP 为基础的 10 Gbps 甚至更高带宽的广域网络。

在本学习情景中，要完成以下 2 个工作任务。

任务 3.1　ADSL 接入 WAN

任务 3.2　局域网通过 PPP 接入 WAN

任务 3.1　ADSL 接入 WAN

任务描述

李老师家里有一台计算机，现需要接入 Internet，以便参考网络上的课程资源，为课程的教学提供帮助。

知识引入

广域网是连接不同地区局域网的网络，通常所覆盖的范围从几十千米到几千千米。它能连接多个国家、地区和城市，或横跨几个洲提供远距离通信，形成国际性的远程网络。在本任务中，可了解以下知识点。

❖ WAN 的概念。

❖ WAN 技术。

❖ ADSL 接入。

3.1.1 WAN 简介

WAN 是一种超越 LAN 地理范围的数据通信网络。WAN 与 LAN 的不同之处在于：LAN 连接一栋大楼内或其他较小地理区域内的计算机、外围设备和其他设备，WAN 则允许跨越更远的地理距离传输数据。此外，企业必须向 WAN 服务提供商订购服务才可使用 WAN 电信网络服务，而 LAN 通常归使用 LAN 的公司或组织所有，如图 3-1 所示。

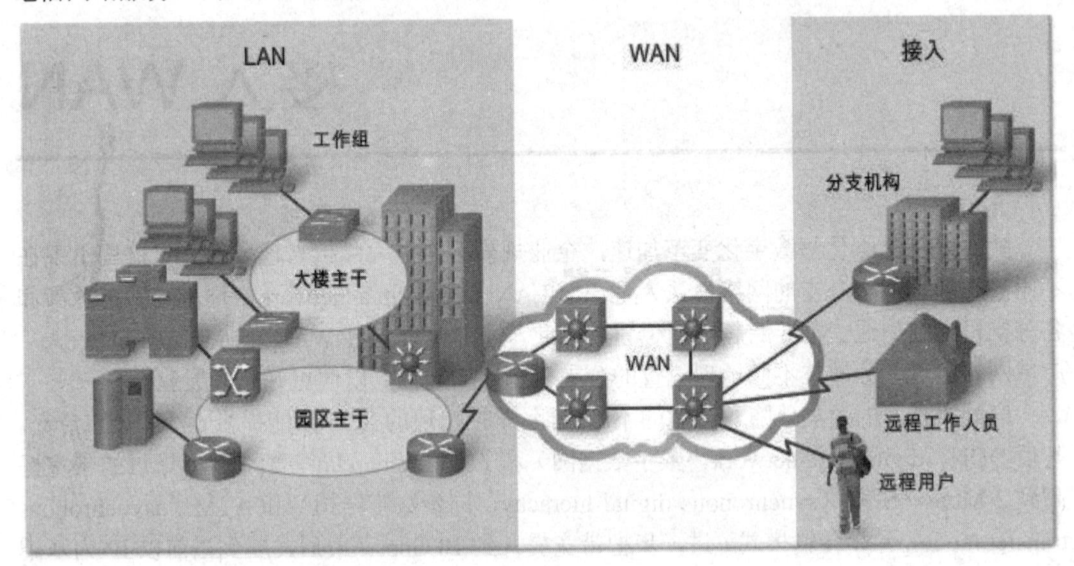

图 3-1 WAN 示意图

WAN 借助服务提供商或运营商（如电话或电缆公司）提供的设施实现组织内部场所之间、与其他组织场所、外部服务以及远程用户的互连。WAN 常用来传输多种类型的流量，如语音、数据和视频。

综上所述，WAN 有三大特性，分别是：

❖ WAN 中连接设备跨越的地理区域通常比 LAN 的作用区域更广。
❖ WAN 使用运营商（如电话公司、电缆公司、卫星系统和网络提供商）提供的服务。
❖ WAN 使用各种类型的串行连接，提供对大范围地理区域带宽的访问功能。

3.1.2 WAN 技术概括

WAN 操作主要集中在 OSI 模型的第 1 层和第 2 层上。WAN 接入标准通常包括物理地址、流量控制和封装。WAN 接入标准由许多知名的机构制定，这些机构包括国际标准化组织（ISO）、电信工业协会（TIA）和电子工业联盟（EIA）。

如图 3-2 所示，物理层（OSI 第 1 层）协议描述连接通信服务提供商提供的服务所需的电气、机械、操作和功能特性。数据链路层（OSI 第 2 层）协议定义如何封装传向远程位置的数据以及最终数据帧的传输机制。采用的技术有很多种，如帧中继和 ATM。这些协议当中有一些使用同样的基本组帧方法，即高级数据链路控制（HDLC）或其子集或变体，HDLC 是一项 ISO 标准。

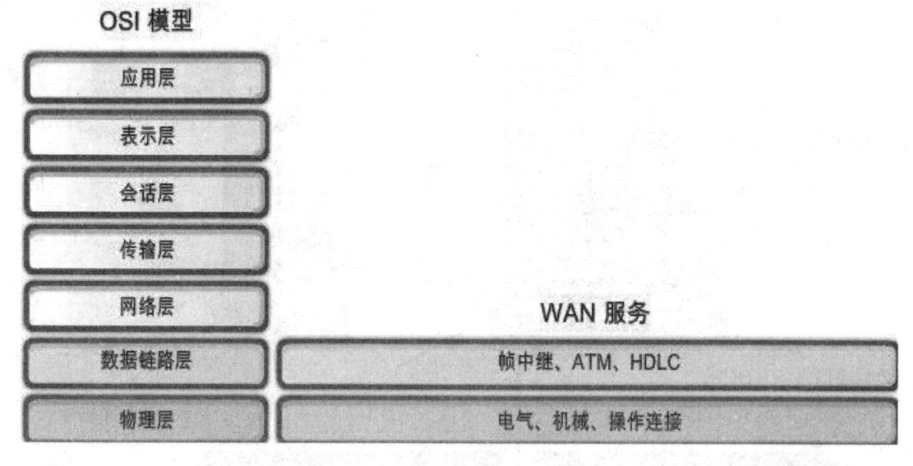

图 3-2　WAN 层次模型图

1. WAN 物理层术语

WAN 和 LAN 之间的主要区别之一是公司或组织必须向外部 WAN 服务提供商订购服务才能使用 WAN 电信网络服务。WAN 使用电信服务商提供的数据链路接入 Internet 并将某个组织的各个场所连接在一起，或者将某个组织的场所连接到其他组织的场所、外部服务以及远程用户。WAN 接入物理层描述公司网络和服务提供商网络之间的物理连接。WAN 结构模型如图 3-3 所示，图中列出了描述物理 WAN 连接时常用的术语。

（1）用户驻地设备（CPE）：位于用户驻地的设备和内部布线。用户驻地设备连接到运营商的电信信道。用户可以从服务提供商处购买或租用 CPE。这里的用户是指从服务提供商或运营商订购 WAN 服务的公司。

（2）数据通信设备（DCE）：也称为数据电路终端设备。DCE 由将数据放入本地环路的设备组成。DCE 主要提供一个接口，用于将用户连接到 WAN 网云上的通信链路。

（3）数据终端设备（DTE）：传送来自客户网络或主机计算机的数据，DTE 通过 DCE 连接到本地环路。

（4）分界点：大楼或园区中设定的某个点，用于分隔客户设备和服务提供商设备。在物理上，分界点是位于客户驻地的接线盒，用于将 CPE 电缆连接到本地环路。分界点通常位于技工容易操作的位置。分界点是连接责任由用户转向服务提供商的临界位置。这一点非常重要，因为出现问题时，有必要确定究竟是由用户还是服务提供商负责排除故障或修复故障。

（5）本地环路：将用户驻地的 CPE 连接到服务提供商中心局的铜缆或光纤电话电缆。本地环路有时也叫作“最后一公里”。

（6）当地中心局（CO）：本地服务提供商的设备间或设备大楼，本地电话电缆在此通过交换机和其他设备系统连接到全数字长途光纤通信线路。

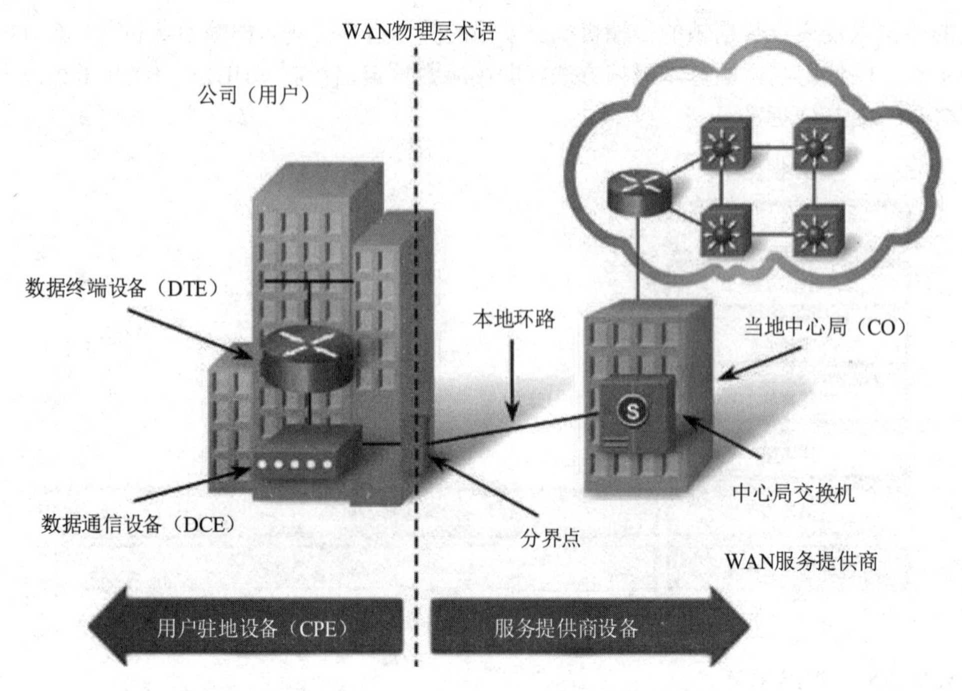

图 3-3　WAN 结构模型图

2. WAN 设备

根据具体的 WAN 环境，WAN 使用的设备有许多种，这些设备在网络中的布局如图 3-4 所示。

（1）调制解调器：调制模拟载波信号以便编码为数字信息，还可接收调制载波信号以便对传输的信息进行解码。语音调制解调器将计算机产生的数字信号转换为可以在公共电话网络的模拟线路上传输的语音频率。在连接的另一端，另一个调制解调器将声音信号还原成数字信号以便输入计算机或网络连接中。速度越快的调制解调器（如电缆调制解调器和 DSL 调制解调器）在传输时所用的带宽频率也就越高。

（2）CSU/DSU：数字线路（如 T1 或 T3 电信线路）需要一个通道服务单元（CSU）和一个数据服务单元（DSU）。这两者经常合并到同一个名为 CSU/DSU 的设备中。CSU 为数字信号提供端接并通过纠错和线路监控技术确保连接的完整性。DSU 将 T 载体线路帧转换为 LAN 可以解释的帧，也可逆向转换。

（3）接入层服务器：集中处理拨入和拨出用户通信。接入层服务器可以同时包含模拟和数字接口，能够同时支持数以百计的用户。

（4）WAN 交换机：电信网络中使用的多端口互连设备。这些设备通常交换帧中继、ATM 或 X.25 之类的流量并在 OSI 参考模型的数据链路层上运行。在网云中还可使用公共交换电话网（PSTN）交换机来提供电路交换连接，如综合业务数字网络（ISDN）或模拟拨号。

（5）路由器：提供网际互连和用于连接服务提供商网络的 WAN 接入接口端口。这些接口可以是串行接口或其他 WAN 接口。对于某些类型的 WAN 接口，需要通过 DSU/CSU

或调制解调器（模拟、电缆或 DSL）之类的外部设备将路由器连接到服务提供商的本地入网点（POP）。

（6）核心层路由器：驻留在 WAN 中间或主干（而非外围）上的路由器。核心层路由器要能胜任核心路由器的角色，必须能够支持多个电信接口在 WAN 核心中同时以最高速度运行，还必须能够在所有接口上同时全速转发 IP 数据包。另外，核心层路由器还必须支持核心层中需要使用的路由协议。

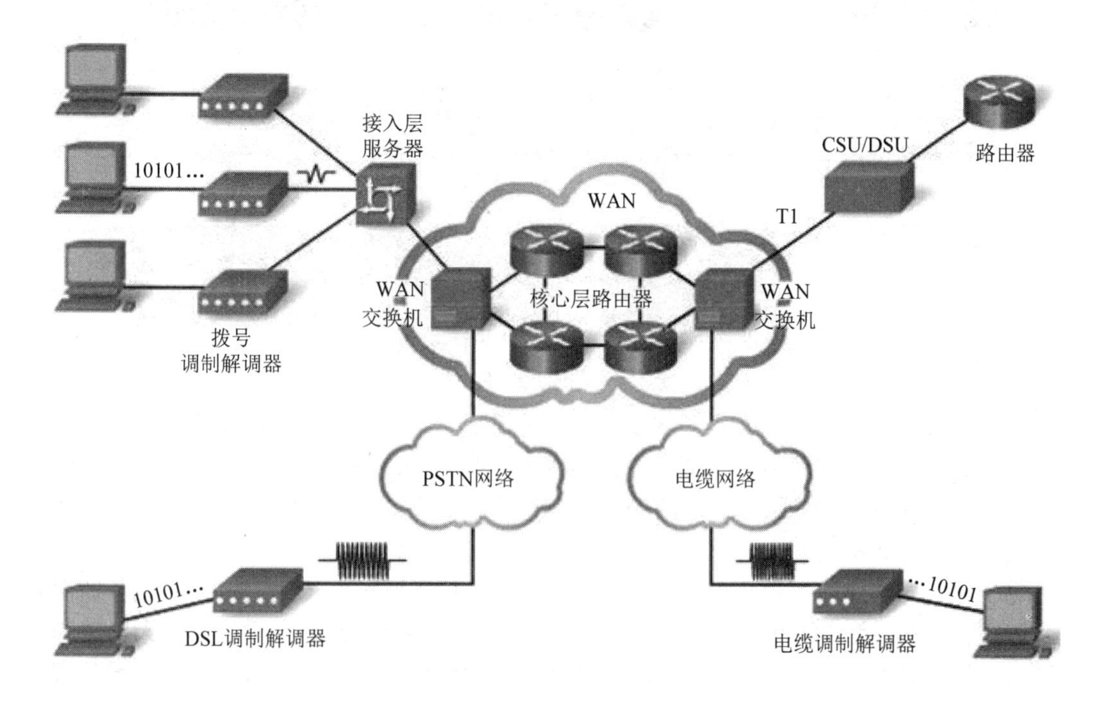

图 3-4　WAN 设备布局图

3. WAN 链路连接方案

目前，WAN 链路连接方案有许多。各种方案之间存在技术、速度和成本方面的差异。熟悉这些技术对网络的设计和评估非常重要。WAN 连接可以构建在私有基础架构之上，也可以构建在公共基础架构（如 Internet）之上，如图 3-5 所示。

（1）私有 WAN 连接方案：私有 WAN 连接包括专用通信链路和交换通信链路两种方案。

① 专用通信链路：需要建立永久专用连接时，可以使用点对点线路，其带宽受到底层物理设施的限制，也取决于用户购买这些专用线路的意愿。点对点链路通过提供商网络预先建立从客户驻地到远程目的位置的 WAN 通信路径。点对点线路通常向运营商租用，因此也叫作租用线路。租用线路有不同的容量，其定价通常取决于所需的带宽及两个连接点之间的距离。

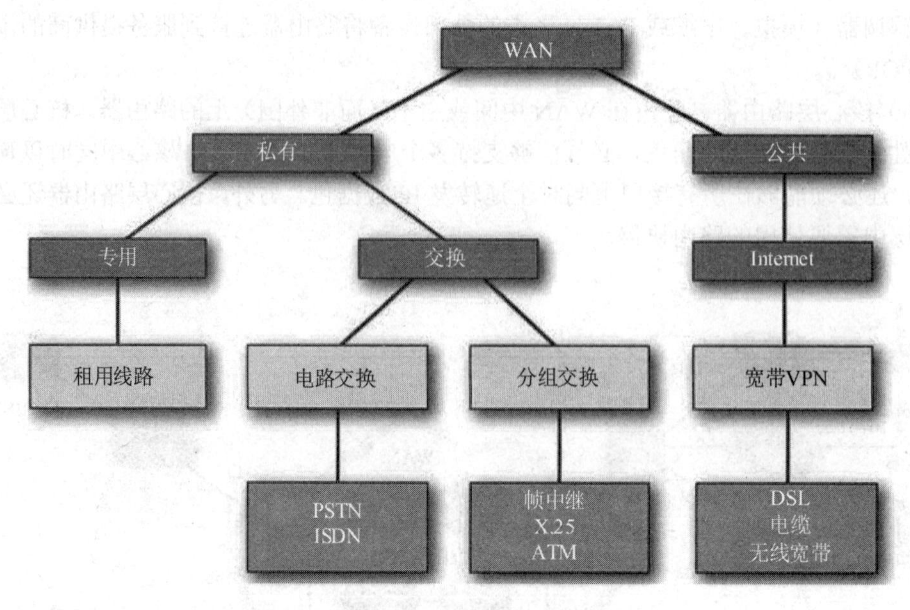

图 3-5　WAN 连接方案

点对点链路通常比共享服务（如帧中继）更昂贵。如果使用租用线路解决方案连接多个站点，而站点之间的距离不断增大时，其成本将会非常高昂。但是，有时租用线路还是利大于弊。专享带宽消除了端点之间的延时或抖动。对 VoIP 或 IP 视频之类的应用来说，不间断的可用性非常关键。

每个租用线路连接都需要一个路由器串行端口，还需要一个 CSU/DSU 和服务提供商提供的实际电路。租用线路提供永久专用带宽，广泛用于楼宇 WAN。它们已成为传统的连接选择，但有许多缺点。租用线路有固定带宽，但 WAN 流量经常是波动性的，有些带宽未能得到有效利用。此外，每个端点都需要单独占用路由器上的一个物理接口，而这会增加设备成本。对租用线路的任何改动通常都需要运营商现场实施。租用线路的拓扑结构如图 3-6 所示。

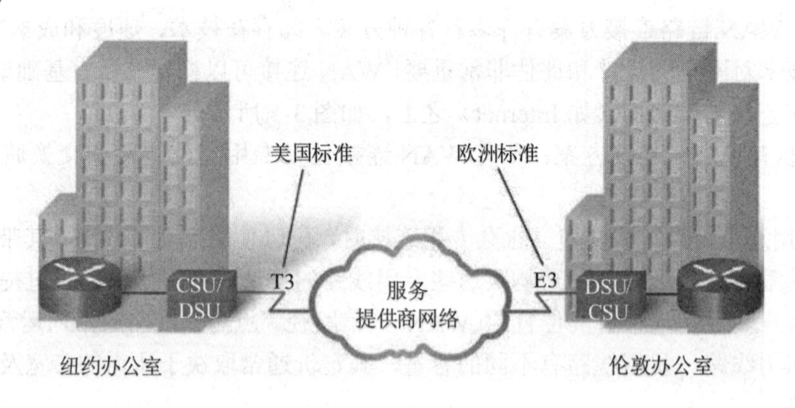

图 3-6　租用线路拓扑结构图

② 交换通信链路：交换通信链路可以是电路交换或分组交换。

❖　电路交换。

动态建立专用虚拟连接，以便在主发送方和接收方之间进行语音或数据通信。在开始通信之前，需要通过服务提供商的网络建立连接。电路交换通信链路的示例有模拟拨号（PSTN）和 ISDN。当用户只需要间断地传输少量数据时，可以使用调制解调器和模拟拨号电话线路，它们提供低带宽的专用交换连接，其拓扑结构如图 3-7 所示。

图 3-7　电路交换拓扑结构图

传统的电话使用被称为本地环路的铜缆将用户驻地的电话话机连接到中心局。呼叫期间本地环路上的信号是不断变化的电子信号，此信号是从用户声音（模拟信号）转换而来的。

传统的本地环路可以使用调制解调器通过语音电话网络传输二进制计算机数据。调制解调器在源位置将二进制数据调制为模拟信号，在目的位置将模拟信号解调为二进制数据。本地环路及其 PSTN 连接的物理特性将信号的传输速度限制为低于 56 Kbps。

这些相对低速的拨号连接对小型企业交换销售数字、价格、日常报表和电子邮件来说已经足够。在夜间或周末自动拨号传输大文件和备份数据可以充分利用非高峰时段价格较低的特点，降低线路的费用。拨号连接的价格取决于端点之间的距离、每日的拨号时段和呼叫的持续时间。

调制解调器和模拟线路的优势是简单、可用性高，以及实施成本低；缺点是数据传输速度慢，需要较长的连接时间。对于点对点流量来说，这种专用电路具有延时短、抖动小的优点；但对于语音或视频流量来说，此电路较低的比特率则不够用。

❖　分组交换。

由于数据流的波动性，许多 WAN 用户并未有效地利用专用、交换或永久电路提供的固定带宽。通信提供商可以为这些用户提供更适合他们的服务，即数据网络服务。在分组交换网络中，数据是封装在标记帧、信元或数据包中进行传输的。分组交换通信链路包括帧中继、ATM、X.25 和城域以太网。

（2）公共 WAN 连接方案：公共连接使用全球 Internet 基础架构。对许多企业来说，Internet 都不是可行的网络方案，因为端对端的 Internet 连接存在严重的安全风险，而且缺乏充分的性能保证。不过，由于 VPN 技术的诞生，现在，在性能保证并非关键因素的情况下，Internet 已成为连接远程工作人员和远程办公室的经济又安全的方案。Internet WAN 连接链路通过宽带服务（如 DSL、电缆调制解调器和无线宽带）提供网络连接，同时利用 VPN 技术确保 Internet 传输的隐私性。

以上介绍的几种方案各有其优缺点，对比如表 3-1 所示。

表 3-1　各连接方案对比

方　案	说　明	优　点	缺　点	使用的协议示例
租用线路	两台计算机之间或局域网（LAN）之间点对点连接	最安全	昂贵	PPP、HDLC、SDLC、HNAS
电路交换	在端点之间建立专用的电路，最佳示例就是拨号连接	不太昂贵	呼叫建立	PPP、ISDN
分组交换	此设备通过跨越电信网络的共享点对点或点对点链路传输数据包。不同长度的数据包在永久虚电路（PVC）或交换虚电路（SVC）上传输	线路利用效率高	共享链路介质	X.25、帧中继、ATM
信元中继	与分组交换类似，但使用固定长度的信元，而非长度不定的数据包。数据被分割成固定长度的信元，然后在虚电路上传输	最适合语音和数据同步使用	开销非常大	ATM
Internet	无连接分组交换使用 Internet 作为 WAN 基础架构，使用网络寻址	全球最便宜的方案	最不安全	VPN、DSL、电缆调制解调器、无线

在众多的接入 Internet 方式中，ADSL 是最早也是到目前为止应用最为广泛的一种。

ADSL 是一种非对称版本，所谓非对称指其上下行速率不对称。它采用数字编码技术在现有铜缆双绞线上利用传输话音以外的频率进行数据传输，而不会对同一条线上的话音业务造成任何影响。ADSL 技术在用户线两端分别安装调制解调器，将带宽分为 3 个频段部分。日常的话音业务使用最低频段部分（0～4kHz），上行数据传送使用中间频段部分（20～138kHz），最高频段部分为 140kHz～1.1MHz，用于下行数据的传送。从理论上看，系统中数据信号和话音信号占用不同频带传输，但由于电话设备的非线性响应，高频段的数据信号和低频段的电话信号也会相互干扰。这就要求必须在用户端安装防止数据信号和电话信号互相干扰的分离器，用于分离低频带和调制用的高频带。通常在用户端分离器下面安装台式调制解调器，局端的设备多为有多路复用功能的框式接入设备，用户的线路信号在该设备中复用，集中至高速上联口向骨干网的路由交换机转发，既节约路由交换机端口，又便于管理维护。ADSL 的调制技术是 ADSL 的关键所在。在调制技术中，通常使用高速数字信号处理技术和利于传送的线路码型，以利于信息的高速率和远距离传送。在信号调制技术上，调制解调器分别采用 CAP 和 DMT 技术。

任务实施

任务目标：

安装 ADSL 线路；配置 PPPoE 软件。

实验步骤：

第 1 步：李老师家里的计算机可以采用 ADSL 方式接入 Internet 中，要使用这种方式，首先要向运营商申请 ADSL 业务，得到一个 ADSL 账户、一台 ADSL modem 以及若干附件。

第 2 步：硬件连接。

安装时，先将来自电信局端的电话线接入信号分离器的输入端，然后用前面准备好的电话线一头连接信号分离器的语音信号输出口，另一端连接用户的电话机。此时电话机应该已经能够接听和拨打电话了。用另一根电话线的一头连接信号分离器的数据信号输出口，另一头连接 ADSL modem 的外线接口，如图 3-8 所示。

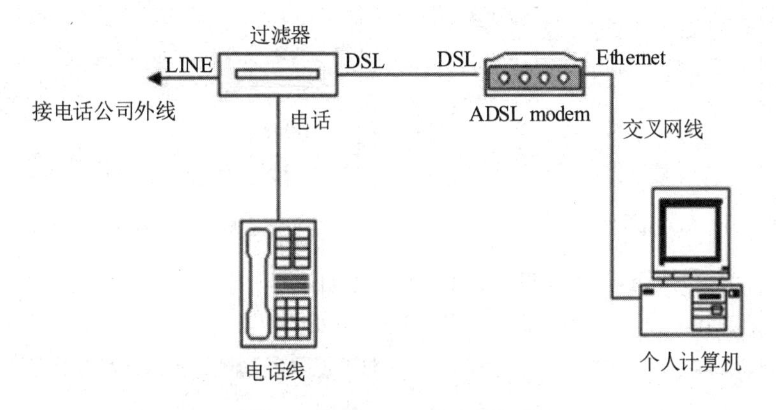

图 3-8　ADSL modem 接入图

注意：滤波分离器和外线之间不能有其他的电话设备，任何分机、传真机、防盗器等设备的接入都将造成 ADSL 的严重故障，甚至完全不能使用。分机等设备只能连接在分离器分离出的语音端口后面。

再用一根五类双绞线，一头连接 ADSL modem 的 10BaseT 插孔，另一头连接计算机网卡中的网线插孔，如图 3-9 所示。这时候打开计算机和 ADSL modem 的电源，如果两边连接网线的插孔所对应的 LED 都亮了，那么硬件连接成功。

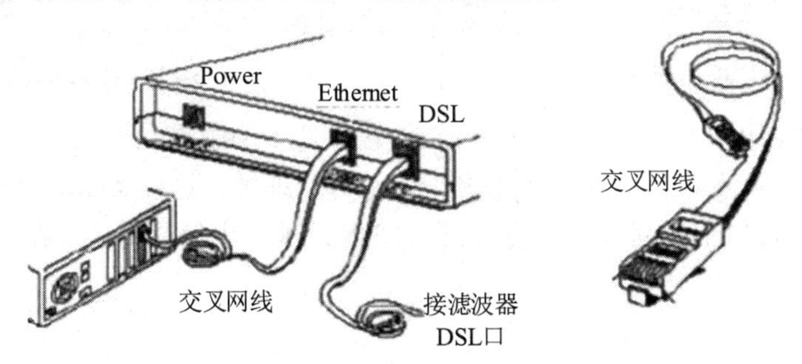

图 3-9　modem 连接示意图

第 3 步：ADSL modem 的设置。

ADSL MODEM 的 IP 地址默认值为 192.168.10.1，在设置参数前需要将 PC 的网卡 IP 改为与 ADSL 的以太网 IP 在同一网段，即 192.168.10.*。

（1）网卡的 IP 地址设置好后，运行安装光盘中的“adsl 配置程序.exe”文件，显示如图 3-10 所示界面。

（2）填好 IP 地址后，单击“下一步”按钮。当程序与 ADSL 连接成功后，程序会读出当前 ADSL 的状态与参数，显示如图 3-11 所示界面。

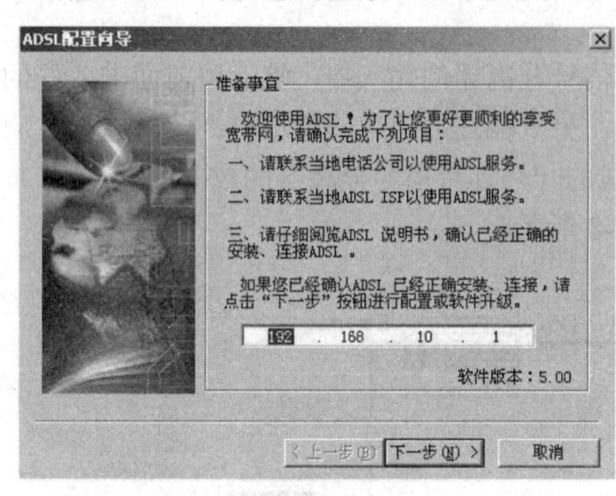

图 3-10　ADSL 配置向导 1

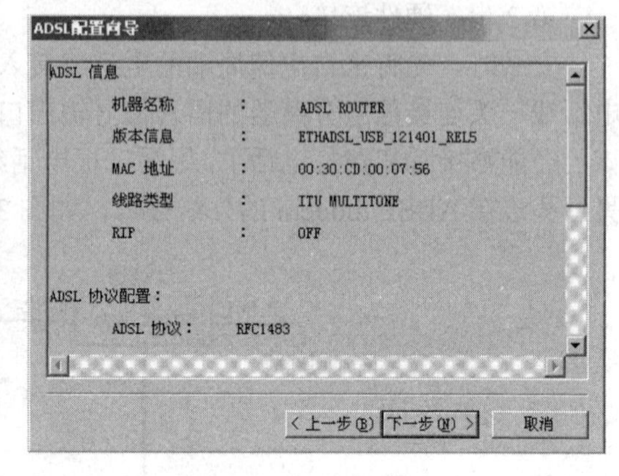

图 3-11　ADSL 配置向导 2

单击“下一步”按钮，显示如图 3-12 所示界面。

（3）单击“下一步”按钮，显示如图 3-13 所示界面。

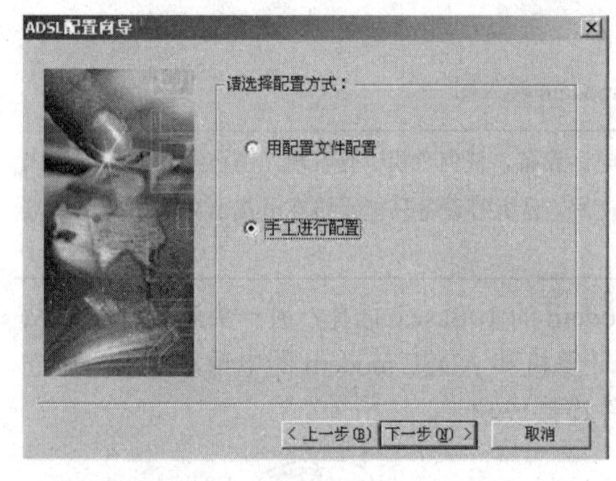

图 3-12　ADSL 配置向导 3

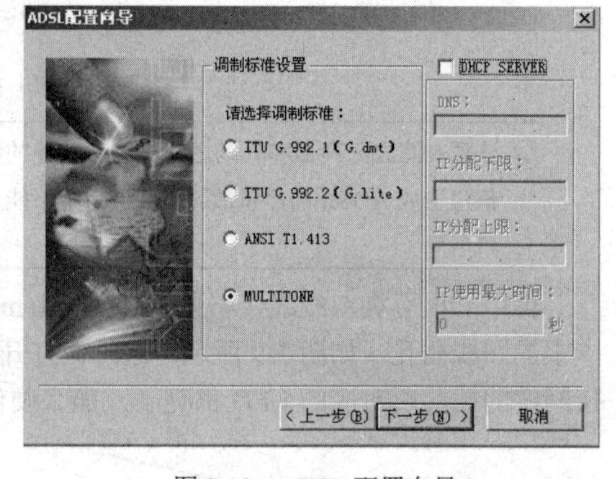

图 3-13　ADSL 配置向导 4

ADSL 2110EH ROUTER 支持 DHCP SERVER，选中 DHCP SERVER 复选框后可在“IP 分配下限”“IP 分配上限”中填入 DHCP 分配的起止地址，这样 ADSL 连接的 PC 即可不用设置 IP 地址，而实现 IP 地址的自动分配。DNS 地址由电信局提供，在 DHCP SERVER 的环境下 DNS 必须配置。

（4）正确选择调制标准后，单击“下一步”按钮，显示如图 3-14 所示界面。

（5）单击“下一步”按钮，显示如图 3-15 所示界面。

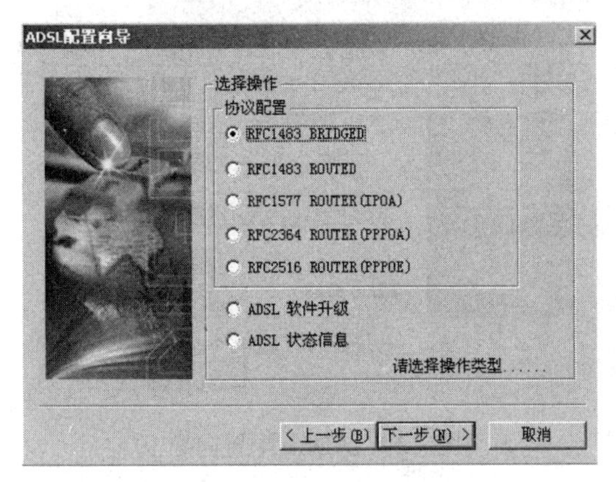

图 3-14　ADSL 配置向导 5

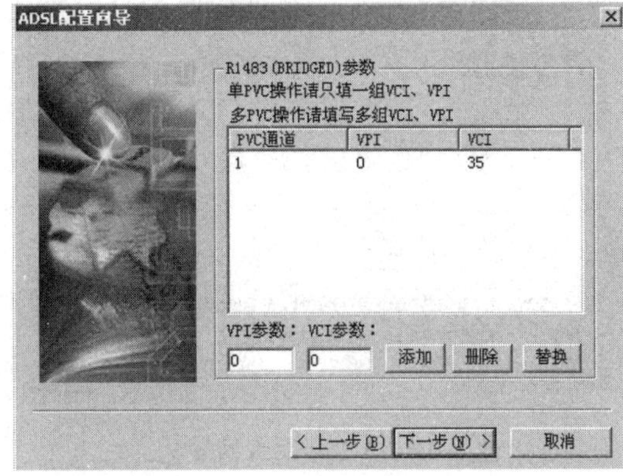

图 3-15　ADSL 配置向导 6

此对话框用于设置各 PVC 的参数，如果默认的 PVC 值不是 0、32，则分别将 VPI 和 VCI 参数设为 0、32，然后单击“替换”按钮，则相应的 VPI 和 VCI 参数的值会改为 0、32，如图 3-16 所示。

（6）单击“下一步”按钮，显示如图 3-17 所示界面。

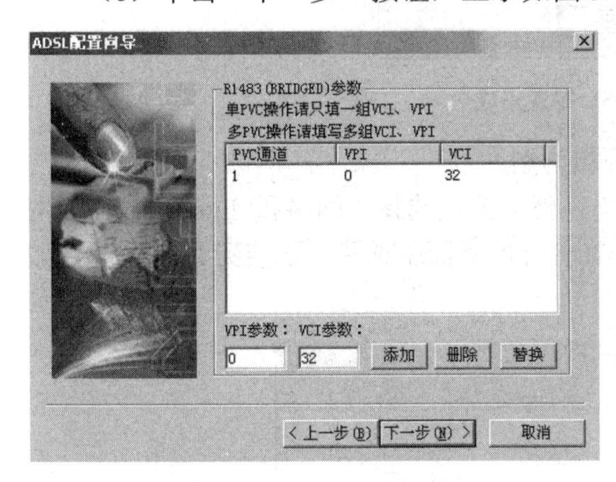

图 3-16　ADSL 配置向导 7

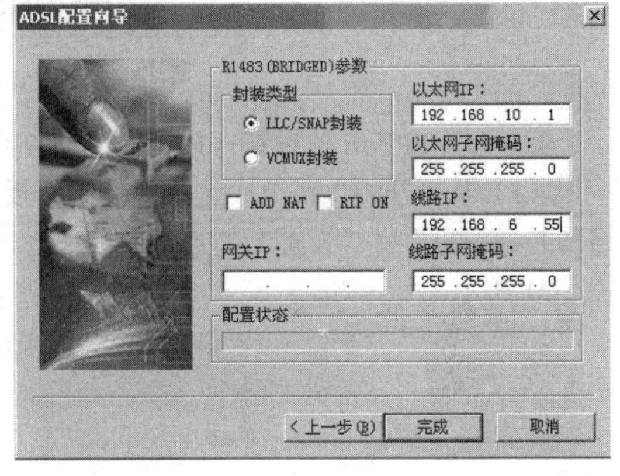

图 3-17　ADSL 配置向导 8

在此界面，可以设置如下参数：选择封装类型，设置 ADSL 以太网 IP 地址、子网掩码（一般保持默认设置即可）。

（7）以上各项参数正确填写完成后单击“完成”按钮，配置程序将自动完成对 ADSL 的配置，显示如图 3-18 所示界面。

这一界面是将用户前面所配置的内容再显示一次，并让用户选择是否保存此配置，若单击“保存设置”按钮，则下一次进入配置程序时可在图 3-12 所示界面选择“用配置文件配置”，调用保存的该文件，即可实现与此次同样的配置。若单击“不保存”按钮，则显示如图 3-19 所示界面。

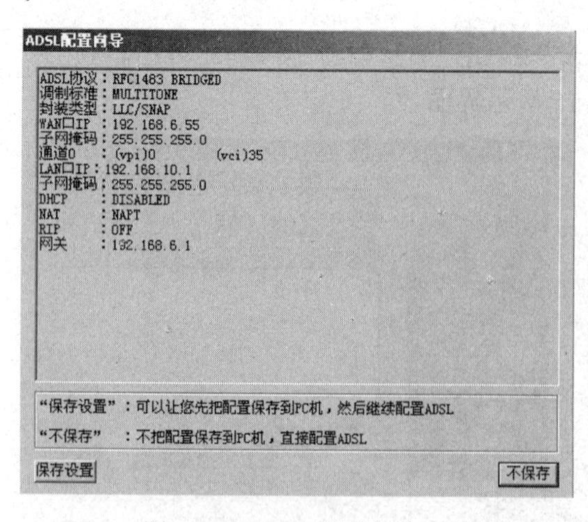

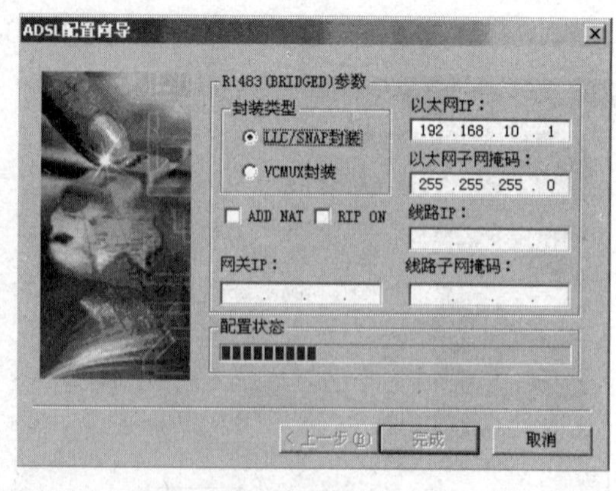

图 3-18　ADSL 配置向导 9　　　　图 3-19　ADSL 配置向导 10

（8）“配置状态”栏显示设置进程，在这个过程尽量保证不断电，否则 ADSL 将由于读写参数错误而无法正常运行。当配置完成后，程序会给出提示消息，如图 3-20 所示。

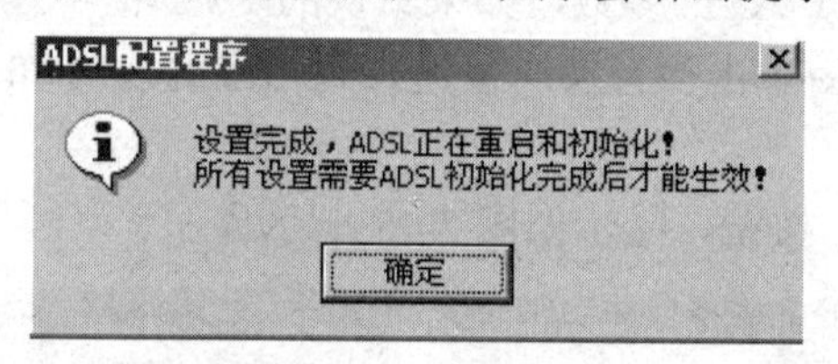

图 3-20　ADSL 配置完成

第 4 步：PPPoE 的设置（以 Windows 7 环境为例）。

（1）从“开始”菜单中选择“控制面板”，然后依次选择“网络和 Internet”→“网络和共享中心”→“设置新的连接或网络”，在打开的界面中选择“连接到 Internet”，如图 3-21 所示。

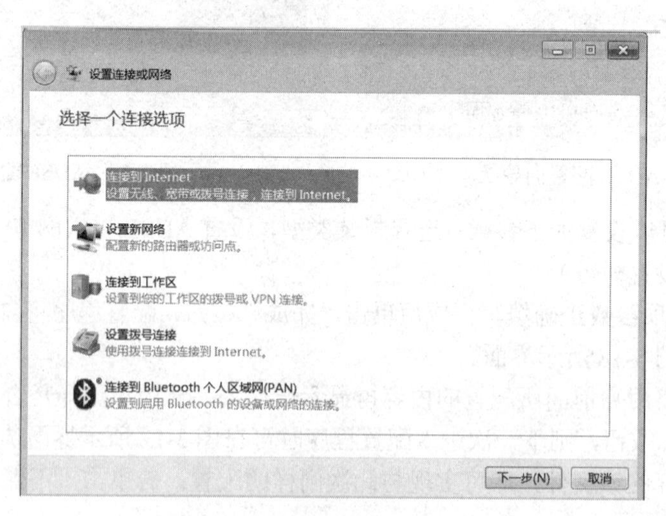

图 3-21　选择“连接到 Internet”

（2）单击“下一步”按钮，进入如图 3-22 所示窗口。

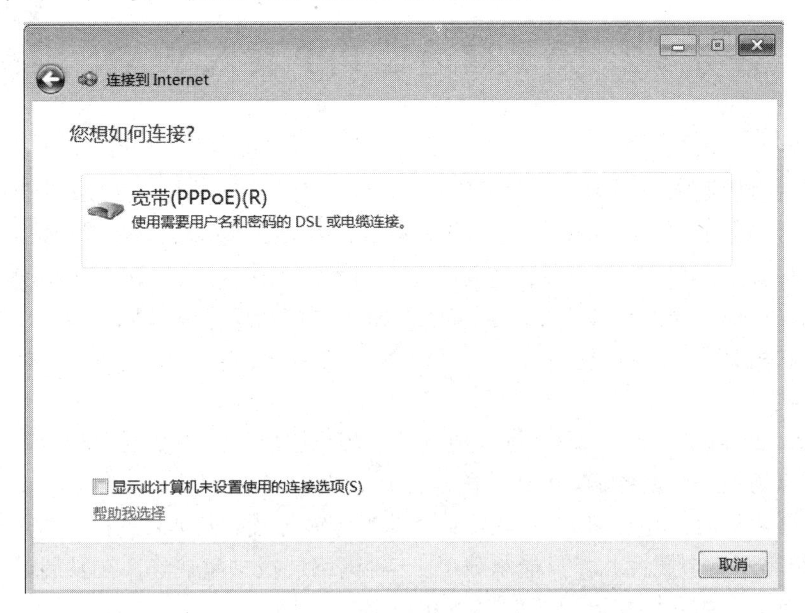

图 3-22　宽带 PPPoE

（3）选择“宽带（PPPoE）”选项，然后单击“下一步”按钮，进入如图 3-23 所示窗口，输入 PPPoE 拨号的用户名和密码，单击“连接”按钮。

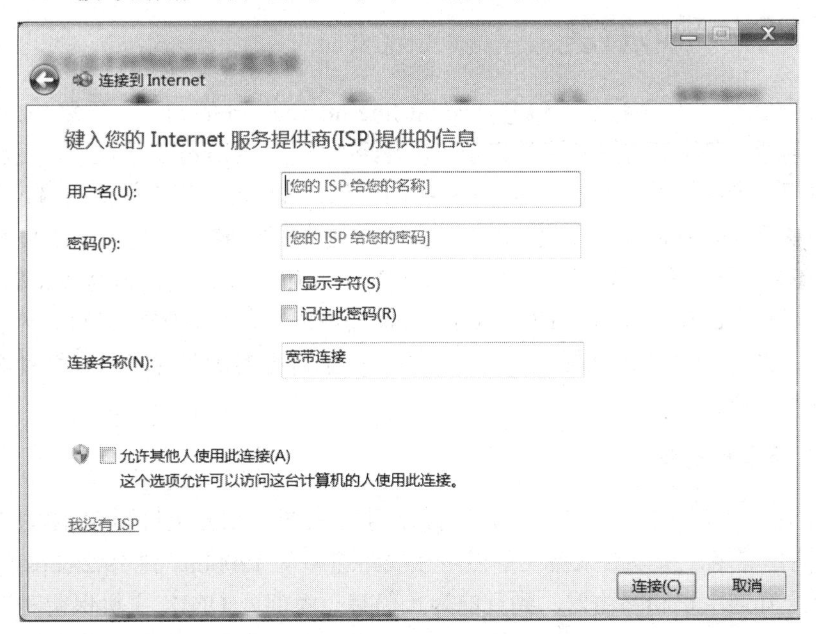

图 3-23　PPPoE 设置

（4）当与 Internet 连接成功后，在任务栏的右边将出现一个连通图标。如果需要与 Internet 断开连接，只需在此图标上右击，选择“断开”即可。

任务 3.2 局域网通过 PPP 接入 WAN

任务描述

某用户现将局域网 L1 通过 128K DDN 专线同广域网 W1 相连，并使局域网 L1 内机器通过路由器 R1 访问广域网 W1，因业务发展需要，需另建一个局域网 L2，使局域网 L2 通过 64K DDN 专线与局域网 L1 相连，以实现局域网 L2 通过局域网 L1 访问广域网 W1。实际调查发现用户现有路由器 R1 已不能提供空余的广域网口，需另加两个路由器，并对其进行配置，利用 PPP（点对点协议）接入 WAN。

知识引入

PPP（point-to-point protocol）是一种点到点链路层协议，主要用于在全双工的同异步链路上进行点到点的数据传输。PPP 是在串行线 IP 协议（serial line internet protocol，SLIP）的基础上发展起来的。由于 SLIP 具有只支持异步传输方式、无协商过程（尤其不能协商如双方 IP 地址等网络层属性）、只能承载 IP 一种网络层报文等缺陷，在发展过程中，逐步被 PPP 所替代。在本任务中，可了解以下知识点。

- PPP 协议的原理。
- PPP 协议的配置。

3.2.1 PPP 出现的背景

在提及 PPP 时，不可不提及 SLIP（serial line internet protocol）。虽然 SLIP 已被淡忘在历史的长河中，但毕竟有过辉煌的日子。它曾经主宰了 Internet 半边江山，人们不仅可以通过在计算机上安装该协议实现浏览 Internet 的梦想，而且可以互连许多网络设备（如路由器与路由器的互连、路由器与主机的互连和主机与主机的互连）。随着网络技术的日新月异，特别是计算机技术的发展，人们渐渐认识到使用 SLIP 已不能满足日益增长的网络需求，如何在串行点对点的链路上封装 IPX、AppleTalk 等网络层的协议呢？这就给网络专家提出了新的挑战，也为 PPP 的出现提供了契机，PPP 由于自身的诸多优点已成为目前被广泛使用的数据链路层协议。

1. SLIP 的基本概念

SLIP 出现在 20 世纪 80 年代中期，并被使用在 BSD UNIX 主机和 SUN 的工作站上，因为 SLIP 简单好用，所以后来被大量使用在线路速率从 1200bps 到 19.2Kbps 的专用线路和拨号线路上互连主机和路由器，到目前为止仍有一大部分 UNIX 主机保留对该协议的支持。在 20 世纪 80 年代末 90 年代初期，SLIP 被广泛用于家庭中每台有 RS232 串口的计算机和调制解调器连接到 Internet。SLIP 是一种在点对点的串行链路上封装 IP 数据报的简单协议，它并非 Internet 的标准协议。

2. SLIP 的封装格式

SLIP 的封装格式必须遵循以下几条原则。

（1）通过在被发送 IP 数据报的尾部增加特殊的 END 字符（0xC0），形成一个简单的 SLIP 的数据帧，而后该帧会被传送到物理层进行发送。为了防止线路噪声被当成数据报的内容在线路上传输，通常发送端在被传送数据报的开始处也传一个 END 字符。如果线路上的确存在噪声，则该数据报起始位置的 END 字符将结束这份错误的报文，这样当前正确的数据报文就能正确传送了，而前一个含有无意义报文的数据帧会在对端的高层被丢弃。

（2）当被传送的 IP 数据报文中含有 END 字符时，则需要对该字符进行转意（就是使用其他字符来表示），可使用连续传输的两个字节（如 0xdb 和 0xdc）来代替它。如果被转意后的字符也包含在数据报中，则也需要对其进行同样的操作，直至不出现歧义。图 3-24 所示为 SLIP 数据帧的封装格式。

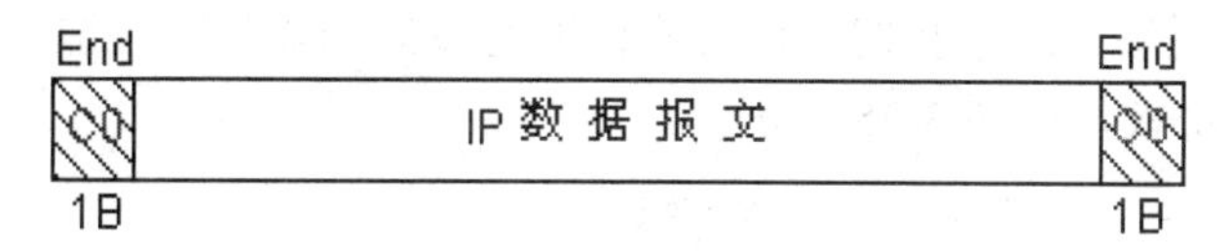

图 3-24　SLIP 数据帧的封装格式

3. SLIP 简单封装方式的缺陷

从图 3-24 可以看出 SLIP 帧的封装格式非常简单，通信双方无须在数据报发送前协商任何配置参数选项（在 PPP 协议中需协商配置参数选项），所以双方 IP 层通信前必须获知对方的 IP 地址，才能进行网络层的通信，否则链路层发送的数据帧在被送到对方网络层时将无法进行转发。

由于数据帧中也没有类似于以太网、HDLC 和 PPP 等数据链路层协议中定义的协议域字段，因此 SLIP 仅支持一种网络层协议（IP 协议）同一时刻在串行链路上发送。

SLIP 协议没有在数据帧的尾部加上 CRC 校验和，如果由于线路噪声的干扰影响传送数据包的内容是无法在对端的数据链路层中发现的，必须交由上层的应用软件处理。

正是由于上面的诸多缺点，导致了 SLIP 很快被后面要讲的 PPP 协议所替代。

3.2.2　PPP 简介

PPP 提供了一种在点对点的链路上封装多协议数据报（IP、IPX 和 AppleTalk）的标准方法。它不仅能支持 IP 地址的动态分配和管理，同步（面向位的同步数据块的传送）或异步（起始位+数据位+奇偶校验位+停止位）物理层的传输，网络层协议的复用，链路的配置、质量检测和纠错，而且支持多种配置参数选项的协商。

PPP 主要包括 3 部分：LCP（link control protocol，链路控制协议）、NCP（network control protocol，网络控制协议）和 PPP 的扩展协议（如 Multilink Protocol）。随着网络技术的不断发展，网络带宽已不再是瓶颈，所以 PPP 扩展协议的应用也就越来越少，人们在叙述 PPP 时经常会忘记它的存在。而且大部分网络教材上会将 PPP 的认证作为 PPP 的一个主要部分，实际上这是一个错误概念的引导。PPP 默认不进行认证配置参数选项的协商，它只作为一个可选的参数，当点对点线路的两端需要进行认证时才需配置。当然在实际应用中这个过程是不可忽略的，例如我们使用计算机上网时，需要通过 PPP 与 NAS 设备互连，在整个协议的协商过程中，我们需要输入用户名和密码。因此 PPP 主要包括 LCP、NCP 和认证 3 部分这种说法不是有误，只是不够准确罢了。

3.2.3 PPP 的三组件

PPP 的三组件为 PPP 的封装方式、LCP 的协商过程和 NCP 的协商过程。

1. PPP 的封装方式

ISO 参考模型共分七层，自下而上分别是物理层、数据链路层、网络层、传输层、会话层、表示层和应用层。通常我们会依据协议所完成的功能将它与这七层进行对照，PPP 就属于数据链路层协议，如图 3-25 所示。

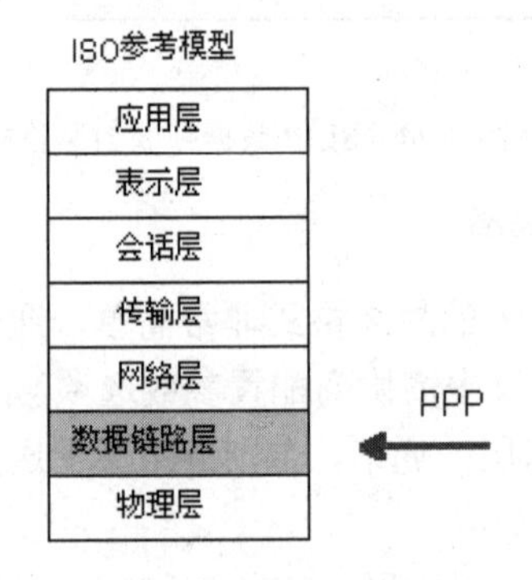

图 3-25　PPP 在 OSI 模型的层次

我们在提及 PPP 的报文封装格式时，不可不先提一下 HDLC 协议。HDLC 也是最常用的数据链路层协议，它是从 SDLC 协议演进而来的，许多常用的数据链路层协议的封装方式都是基于 HDLC 的封装格式的，同样 PPP 也不例外，PPP 也采用了 HDLC 的定界帧格式。如图 3-26 所示为 PPP 数据帧的封装格式。

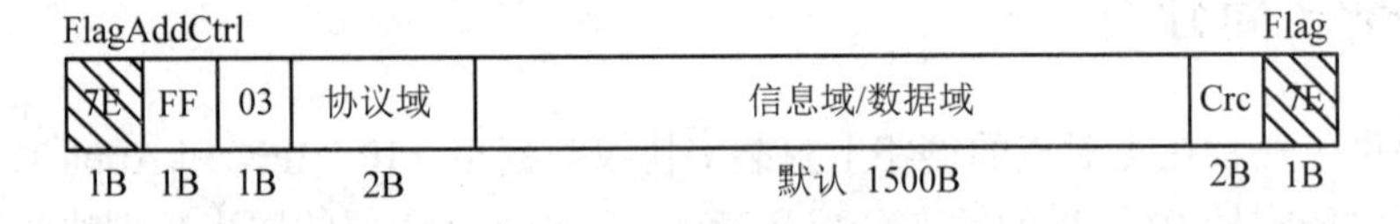

图 3-26　PPP 数据帧的封装格式

以下为对 PPP 数据帧封装格式的说明。

每一个 PPP 数据帧均是以一个标志字节起始和结束的，该字节为 0x7E。

紧接在起始标志字节后的一个字节是地址域，该字节为 0xFF。我们熟知网络是分层的，且对等层之间进行相互通信，而下层为上层提供服务。当对等层进行通信时，首先需获知对方的地址，而对不同的网络，在数据链路层则表现为需要知道对方的 MAC 地址、X.121

地址、ATM 地址等；在网络层则表现为需要知道对方的 IP 地址、IPX 地址等；而在传输层则需要知道对方的协议端口号。例如，如果两个以太网上的主机希望实现通信，则首先发送端需获知对端的 MAC 地址。但由于 PPP 被运用在点对点的链路上的特殊性，它不像广播或多点访问的网络，因为点对点的链路就可以唯一标识对方，因此使用 PPP 互连的通信设备的两端无须知道对方的数据链路层地址，该字节也就无任何意义，按照协议的规定将该字节填充为全 1 的广播地址。

同地址域一样，PPP 数据帧的控制域也没有实际意义，按照协议的规定，通信双方将该字节的内容填充为 0x03。

就 PPP 本身而言，我们最关心的内容应该是它的协议域和信息域。协议域可用来区分 PPP 数据帧中信息域所承载的数据报文的内容。协议域的内容必须依据 ISO 3309 的地址扩展机制所给出的规定。该机制规定协议域所填充的内容必须为奇数，也即要求低字节的最低位为 1，高字节的最低位为 0。如果发送端发送的 PPP 数据帧的协议域字段不符合上述规定，则接收端会认为此数据帧是不可识别的，那么接收端会向发送端发送一个 Protocol-Reject 报文，在该报文尾部将完整地填充被拒绝的报文。协议域的具体取值如表 3-2 所示。

表 3-2　PPP 协议域

协议域类型	说　　明
0x0*** - 0x3***	信息域中承载的是网络层的数据报文
0x4*** - 0x7***	信息域中承载的是与 NCP 无关的低整流量
0x8*** - 0xb***	信息域中承载的是网络控制协议（NCP）的数据报文
0xc*** - 0xf***	信息域中承载的是链路控制协议（LCP）的数据报文
0xc021	信息域中承载的是链路控制协议（LCP）的数据报文
0xc023	信息域中承载的是 PAP 协议的认证报文
0xc223	信息域中承载的是 CHAP 协议的认证报文
0x8021	信息域中承载的是网络控制协议（NCP）的数据报文
0x0021	信息域中承载的是 IP 数据报文

信息域默认最大长度不能超过 1500 B，其中包括填充域的内容，1500 B 大小等于 PPP 中配置参数选项 MRU（maximum receive unit）的默认值，在实际应用当中可根据实际需要进行信息域最大封装长度选项的协商。信息域如果不足 1500 B 可被填充，但不是必须的，如果填充，则需通信双方的两端能辨认出有用与无用的信息方可正常通信。

通常在通信设备的配置过程中，遇到最多的参数选项是 MTU（maximum transmit unit）。对于一个设备而言，其网络的层次均使用 MTU 和 MRU 两个值，一般情况下设备的 MRU 会比 MTU 稍大几个字节，但这需根据各厂商的设备而定。

CRC 校验域主要是对 PPP 数据帧传输的正确性进行检测。当然，在数据帧中引入一些传输的保证机制是好的，但同样会引入更多的开销，这样可能会增加应用层交互的延迟，对于这个字节的使用可以参考 X.25 协议和 FR 协议。

2. LCP 的协商过程

为了能适应复杂多变的网络环境，PPP 提供了一种链路控制协议来配置和测试数据通信链路，即 LCP。它能用来协商 PPP 的一些配置参数选项，处理不同大小的数据帧，检测链路环路、一些链路的错误，终止一条链路。

3. NCP 的协商过程

PPP 的网络控制协议根据不同的网络层协议可提供一族网络控制协议，常用的有提供给 TCP/IP 网络使用的 IPCP 网络控制协议和提供给 SPX/IPX 网络使用的 IPXCP 网络控制协议等，但最为常用的是 IPCP。当点对点的两端进行 NCP 参数配置协商时，主要是用来通信双方的网络层地址。

3.2.4 PPP 链路的建立

数据通信设备（主要是指路由器）的两端如果希望通过 PPP 建立点对点的通信，无论哪一端的设备都需发送 LCP 数据报文来配置链路（测试链路）。一旦 LCP 的配置参数选项协商完后，通信的双方就会根据 LCP 配置请求报文中所协商的认证配置参数选项来决定链路两端设备所采用的认证方式。协议默认情况下双方是不进行认证的，而直接进入 NCP 配置参数选项的协商，直至所经历的几个配置过程全部完成后，点对点的双方就可以开始通过已建立好的链路进行网络层数据报文的传送了，整个链路处于可用状态。只有当任何一端收到 LCP 或 NCP 的链路关闭报文时（一般而言，协议是不要求 NCP 有关闭链路的能力的，因此通常情况下关闭链路的数据报文是在 LCP 协商阶段或应用程序会话阶段发出的），或者物理层无法检测到载波、管理人员对该链路进行关闭操作时，会将该条链路断开，从而终止 PPP 会话。图 3-27 所示为 PPP 整个链路过程需经历阶段的状态转移图。

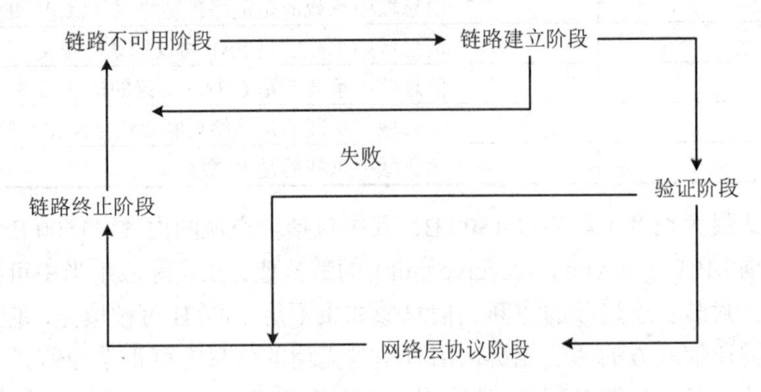

图 3-27　PPP 状态转移图

在点对点链路的配置、维护和终止过程中，PPP 需经历以下几个阶段。

（1）链路不可用阶段：有时也称为物理层不可用阶段，PPP 链路都需从这个阶段开始和结束。当通信双方的两端检测到物理线路激活（通常是检测到链路上有载波信号）时，就会从当前这个阶段跃迁至下一个阶段（即链路建立阶段）。先简单提一下链路建立阶段，在这个阶段主要是通过 LCP 进行链路参数的配置，LCP 在此阶段的状态机也会根据不同的事件发生变化。当处于链路不可用阶段时，LCP 的状态机处于 initial（初始化状态）或 starting（准备启动状态），一旦检测到物理线路可用，则 LCP 的状态机就要发生改变。当然链路被断开后也同样会返回到这个阶段，往往在实际过程中这个阶段所停留的时间是很短的，仅仅是检测到对方设备的存在。

（2）链路建立阶段：是 PPP 最关键和最复杂的阶段。该阶段主要是发送一些配置报文来配置数据链路，这些配置的参数不包括网络层协议所需的参数。当完成数据报文的交换后，则会继续向下一个阶段跃迁，下一个阶段既可是验证阶段，也可是网络层协议阶段，下一个阶段的选择是依据链路两端的设备配置的（通常是由用户来配置，但 NAS 或 BAS 设备的 PPP 模块默认需要支持 PAP 或 CHAP 中的一种认证方式）。在此阶段 LCP 的状态机会发生两次改变，当链路处于不可用阶段时，LCP 的状态机处于 initial 或 starting，当检测到链路可用时，物理层会向链路层发送一个 UP 事件，链路层收到该事件后，会将 LCP 的状态机从当前状态改变为 request-sent（请求发送）状态，根据此时的状态机 LCP 会进行相应的动作，也即开始发送 config-request 报文来配置数据链路，无论哪一端接收到了 config-ack 报文，LCP 的状态机又要发生改变，从当前状态改变为 opened 状态，进入 opened 状态后收到 config-ack 报文的一方则完成了当前阶段，应该向下一个阶段跃迁。同理可知，另一端也是一样的，但需注意的一点是在链路配置阶段双方的链路配置操作过程是相互独立的。如果在该阶段收到了非 LCP 数据报文，则会将这些报文丢弃。

（3）验证阶段：多数情况下的链路两端设备需要经过认证才进入网络层协议阶段，默认情况下链路两端的设备是不进行认证的。在该阶段支持 PAP 和 CHAP 两种认证方式，验证方式的选择是依据在链路建立阶段双方进行协商的结果。然而，链路质量的检测也会在这个阶段同时发生，但协议规定不会让链路质量的检测无限制地延迟验证过程。在这个阶段仅支持链路控制协议、验证协议和质量检测数据报文，其他的数据报文都会被丢弃。如果在这个阶段再次收到了 config-request 报文，则又会返回到链路建立阶段。

（4）网络层协议阶段：一旦 PPP 完成了前面几个阶段，每种网络层协议（IP、IPX 和 AppleTalk）会通过各自相应的网络控制协议进行配置，每个 NCP 可在任何时间打开和关闭。当一个 NCP 的状态机变成 opened 状态时，则 PPP 就可以开始在链路上承载网络层的数据包报文了。如果在这个阶段收到了 config-request 报文，则又会返回到链路建立阶段。

（5）链路终止阶段：PPP 能在任何时候终止链路。载波丢失、授权失败、链路质量检测失败和管理员人为关闭链路等情况均会导致链路终止。链路建立阶段可能通过交换 LCP 的链路终止报文来关闭链路，当链路关闭时，链路层会通知网络层做相应的操作，而且会通过物理层强制关断链路。对于 NCP，它是没有也没有必要去关闭 PPP 链路的。

3.2.5　PPP 基本配置命令

1. 在接口上启用 PPP

要将 PPP 设置为串行或 ISDN 接口使用的封装方法，可使用 encapsulation ppp 接口配置命令。

以下示例表示在串行接口 0/0 上启用 PPP 封装。

```
R3#configure terminal
R3(config)#interface serial 0/0
```

```
R3(config-if)#encapsulation ppp
```

虽然 encapsulation ppp 命令没有任何参数，但要使用 PPP 封装，必须先配置路由器的 IP 路由协议功能。前面讲过，如果不在 Cisco 路由器上配置 PPP，则串行接口的默认封装将是 HLDC。

2. 压缩

在启用 PPP 封装后，可以在串行接口上配置点对点软件压缩。由于该选项会调用软件压缩进程，因此会影响系统性能。如果流量本身是已压缩的文件（如.zip、.tar 或.mpeg 文件），则不需要使用该选项。

要在 PPP 上配置压缩功能，可输入以下命令。

```
R3(config)#interface serial 0/0
R3(config-if)#encapsulation ppp
R3(config-if)#compress [predictor | stac]
```

3. 链路质量监视

LCP 负责可选的链路质量确认阶段。在此阶段，LCP 将对链路进行测试，以确定链路质量是否足以支持第 3 层协议的运行。ppp quality percentage 命令用于确保链路满足用户设定的质量要求，否则链路将关闭。

百分比是针对入站和出站两个方向分别计算的。出站链路质量的计算方法是将已发送的数据包及字节总数与目的节点收到的数据包及字节总数进行比较。入站链路质量的计算方法是将已收到的数据包及字节总数与目的节点发送的数据包及字节总数进行比较。

如果未能控制链路质量百分比，链路的质量注定不高，链路将陷入瘫痪。链路质量监控（LQM）执行时滞功能，这样链路不会时而正常运行，时而瘫痪。

以下示例配置监控链路上丢弃的数据并避免帧循环。

```
R3(config)#interface serial 0/0
R3(config-if)#encapsulation ppp
R3(config-if)#ppp quality 80
```

使用 no ppp quality 命令可禁用 LQM。

4. 多个链路上的负载均衡

多链路 PPP（也称为 MP、MPPP、MLP）提供在多个 WAN 物理链路分布流量的方法，还提供数据包分片和重组、正确的定序、多供应商互操作性以及入站和出站流量的负载均衡等功能。

MPPP 允许对数据包进行分片并在多个点对点链路上将这些数据段同时发送到同一个远程地址。在用户定义的负载阈值下，多个物理层链路将恢复运行。MPPP 可以只测量入站流量的负载，也可以只测量出站流量的负载，但不能同时测量入站和出站流量的负载。

以下命令对多个链路执行负载均衡功能。

```
Router(config)#interface serial 0/0
```

```
Router(config-if)#encapsulation ppp
Router(config-if)#ppp multilink
```

multilink 命令没有任何参数。要禁用 PPP 多链路，可使用 no ppp multilink 命令。

5. 校验 PPP 封装配置

使用 show interfaces serial 命令校验 HDLC 或 PPP 封装的配置是否正确。在配置 HDLC 时，show interfaces serial 命令的输出应为 encapsulation HDLC。在配置 PPP 时，可以检查其 LCP 和 NCP 状态。

6. PPP 身份验证

要指定在接口上请求 CHAP 或 PAP 的顺序，可使用 ppp authentication 接口配置命令，其使用格式如表 3-3 所示。

表 3-3　ppp authentication 命令格式

参　　数	说　　明
chap	在串行接口上启用 CHAP
chap pap	在串行接口上启动 PAP
pap chap	同时启用 CHAP 和 PAP 并在 CHAP 之前执行 PAP 身份验证
if-needed（可选）	
list-name（可选）	与 TACACS 和 XTACACS 一起使用，如果用户已提供身份验证，则不执行 CHAP 或 PAP 身份验证，该选项仅在异步接口上可用
default（可选）	与 AAA/TACACS 一起使用，使用 aaa authentication ppp 命令创建
callin	指定仅拨入（接收）呼叫进行身份验证

使用该命令的 no 形式将禁止此身份验证。

任务实施

任务目标：

将两台路由器上的串行接口配置为使用 PPP，配置 PPP CHAP 身份验证，检验并测试链路的连通性。

实验拓扑：

本任务将使用拓扑图中显示的网络在串行链路上配置 PPP 封装，如图 3-28 所示，各设备的网络参数如表 3-4 所示。此外，还要配置 PPP CHAP 身份验证。

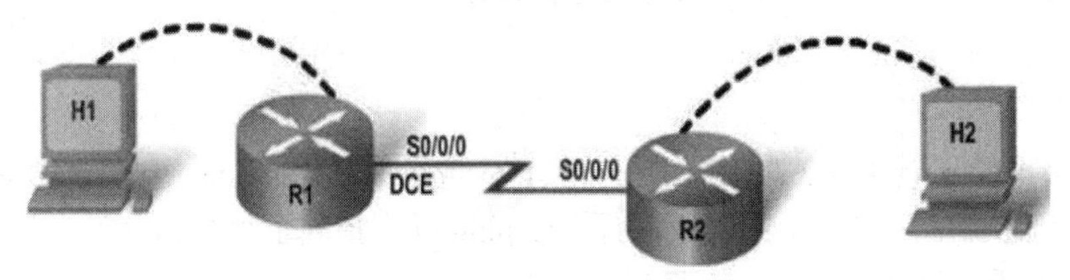

图 3-28　PPP 实训拓扑结构图

表 3-4　PPP 实训设备参数表

设　　备	主 机 名	Serial0/0/0 IP 地址	子 网 掩 码	Serial0/0/0 接口类型	使能加密口令	使能口令、VTY 口令和控制台口令
Router1	R1	192.168.15.1	255.255.255.252	DCE	Class	Cisco
Router2	R2	192.168.15.2	255.255.255.252	DCE	Class	Cisco

设备清单：

（1）两台路由器。

（2）两台计算机。

（3）双绞线若干。

（4）反转线若干。

实验步骤：

第 1 步：连接设备。

按照拓扑图，使用串行电缆连接 Router 1 和 Router 2 两台路由器的 Serial 0/0/0 接口。

第 2 步：在 Router 1 上执行基本配置。

将计算机连接到该路由器的控制台端口，使用终端仿真程序执行配置，按照地址表中的规定配置主机名、IP 地址和口令，并保存配置。

第 3 步：在 Router 2 上执行基本配置。

在 Router 2 上，按照编址表中的规定配置主机名、IP 地址和口令，并保存配置。

第 4 步：在 R1 和 R2 上配置 PPP 封装。

在两台路由器的接口 Serial 0/0 配置模式提示符后输入 encapsulation ppp，将封装类型更改为 PPP。

```
R1(config-if)#encapsulation ppp
R2(config-if)#encapsulation ppp
```

第 5 步：在 R1 和 R2 上检验 PPP 封装。

在 R1 和 R2 上输入命令 show interface serial 0/0，检验 PPP 封装。

```
R1#show interface serial 0/0/0
R2#show interface serial 0/0/0
```

第 6 步：检验串行连接是否工作正常。

从 R1 ping R2，检查两台路由器之间是否存在连接。

```
R1#ping 192.168.15.2
R2#ping 192.168.15.1
```

如果 R1 不能 ping 通 R2 路由器的串行接口，或者 R2 不能 ping 通 R1 路由器的串行接口，则检查路由器的配置纠正错误。重新执行 ping 操作指导全部成功。

第 7 步：打开 PPP 调试。

要实时显示身份验证交换过程，可在特权执行模式提示符后输入命令 debug ppp

authentication。

```
R1#debug ppp authentication
R2#debug ppp authentication
```

注意：调试输出在 CPU 处理中享有高优先级，因此可导致系统不可用。如果是在现用网络中工作，只能在网络流量低时使用 debug 命令。

第 8 步：在 R1 上使用 PAP 配置 PPP 身份验证。

（1）在 R1 路由器上配置用户名和口令。用户名必须与另一台路由器的主机名相同。口令和用户名都区分大小写。在路由器上定义远程路由器预期使用的用户名和口令。在 Cisco 路由器上，两台路由器的加密口令必须相同。

```
R1(config)#username R2 password cisco
R1(config)#interface serial 0/0/0
R1(config-if)#ppp authentication pap
```

（2）在接口上启用 PAP。在 Serial 0/0/0 接口配置模式提示符后，启用该接口上的 PAP。

```
R1(config-if)#ppp pap sent-username R1 password cisco
```

第 9 步：检验串行连接是否工作正常。

ping R2 的串行接口，检验串行连接是否工作正常。

第 10 步：在 R2 上使用 PAP 配置 PPP 身份验证。

（1）在 R2 路由器上配置用户名和口令。两台路由器的加密口令必须相同。

```
R2(config)#username R1 password cisco
R2(config)#interface serial 0/0/0
R2(config-if)#ppp authentication pap
```

（2）在接口上启用 PAP。在 Serial 0/0/0 接口配置模式提示符后，启用该接口上的 PAP。

```
R2(config-if)#ppp pap sent-username R2 password cisco
```

第 11 步：检验串行连接是否工作正常。

ping R1 的串行接口，检验串行连接是否工作正常。

第 12 步：从 R1 和 R2 删除 PAP。

在用于配置 PAP 的命令之前发出命令 no，从 R1 和 R2 删除 PAP。

```
R1(config)#interface serial 0/0/0
R1(config-if)#no ppp authentication pap
R1(config-if)#no ppp pap sent-username R1 password cisco
R1(config-if)#exit
R1(config)#no username R2 password cisco
R2(config)#interface serial 0/0/0
R2(config-if)#no ppp authentication pap
R2(config-if)#no ppp pap sent-username R2 password cisco
R2(config-if)#exit
R2(config)#no username R1 password cisco
```

第 13 步：在 R1 上使用 CHAP 配置 PPP 身份验证。

（1）如果 CHAP 和 PAP 都启用，则在链路协商阶段会请求指定的第一种身份验证方法，除非对方提出要求使用第二种方法或只要它拒绝第一种方法，则会尝试第二种方法。

（2）保存 R1 和 R2 上的配置并重新加载两台路由器。

```
R1#copy running-config startup-config
R1#reload
R2#copy running-config startup-config
R2#reload
```

（3）要实时显示身份验证交换过程，可在特权执行模式提示符后输入命令 debug ppp authentication。

```
R1#debug ppp authentication
R2#debug ppp authentication
```

（4）在 R1 路由器上配置用户名和口令。用户名必须与另一台路由器的主机名相同。口令和用户名都区分大小写。定义远程路由器预期使用的用户名和口令。在 Cisco 路由器上，两台路由器的加密口令必须相同。

```
R1(config)#username R2 password cisco
R1(config)#interface serial 0/0/0
R1(config-if)#ppp authentication chap
```

第 14 步：在 R2 上使用 CHAP 配置 PPP 身份验证。

在 R2 路由器上配置用户名和口令。两台路由器上的口令必须相同。用户名必须与另一台路由器的主机名相同。口令和用户名都区分大小写。定义远程路由器预期使用的用户名和口令。

```
R2(config)#username R1 password cisco
R2(config)#interface serial 0/0/0
R2(config-if)#ppp authentication chap
```

第 15 步：检验串行连接是否工作正常。

ping R1 的串行接口，检验串行连接是否工作正常。

第 16 步：检查 R1 上的串行线路封装。

输入命令 show interface serial 0/0/0，查看该接口的详细信息。

```
R1#show interface serial 0/0/0
```

第 17 步：检查 R2 上的串行线路封装。

输入命令 show interface serial 0/0/0，查看该接口的详细信息。

```
R2#show interface serial 0/0/0
```

第 18 步：关闭 R1 和 R2 上的调试过程。

在 R1 和 R2 上输入 undebug all 命令，关闭所有调试过程。

```
R1#undebug all
R2#undebug all
```

习　　题

一、选择题

1. 下列设备中，一般用作数据终端设备的是（　　）。

A. ISDN　　B. 调制解调器　　C. 路由器　　D. CSU/DSU

2. PPP 帧中协议字段的功能是（　　）。

A. 标识用来处理帧的应用层协议

B. 标识用来处理帧的传输层协议

C. 标识封装于帧数据字段中的数据链路层协议

D. 标识封装于帧数据字段中的网络层协议

3. 如果为 PPP 配置了身份验证协议，则（　　）对客户端进行身份验证。

A. 在建立链路前　　B. 在建立链路过程中

C. 在开始配置网络层协议之前　　D. 在配置完网络层协议之后

4. 在每天的使用高峰期限制 Internet 流量，应使用（　　）ACL。

A. 动态　　B. 基于策略　　C. 自反　　D. 基于时间

5. 若网络管理员将不包含 permit 语句的 IP 访问控制列表应用到接口的出站方向，则（　　）。

A. 会拒绝所有出站流量

B. 该 ACL 会限制所有传入流量并过滤传出流量

C. 会允许所有出站流量

D. 只有从路由器始发的流量才允许传出路由器

二、实践题

实验拓扑结构图如图 3-29 所示，请按照题目要求完成实验。

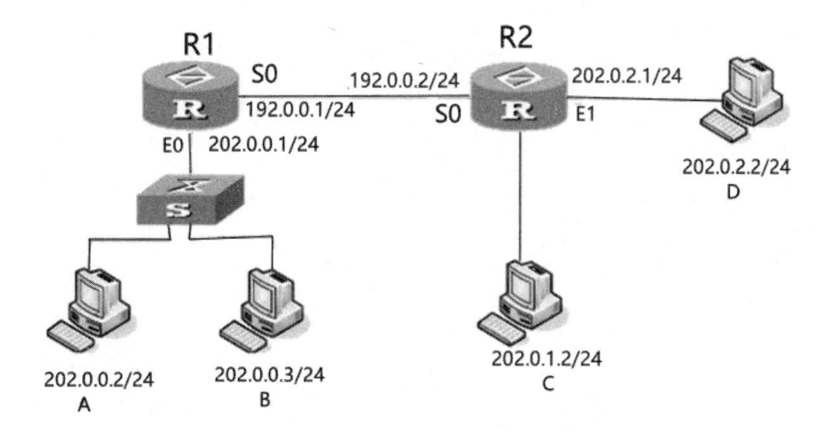

图 3-29　实验拓扑结构图

（1）按照图 3-29 完成网络的搭建，并对网络进行配置，确保网络中的各主机间均能互相通信。A 和 B 的默认网关为 202.0.0.1，C 的默认网关为 202.0.1.1，D 的默认网关为 202.0.2.1。

（2）在 R1 和/或 R2 上完成防火墙配置，满足下述要求：① 只有 A 和 B、A 和 C、B 和 D 之间能通信，其他 PC 彼此之间都不能通信（注：只要能禁止其中一个方向即可）。② 防火墙的 ACL 列表只能作用于两台路由器的以太网接口上，即 R1 的 E0、R2 的 E0 和 E1，不允许在两台路由器的 S0 口上关联 ACL。

情 4 景

路由技术

随着企业业务越来越复杂，企业网络需要和不同区域的其他企业的局域网连接起来，再与外部的 Internet 连接，打造可靠、高速、可管理的网络环境。

连接不同局域网的主要网络设备是路由器，路由器用于连接多个逻辑上分开的网络，为用户提供最佳的通信路径。路由器利用路由表为数据传输选择路径，路由表是包含网络地址以及各地址之间距离的清单。路由器通过查找路由表获取数据包从当前位置到目的地址的正确路径，使用最少时间算法或最优路径算法调整信息传递的路径，如果某一网络路径发生故障或堵塞，路由器还可选择另一条路径，以保证信息的正常传输。路由器可以说是互联网络世界的“交通警察”。

在本学习情景中，包括以下 4 个工作任务。

任务 4.1　路由器基本配置

任务 4.2　静态路由与默认路由

任务 4.3　RIP 动态路由实现网络连通

任务 4.4　OSPF 路由协议技术

任务 4.1　路由器基本配置

任务描述

你是某公司新进的网管，公司要求你熟悉网络互联产品，并将公司网络与其他企业的网络连接起来。为此，需要使用专用的网络层设备——路由器。你需要对新购置的路由器进行配置与管理。

知识引入

路由器是互联网的主要节点设备。路由器通过路由决定数据的转发。转发策略称为路由选择（routing），这也是路由器名称（router，转发者）的由来。作为不同网络之间互相连接的枢纽，路由器系统构成了基于 TCP/IP 的国际互联网络 Internet 的主体脉络，也可以说，路由器构成了 Internet 的骨架。它的处理速度是网络通信的主要瓶颈之一，它的可靠性则直接影响网络互连的质量。因此，在园区网、地区网，乃至整个 Internet 研究领域中，路由器技术始终处于核心地位，其发展历程和方向成为整个 Internet 研究的一个缩影。在本任务中，可了解以下知识点。

- ❖ 路由器的硬件与软件。
- ❖ 路由器的启动过程。
- ❖ 路由器的配置模式。

4.1.1 路由器的硬件与软件

1. 路由器的硬件构成

路由器是一个连接多个网络或网段的网络层的互连设备。路由器一般至少和两个网络相连，并根据它对所连接网络的状态，决定每个数据包的传输路径。

正是遍布世界各地的数以万计的路由器，构成了全球最大的网络——Internet。路由器是 Internet 上日夜不停运转的巨型信息“桥梁”，使每一个数据包在网络上正常传输。

路由器实际上就是一台特殊的计算机，也是由硬件和软件系统构成的综合体，只不过它没有键盘、鼠标和显示器等外设。路由器的工作在本质上和一般的计算机是一样的。市场上有大量的、各种类型的路由器产品。尽管这些产品在处理能力和所支持的接口数量上有所不同，但它们都使用一些核心的硬件部件。

1）中央处理单元

中央处理单元（CPU）负责执行路由器操作系统的指令，包括系统初始化、路由功能以及网络接口控制等功能。因此，路由器处理数据包的速度在很大程度上取决于 CPU 的类型。某些高端的路由器上会拥有多个 CPU 并行工作。

2）存储器

所有的路由器中都安装了不同类型的存储器，路由器主要采用了如下 4 种类型的存储器。

（1）只读内存（ROM）：保存着路由器的引导（启动）软件，这是路由器运行的第一个软件，负责让路由器进入正常工作状态，包括加电自检（POST）、启动程序和一个可选的缩小版本的 IOS 软件。ROM 通常做在一个或多个芯片上，焊接在路由器的主机板上。路由器中的 ROM 是不能擦除的，并且只能更换 ROM 芯片来升级，但 ROM 中的内容不会因断电而丢失。

（2）闪存（flash）：主要用来保存 IOS 软件映像。在多数路由器启动的时候会把闪存的 IOS 复制到 RAM 中。从物理部件来讲，闪存由 EEPROM 或 PCMCIA 卡组成，它们可以被升级以增加闪存的容量。闪存的内容同样不会因断电而丢失。

（3）随机存储内存（RAM）：用来保存运行的 IOS 软件以及它所需要的工作内存，包括运行的配置文件（running-config）、路由表、ARP 表、快速交换（fast switching）缓存以及数据包的排队缓冲，这些数据包等待被接口转发。RAM 中的内容在断电或重启时会丢失。

（4）非易失性 RAM（NVRAM）：用来保存路由器的初始化或启动配置文件（startup-config）。路由器初始化的时候会把启动配置文件从 NVRAM 复制到 RAM 中，并且作为正常路由器操作的运行配置文件来使用。NVRAM 的内容在断电或重启时可以保留。

3）路由器外部接口

路由器接口特指路由器上的物理连接器，用来接收和发送数据包。这些接口由插座或插孔构成，使电缆能够很容易地连接。接口在路由器外部，一般都位于路由器的背面，如图 4-1 所示。

图 4-1　锐捷 7704 系列路由器背面的图片

（1）局域网接口。

局域网接口（LAN 接口）主要用于路由器与局域网连接，常见局域网接口为 RJ-45 接口。

许多路由器的以太网、快速以太网和吉比特以太网都使用 RJ-45 插孔，支持使用非屏蔽双绞线（UTP）连接，通信速率分为 10MBase-T、100MBase-TX、1000MBase-TX。

路由器和交换机之间使用直通线连接，路由器和计算机之间采用交叉线连接。

（2）广域网接口。

路由器与广域网连接的接口称为广域网接口（WAN 接口）。路由器最重要的应用是提供局域网与广域网、广域网与广域网之间的相互连接。路由器常见的广域网接口有以下几种。

① 高速同步串口（Serial）：在广域网连接中，应用最多的接口是高速同步串口。这种接口的速率最高可达 2.048Mb/s，主要用于连接应用广泛的帧中继、DDN 专线、X.25 等网络连接模式，也通过背对背电缆进行路由器之间的互连。连接在串行接口上的电缆绝对不能带电插拔。高速同步串口要求速率高，所连接网络的两端要求执行同步技术标准。

② 异步串口（ASYNC）：异步串口主要用于调制解调器的连接，实现计算机通过电话拨号上网，最高速率可达 115.2Kb/s。串口并不要求网络的两端实时同步标准，只要求能连续即可，因此通信方式简单便宜。

③ ISDN BRI：ISDN BRI（基本速率接口）用于 ISDN 广域网接入的连接，通过路由

器实现与 Internet 连接，最高速率可达 128Kb/s。路由器的 ISDN BRI 使用的插孔为 RJ-48 插孔，形状和大小与 RJ-45 插孔完全一样。

④ SC 接口：即光纤接口。一般来说，光纤接口通过光纤连接到具有光纤接口的交换机，这种接口一般只有配有光模块的高档路由器才有。

随着各种 Internet 宽带接入方式的兴起，ASYNC、ISDNBRI 这种属于窄带的接入方式，在目前已经很少被用户采用。

（3）配置接口。

路由器的配置接口一般有两种，分别是 Console 和 AUX 接口。

① Console（控制口 RJ-45）：控制口用作在本地连接到计算机，用计算机进行路由器配置的接口。路由器的控制口（RJ-45）和计算机的 COM 串行通信端口（DB9）用反序双绞线（交叉线）进行连接，同样中间要有一个 RJ-45 到 DB9 的接口适配器。对路由器的第一次配置以及以后的主要配置都是通过这个接口进行的。

② AUX 接口（辅助接口）：Cisco 路由器本身一般带有一个 AUX 接口，它是一个异步串行口，主要具有远程拨号调试功能、拨号备份功能，以及网络设备之间的线路连接、本地调试口等功能。

4）路由器接口编号规则

根据接口的配置情况，路由器可分为固定式路由器和模块化路由器两大类。每种固定式路由器采用不同的接口组合，这些接口不能升级，也不能进行局部变动。模块化路由器上有若干插槽，可插入不同的接口卡，可根据实际需要灵活地进行升级或变动。

对于不同的路由器系列，其接口的编号通常有以下 3 种规则。

（1）固定配置或者低端路由器：其接口编号是单个数字，如 1600 路由器的接口编号可以是 e0（以太网接口 0）、s0（串行接口 0）等。

（2）中低端模块化路由器：其接口编号是两个数字，中间用“/”隔开，斜杠前面的是模块号，后面的是模块上接口编号，如 2600 路由器上的 Fa0/1 表示第 1 个槽位的第 2 个接口，该接口是快速以太网接口。

（3）高端模块化路由器：其接口编号有时是 3 个数字，中间用“/”隔开，第 1 个数字是模块号，第 2 个数字是该模块上的子卡号，第 3 个数字是该子卡上的接口模块号。例如，2800 路由器上的 G0/0/0 表示 0 槽位第 1 个子模块上的第 1 个接口，该接口是千兆位以太网接口。

大部分路由器的单元编号如下：

- 第 1 个 Fast Ethernet 端口，编号为 FastEthernet0/0。
- 第 1 个 Ethernet 端口，编号为 Ethernet0/0。
- 插槽 0，Serial 端口 0，编号为 Serial0/0。
- 插槽 1，Serial 端口 1，编号为 Serial1/1。
- 插槽 1，Ethernet 端口 0，编号为 Ethernet1/0。
- 插槽 1，Ethernet 端口 1，编号为 Ethernet1/1。
- 插槽 1，Serial 端口 0，编号为 Serial1/0。

❖　插槽 1，BRI 端口 0，编号为 BRI1/0。

5）路由器的逻辑端口

路由器的逻辑端口并不是实际的硬件端口，而是一种虚拟端口，是用路由器的操作系统 IOS 的一系列软件命令创建的。这些虚拟端口可被网络设备当成物理的端口（如串行端口）来使用，以提供路由器与特定类型的网络介质之间的连接。在路由器上可配置不同的逻辑端口，主要有 Loopback 端口、Null 端口、Tunnel 端口以及子端口。

（1）Loopback 端口：又称回馈端口，一般配置在使用外部网关协议，对两个独立的网络进行路由的核心级路由器上。当某个物理端口出现故障时，核心级路由器中的 Loopback 端口被作为 BGP（边界网关协议）的结束地址，将数据包放在路由器内部处理，并保证这些包到达最终目的地。

（2）Null 端口：主要用来阻挡某些网络数据。如果不想某一网络的数据通过某个特定的路由器，可配置一个 Null 端口，扔掉所有由该网络传送过来的数据包。

（3）Tunnel 端口：也称为隧道或通道端口，用于传输某些端口本来不能支持的数据包。

（4）子端口：子端口是一种特殊的逻辑端口。它绑定在物理端口上，却作为一个独立的端口来引用。子端口是一个混合端口，究竟是 LAN 端口还是 WAN 端口，取决于绑定它的物理端口。子端口有自己的第 3 层属性，如 IP 地址和 IPX 编号。

子端口名由其物理端口的类型、编号、小数点和另一个编号所组成。例如，Serial0.1 是 Serial0 的一个端口。小数点后的编号可以是从 0 到 $2^{32}-1$ 之间的任何数。0 代表其物理端口。

2. 路由器的软件组成

如同计算机，路由器也需要安装操作系统后才能运行。Cisco 公司将所有重要的软件性能集合到一个大的操作系统中，被称为网络互联操作系统（Internetwork Operating System，IOS）。IOS 提供路由器所有的核心功能，主要包括：

❖　控制路由器物理接口发送/接收数据包。
❖　出口转发数据包前在 RAM 中存储该数据包。
❖　路由（发送）数据包。
❖　使用路由协议动态学习路由。

1）IOS 映像

Cisco 公司将整个 IOS 存成一个文件，被称为 IOS 映像。IOS 映像存储在路由器的闪存中。为了区分不同的 IOS 映像，Cisco 公司有一套标准的 IOS 映像文件命名方法。根据映像文件的名字，就可以判断出它适用的路由器平台以及它的特性集、版本号、在哪里运行和是否有压缩等。

Cisco 公司提供不同的 IOS 映像文件基于如下考虑：

（1）Cisco 公司生产不同型号的路由器硬件，每种型号归属不同的平台、系列或家族。同一平台的路由器是类似的，有相同的芯片。由于不同平台的路由器使用不同的 CPU 芯片，因此需要使用不同的 IOS 映像。代表不同路由器平台或家族的数字将被包含在 IOS 的名字中。

（2）一些 IOS 映像提供不同的特性集以满足灵活的定价策略。

（3）Cisco 公司对软件进行更新，包括增加新的特性和缺陷修复。对每一个新的 IOS 版本产生一个映像文件。

（4）有些 IOS 映像是被压缩的。

当网络工程师需要为路由器下载新的 IOS 映像时，必须要考虑以上因素以下载用在特定路由器上的 IOS。

2）配置文件

配置文件有以下两种类型。

（1）启动配置文件（startup-config）：也称为备份配置文件，保存在 NVRAM 中。

（2）运行配置文件（running-config）：也称为活动配置文件，驻留在内存中。

4.1.2　路由器的启动过程

（1）打开路由器电源后，系统硬件执行加电自检。运行 ROM 中的硬件检测程序，检测各组件能否正常工作。完成硬件检测后，开始软件初始化工作。

（2）软件初始化。加载并运行 ROM 中的 BootStrap 启动程序，进行初步引导工作。

（3）定位并加载 IOS 系统文件。IOS 系统文件可以存放在闪存或 TFTP 服务器的多个位置（通常在闪存中，如果没有，就必须定位 TFTP 服务器，在 TFTP 服务器中加载 IOS 系统文件），至于到底采用哪个 IOS，可通过命令设置指定。

（4）IOS 装载完毕后，系统就在 NVRAM 中搜索保存的 startup-config 配置文件，若存在，则将该文件调入 RAM 中并逐条执行。否则，系统要求采用对话方式询问路由器的初始配置，如果在启动时不想进行这些配置，就放弃对话方式，进入 Setup 模式，以便以后用命令行方式进行路由器的配置。路由器的初始配置包括：

① 设置路由器名。

② 设置进入特权模式的密文。

③ 设置进入特权模式的密码。

④ 设置虚拟终端访问的密码。

⑤ 询问是否要设置路由器支持的各种网络协议。

⑥ 配置 Fast Ethernet0/0 接口。

⑦ 配置 Serial0 接口。

⑧ 配置 NAT、ACL 与默认路由。

（5）运行经过配置的 IOS 软件。

4.1.3　路由器的配置模式

与交换机配置模式类似，路由器的配置模式主要有以下几种。

（1）用户模式（user mode），提示符为>。

（2）特权模式（privileged mode），提示符为#。

（3）全局配置模式（global config mode），提示符为 router (config) #。

（4）子模式（sub-mode）：

① 接口模式（interface mode），提示符为 router (config-if) #。

② 线路模式（line Mode），提示符为 router (config-line) #。

③ 路由模式（router mode），提示符为 router (config-router) #。

更多配置模式和提示符如表 4-1 所示。模式之间的转换如图 4-2 所示。

表 4-1　配置模式和提示符

提　示　符	配 置 模 式	描　　述
Router＞	用户 EXEC 模式	查看有限的路由器信息
Router#	特权 EXEC 模式	详细地查看、测试、调试和配置命令
Router (config) #	全局配置模式	修改高级配置和全局配置
Router (config-if) #	接口配置模式	执行用于接口的命令
Router (config-subif) #	子接口配置模式	执行用于子接口的命令
Router (config-controller) #	控制器配置模式	配置 T1 或 E1 接口
Router (config-map-list) #	映射列表	映射列表配置
Router (config-map-class) #	映射类	映射类配置
Router (config-line) #	线路配置模式	执行线路配置命令
Router (config-router) #	路由引擎配置模式	执行路由引擎命令
Router (config-router-map) #	路由映射配置模式	路由映射配置

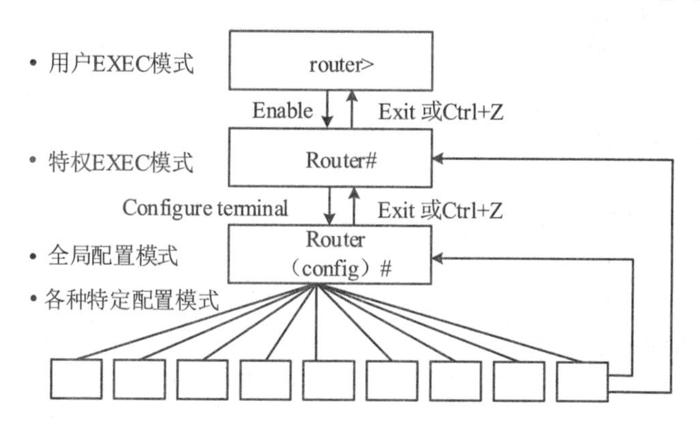

图 4-2　路由器配置模式

提示：在任何配置模式或配置子模式下输入 exit 命令，则返回上一级模式。在用户模式下输入 exit 会完全退出路由器。

若按 Ctrl+Z 组合键或输入 end 命令，就可以马上回到特权模式提示符（Router#）。

任务实施

任务目标：

❖　能够通过控制台端口对路由器进行初始配置。

❖ 能够配置路由器的各种口令。
❖ 能够对路由器进行基本配置。
❖ 能够利用 show 命令查看路由器的各种状态。

实验拓扑：

本工作任务的拓扑结构图如图 4-3 所示，连接硬件和设置 IP 地址，通过反转线将路由器的 Console 口和计算机 PCA 的 COM 连接起来，采用交叉线将路由器的 F0/0 和 PCA 的网口连接起来。

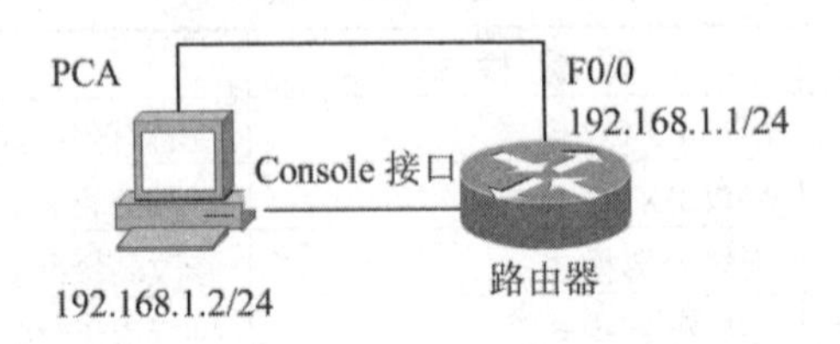

图 4-3　拓扑结构图

实验步骤：

第 1 步：硬件连接。

按照图 4-3 所示通过反转线将路由器的 Console 口和计算机的 COM 连接起来。

第 2 步：打开超级终端并设置通信参数。

参见交换机部分。

第 3 步：路由器开机。

关闭路由器电源，稍后重新打开电源，观察路由器的开机过程，如下：

```
System Bootstrap, Version 12.4(lr) [hqluong lr], RELEASE SOFTWARE (fcl)
//以上显示BOOT ROM的版本
Copyright (c) 2005 by CISCO Systems, Inc.
Initializing memory for ECC
c2821 processor with 262144 Kbytes of main memory Main memory is configured to 64 bit mode with ECC enabled
//以上显示路由器的内存大小
Readonly ROMMON initialized
program load complete, entry point: 0x8000f000, size: 0x274bf4c Self decompressing the image :
################## [OK]
//以上是IOS解压过程
```

Setup 模式所提供的配置过程是：路由器在控制台输出信息，提出问题，用户用键盘回答这些问题。路由器提出的问题都是有关路由器的一些基本配置参数，用户回答这些问题，路由器产生相应的命令。路由器通常也会提供默认的选项，显示在括号中。在 Setup 模式中，用户可以随时按 Ctrl+C 键退出这个过程。

如果完成了 Setup 的过程，路由器就搜集到了它启动一些基本功能（包括路由器数据包）所需的参数。当然，用户也可以在最后选择是否使用这些在 Setup 模式中获得的信息。在 Setup 模式最后给出 3 个选项。

```
[0]Go to the IOS command prompt without saving this config.
[1]Return    back to the setup without saving this config.
[2]Save this configuration to nvram and exit.Enter your selection[2]:
```

每个选项都有很明确的意义，解释如下：

[0]：忽略在 Setup 模式中做出的所有回答，并回到用户模式。选择这个选项的结果就是路由器依然没有任何配置。

[1]：用户的回答有一些错误，所以忽略在 Setup 模式中做出的所有回答。重新启动 Setup 模式。

[2]：使用 Setup 模式中的回答，在 NVRAM 中建立启动配置文件，在内存中建立运行配此文件（用户也可以看到用户模式的提示符）。默认选择选项[2]。

第 4 步：各种工作模式的切换。

连接到路由器后，默认进入用户模式，系统提示“>”。输入相应的命令进入特权模式、全局模式、子模式，并在这些模式中切换，熟练掌握不同模式下的常用命令。

```
Router>                                       //用户模式
Router> enable
Router#                                       //特权模式
Router# configure terminal
Router(config)#                               //全局模式
Router(config)# interface fa0/0
Router(config-if)#
```

方法 1：直接退出到全局模式。

```
Router(config-router)# end (Ctrl+Z)           //子模式，路由器模式
```

方法 2：退出到特权模式，再进入全局模式。

```
Router(config-router)# exit
Router(config)# exit (end，Ctrl+Z)
Router# disable                               //特权模式
Router>                                       //用户模式
```

第 5 步：命名路由器。

```
Router> enable
Router# configure terminal
Router(config)#Router(config)# hostname Lab-A     //命名路由器，Lab-A
```

第 6 步：配置进入特权模式的密码，即 enable 密码。

```
Lab-A (config)#
Lab-A (config)# enable password cisco         //明文密码
Lab-A (config)# show run
Lab-A (config)# enable password cisco         //明文，未加密
Lab-A (config)# enable secret cisco           //密文密码
Lab-A (config)# show run
enable secret 5 $1$emBK$WxqLahy7YO            //密码被加密
```

第 7 步：配置 Telnet 登录密码。

```
Lab-A (config)# line vty 0 4                                    //进入控制线路配置模式
Lab-A (config-line)# login                                      //开启登录密码保护
Lab-A (config-line)# password cisco
Lab-A(config-line)# exit
Lab-A(config)#
```

第 8 步：配置串行口。

```
Lab-A # config t                                                //输入TAB，可能补全命令
Lab-A (config)# interface s0/0                                  //进入串行口模式
Lab-A (config-if)# clock rate 64000                             //DCE 端配置时钟
Lab-A (config-if)# ip address 192.168.100.1 255.255.255.0       //配置接口 IP 地址和网络掩码
Lab-A (config-if)# no shut                                      //开启接口
Lab-A (config-if)# exit
Lab-A(config)#
```

第 9 步：配置以太口。

```
Lab-A(config)#
Lab-A (config)# interface fa 0/0                                //进入以太口模式
Lab-A (config-if)# ip address 192.168.1.1 255.255.255.0         //配置接口 IP 地址和网络掩码
Lab-A (config-if)# no shut                                      //开启接口
```

第 10 步：配置登录提示信息。

```
Lab-A# config t
Lab-A (config)# banner motd #Welcome to MyRouter#               //“#”为特定的分隔符号
```

第 11 步：路由器 show 命令解释。

show 命令可以同时在用户模式和特权模式下运行，用“show ？”命令提供一个可利用的 show 命令列表。

```
Lab-A# show interfaces
//显示所有路由器端口状态，如果想要显示特定端口的状态，可以输入“show inter-
faces”，后面跟上特定的网络接口和端口号即可
Lab-A# show controllers serial                  //显示特定接口的硬件信息
Lab-A# show clock                               //显示路由器的时间设置
Lab-A# show hosts                               //显示主机名和地址信息
Lab-A# show users                               //显示所有连接到路由器的用户
Lab-A# show history                             //显示输入过的命令历史列表
Lab-A# show flash                               //显示flash存储器信息以及存储器中的IOS映象文件
Lab-A# show version                             //显示路由器信息和IOS信息
Lab-A# show arp                                 //显示路由器的地址解析协议列表
Lab-A# show protocol                            //显示全局和接口的第三层协议的特定状态
Lab-A# show startup-configuration               //显示存储在非易失性存储器（NVRAM）的配置文件
Lab-A# show running-configuration               //显示存储在内存中的当前正确配置文件
Lab-A# show interfaces s 1/2                    //查看端口状态
Lab-A# show ip interface brief                  //显示端口的主要信息
```

第 12 步：使用“?”。

```
Lab-A# clock
Lab-A# clock ?                              //使用“？”进行逐级命令提示
Lab-A# clock set ?
Lab-A# clock set 10:30:30 ?
Lab-A# clock set 10:30:30 20 oct ?
Lab-A# clock set 10:30:30 20 oct 2002?
Lab-A# show clock
```

任务 4.2　静态路由与默认路由

任务描述

3 个互相分隔的校区可以看成 3 个独立的子网络，如果需要实现多个独立的子网络之间的互联互通，静态路由技术是最简单的技术。

知识引入

所谓路由，就是指通过相互连接的网络，把信息从源地点移动到目标地点的活动，一般是通过路由器将一个接口接收到的数据包转发到另外一个接口，信息由此就从一个网络传递到另一个网络。一般在路由过程中，信息至少会经过一个或多个中间节点，在传输路径上至少遇到一台转发的路由器设备。路由器在路由过程中需要完成两种功能：为包选路径和转发数据。网络中的数据包在到达目的地之前，必须经过 Internet 上众多的通信路由器，寻找道路（路由），层层转发，接力传递到目的网络。在本任务中，可了解以下知识点：

❖ 路由原理。
❖ 静态路由。
❖ 默认路由。

4.2.1　路由原理

在一个网络中，选择通信流量的路径发生在网络层。路径选择的功能使得路由器能够评估到目的地的可用路径，并为数据包确定首选路径。路由选择服务使用网络拓扑信息来评估网络中的各条路径。该信息可以由网络管理员配置，也可以由网络中运行的动态路由进程收集。

网络层利用 IP 路由选择表将数据包从源网络发送至目的网络。路由器确定使用哪条路径之后，就对该数据包进行转发。路由器从一个接口接收数据包，然后根据它到达目的地的最佳路径将其转发到另外一个接口。

1. 路由过程

路由是把数据从一个网络转发到另一个网络的过程，完成这个过程的设备就是路由器。数据在网络中是以数据包为单元进行转发的。每个数据包都携带两个逻辑地址（IP 地址），一个是数据的源地址，另一个是数据要到达的目的地址，所以每个数据包都可以被独立地转发。下面以图 4-4 所示网络为例来解释路由的过程。

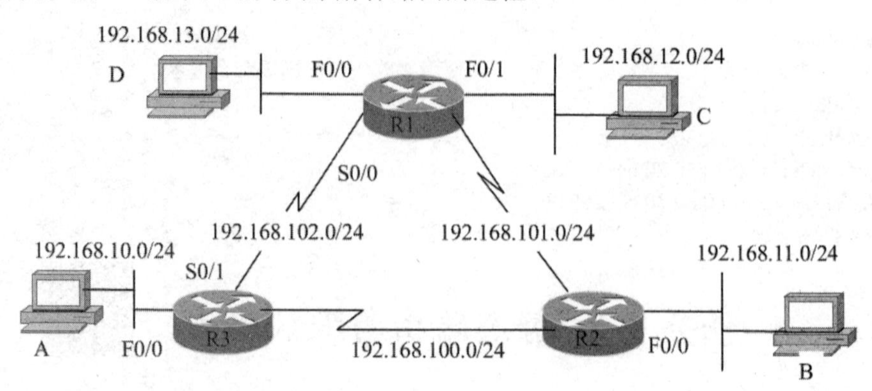

图 4-4　路由过程

图 4-4 中由 3 台路由器（Rl、R2、R3）把 4 个网络连接起来，4 个网络分别是 192.168.10.0/24、192.168.11.0/24、192.168.12.0/24、192.168.13.0/24，3 台路由器的互连又需要 3 个网络，分别是 192.168.100.0/24、192.168.101.0/24、192.168.102.0/24。

假设主机 A 向主机 C 发送数据，而主机 A 和主机 C 不在一个网络，数据要到达主机 C 需要经过两个路由器。主机 A 如何知道主机 C 在哪里呢？主机 A 上配置了 IP 地址和子网掩码，知道自己的网络号是 192.168.10.0，它把主机 C 的 IP 地址（主机 A 知道）与自己的掩码做“与”运算，可以得知主机 C 的网络号是 192.168.12.0。显然两者不在同一个网络中，这就需要借助路由器来相互通信。路由器就像是邮局，用户把数据送到路由器后，具体怎么“传递”就是路由器的工作了。所以，主机 A 得知目的主机与自己不在同一个网络时，它只需将这个数据包送到距它最近的 R3 就可以了，这就像我们只需把信件投递到离我们最近的邮局一样。

在主机 A 中，除了配置 IP 地址与子网掩码，还配置了另外一个参数——默认网关，其实就是路由器 R3 与主机 A 处于同一网络的接口（F0/0）的地址。在主机 A 上设置默认网关的目的是把去往不同于自己所处的网络的数据发送给默认网关。只要找到了 F0/0 接口就等于找到了 R3。为了找到 R3 的 F0/0 接口的 MAC 地址，主机 A 使用了地址解析协议（ARP），获得了必要信息后，主机 A 就开始封装数据包：

❖ 把 F0/0 接口的 MAC 地址封装在数据链路层的目的地址域。
❖ 把自己的 MAC 地址封装在数据链路层的源地址域。
❖ 把自己的 IP 地址封装在网络层的源地址域。
❖ 把主机 C 的 IP 地址封装在网络层的目的地址域。

之后，把数据发送出去。

路由器 R3 收到主机 A 送来的数据包后，把数据包解开到第三层，读取数据包中的目的 IP 地址，然后查阅路由表，决定如何处理数据。路由表是路由器工作时的向导，是转发数据的依据。如果路由器表中没有可用的路径，路由器就会把该数据丢弃。路由表中记录有以下内容：

❖ 已知的目标网络号（目的地网络）。

- 到达目标网络的距离。
- 到达目标网络应该经由自己哪一个接口。
- 到达目标网络的下一台路由器的地址。

路由器使用最近的路径转发数据，把数据交给路径中的下一台路由器，并不负责把数据送到最终目的地。

在图 4-4 中，R3 有两种选择，一种选择是把数据交给 R1，一种选择是把数据交给 R2。经由哪一台路由器到达目标网络的距离近，R3 就把数据交给哪一台。在这里假设经由 R1 比经由 R2 近。R3 决定把数据转发给 R1，而且需要从自己的 S0/1 接口把数据送出。为了把数据送给 R1，R3 也需要得到 R1 的 S0/0 接口的数据链路层地址。由于 R3 和 R1 之间是广域网链路，因此不使用 ARP，根据不同的广域网链路类型使用的方法不同。获取了 R1 接口 S0/0 的数据链路层地址后，R3 重新封装数据：

- 把 R1 的 S0/0 接口的物理地址封装在数据链路层的目标地址域中。
- 把自己 S0/1 接口的物理地址封装在数据链路层的源地址域中。
- 网络层的两个 IP 地址没有替换。

之后，把数据发送出去。

R1 收到 R3 的数据包后所做的工作跟前面 R3 所做的工作一样（查阅路由表）。不同的是在 R1 的路由表里有一条记录，表明它的 F0/1 接口正好和数据声称到达的网络相连，也就是说主机 C 所在的网络和它的 F0/1 接口所在的网络是同一个网络。R1 使用 ARP 获得主机 C 的 MAC 地址并把它封装在数据帧头内，之后把数据传送给主机 C。

至此，数据传递的一个单程完成了。

主机 C 回应给主机 A 的数据经过同样的处理过程到达目的地（主机 A），只不过数据包中的目的地 IP 地址是主机 A 的地址，先经过 R1，再到达 R3，最后到达主机 A。

从上面的过程可以看出，为了能够转发数据，路由器必须对整个网络拓扑有清晰的了解，并把这些信息反映在路由表里，当网络拓扑结构发生变化的时候，路由器也需要及时在路由表里反映这些变化，这样的工作被看作路由器的路由功能。路由器还有一项独立于路由功能的工作——交换/转发数据，即把数据从进入接口转移到外出接口。

2. 路由器的路由动作

路由器通常用来将数据包从一条数据链路传送到另外一条数据链路。这其中使用了两项功能，即寻径和转发。

（1）寻径功能：寻径即判定到达目的地的最佳路径，由路由选择算法来实现。为了判定最佳路径，路由选择算法必须启动并维护包含路由信息的路由表。路由选择算法将收集到的不同信息填入路由表中，根据路由表将目的网络与下一站的关系告诉路由器。路由器间互通信息进行路由更新，更新维护路由表使之正确反映网络的拓扑变化，并由路由器根据量度来决定最佳路径，这就是路由选择协议（routing protocol）。常用的路由选择协议有路由信息协议（RIP）、内部网关路由协议（IGRP）、增强内部网关路由协议（EIGRP）以及开放式最短路径优先（OSPF）路由选择协议等。

（2）转发功能：转发即沿寻径好的最佳路径传送信息分组。路由器首先在路由表中查找，判明是否知道如何将分组发送到下一个站点（路由器或主机），如果路由器不知道如何发送分组，通常将该分组丢弃；否则就根据路由表里的相应表项将分组发送到下一个站点，如果目的网络直接与路由器相连，路由器就把分组直接送到相应的接口上，这就是路由转发协议（routed protocol），如 IP 协议、IPX 协议等。

3. 路由表

路由选择协议建立和维护路由表来容纳路由信息，如图 4-5 所示。根据所使用的路由选择协议不同，路由信息也会有所不同。路由选择协议以多种信息来填充路由选择表。

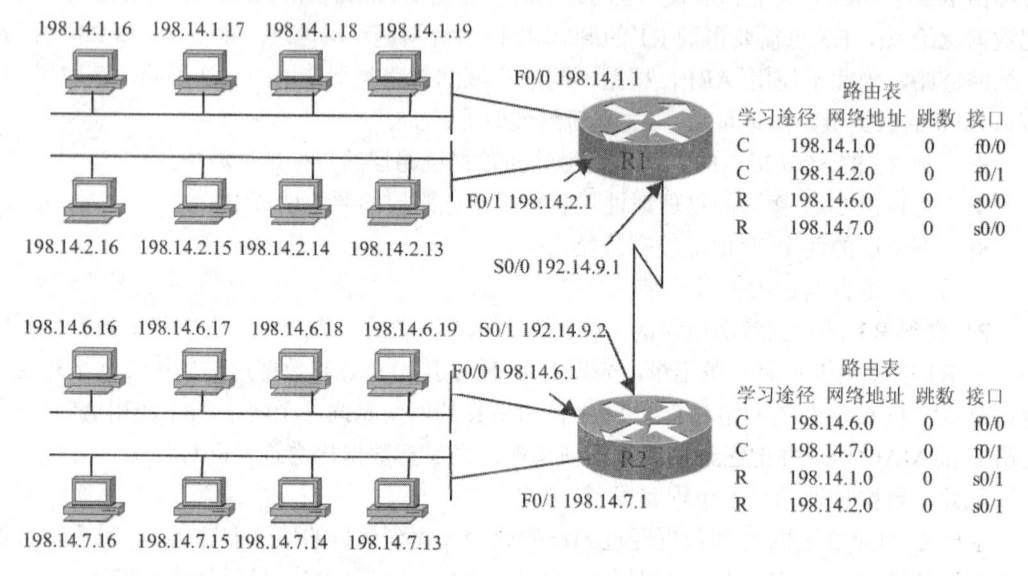

图 4-5 路由选择表

路由器在路由表中保存着重要的信息。

❖ 信息类型：创建路由表条目的路由选择协议的类型。
❖ 目的地/下一跳：告诉路由器特定的目的地是直接连接在路由器上还是通过另一个路由器到达，这个位于到达最终目的地途中的路由器叫作下一跳。当路由器接收到一个入站分组时，它就会查找目的地地址并试图将这个地址与路由选择表条目匹配。
❖ 路由选择度量标准：不同的路由选择协议使用不同的路由选择度量标准。路由选择度量标准用来判别路由的好坏。例如，RIP 使用跳数作为度量标准值，IGRP 使用带宽、负载、延迟、可靠性来创建合成的度量标准值。
❖ 出站接口：数据必须从这个接口被发送出去以到达最终目的地。

路由器之间通信，通过传送路由选择更新消息来维护它们的路由表。根据特定的路由选择协议，更新消息可以周期性地发送或者仅仅当网络拓扑中有变化的时候才发送。路由选择协议也决定在路由更新的时候是仅仅发送有变化的路由还是发送整个路由表。通过分析来自邻近路由器的路由选择更新，路由器能够建立和维护自己的路由表。

4. 路由的种类

新的路由器中没有任何地址信息，路由表也是空的，路由都是通过路由协议学习到的。根据路由器学习路由的方法不同，路由可分为直连路由、静态路由和动态路由 3 种。

1）直连路由

与路由器的接口直接相连的子网称为直连子网。路由器会自动地将直连子网的路由加入它们的 IP 路由表中，不需要网络管理员配置。生成直连路由的条件有两个：端口配置了网络地址，并且这个端口物理链路是连通的。相应的路由表可以通过 show ip route 命令查询，如图 4-6 所示。

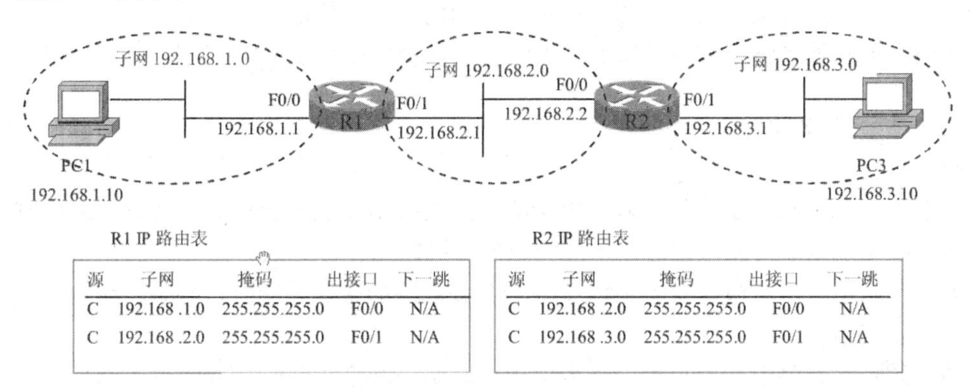

R1 IP 路由表

源	子网	掩码	出接口	下一跳
C	192.168 .1.0	255.255.255.0	F0/0	N/A
C	192.168 .2.0	255.255.255.0	F0/1	N/A

R2 IP 路由表

源	子网	掩码	出接口	下一跳
C	192.168 .2.0	255.255.255.0	F0/0	N/A
C	192.168 .3.0	255.255.255.0	F0/1	N/A

图 4-6　R1 和 R2 上的直连路由

在直连路由中，路由表由以下域组成。

（1）来源（source）：说明路由器是如何学习到该路由的，也就是路由信息的来源。C 代表“直连”。

（2）子网/掩码（subnet/mask）：这两个域一起定义了一组 IP 地址，要么是一个 IP 网络，要么是一个 IP 子网。

（3）出接口（outint）：“输出接口”的缩写。这个域告诉路由器想要向路由表条目中列出的子网发送数据包时，应该从哪个接口向外转发。

（4）下一跳（next-hop）：“下一跳路由器”的简称。对于直连子网来说，这个域没有意义。对于要将包转发到另一台路由器的路由器来说，这个域列出了要转发的路由器的 IP 地址。

2）静态路由

所谓静态路由，是指网络管理员根据其所掌握的网络连通信息以手工配置方式添加路由到路由器的 IP 路由表中，这种方式要求网络管理员对网络的拓扑结构和网络状态有非常清晰的了解，而且当网络连通状态发生变化时，静态路由的更新也要通过手工方式完成。

例如，在图 4-6 中，路由器 R1 需要添加一条能够到达最右边的子网 192.168.3.0 的路由。我们就能够使用命令行 ip route 192.168.3.0 255.255.255.0 192.168.2.2 对 Rl 进行配置，那么在 R1 的路由表中就会加入以下条目：

S 192.168.3.0 255.255.255.0 f0/1 192.168.2.2

S 是指这条路由是通过静态配置命令获取的。

3）动态路由（通过路由协议学习路由）

当网络规模增大或网络中的变化因素增加时，依靠手工方式生成和维护一个路由表会变得不可想象，同时静态路由也很难及时适应网络状态的变化。此时希望有一种能自动适应网络状态变化而对路由表信息进行动态更新和维护的路由生成方式，这就是动态路由。

动态路由是指路由协议通过自主学习而获得路由信息，通过在路由器上运行路由协议并进行相应的路由协议配置即可保证路由器自动生成并维护正确的路由信息。使用路由协议动态构建的路由表不仅能更好地适应网络状态的变化，如网络拓扑和网络流量的变化，也减少了人工生成与维护路由表的工作量。但为此付出的代价则是用于运行路由协议的路由器之间交换和处理路由更新信息而带来的资源耗费，包括网络带宽和路由器资源的占用。

4.2.2 静态路由

静态路由是由网络管理员输入路由器的，当网络拓扑发生变化而需要改变路由时，网络管理员必须手工改变路由信息，不能动态反映网络拓扑。

静态路由不会占用路由器的 CPU、RAM 和线路的带宽。同时，静态路由也不会把网络的拓扑暴露出去。

通过配置静态路由，用户可以人为地指定对某一网络访问时所要经过的路径，在网络结构比较简单且一般到达某一网络所经过的路径唯一的情况下采用静态路由。静态路由不需要使用路由协议，但需要由路由器管理员手工更新路由表。通常只能在网络路由相对简单、网络与网络之间只能通过一条路径路由的情况下使用静态路由。

1. 静态路由的一般配置步骤

（1）为路由器每个接口配置 IP 地址。

（2）确定本路由器有哪些直连网段的路由信息。

（3）确定整个网络中还有哪些属于本路由器的非直连网段。

（4）添加所有本路由器要到达的非直连网段相关的路由信息。

2. 静态路由描述转发路径的两种方式

（1）指向本地接口（即从本地某接口发出）。

（2）指向下一跳路由器直连接口的 IP 地址（即将数据包交给 X.X.X.X）。

3. 静态路由配置命令

（1）配置静态路由用命令 ip route。

```
router(config)# ip route [网络编号] [子网掩码] [转发路由器的 IP 地址/本地接口]
```

（2）删除静态路由命令用[网络编号] [子网掩码]，例如：

```
router(config)# no    ip route 192.168.10.0 255.255.255.0 serial 1/2
router(config)#no ip route 192.168.10.0 255.255.255.0 172.16.2.1
```

4. 静态路由配置实例

如图 4-7 所示，对于 R1 路由器，F0/0 以太网接口直接和 192.1.1.0/24 子网连接，S0/0 接口直接和 192.2.10.0/24 连接。因此 R1 知道要到达这两个直连子网的数据包应该从哪个端口转发，但是 R1 并不知道要到达 192.2.20.0/24 和 192.2.2.0/24 子网的数据包应从哪个端口转发，这时可以配置静态路由。

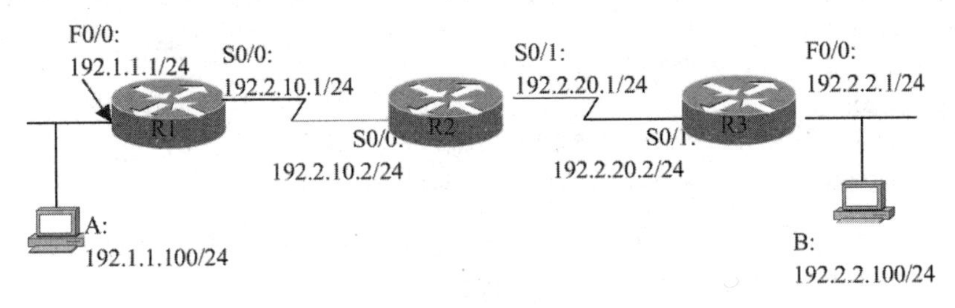

图 4-7　静态路由配置实例

配置如下：

```
Rl(config)ip route 192.2.20.0 255.255.255.0 s0/0
Rl(config) ip route 192.2.2.0 255.255.255.0 s0/0
```

或

```
Rl(config)ip route 192.2.20.0 255.255.255.0 192.2.10.2
Rl(config) ip route 192.2.2.0 255.255.255.0 192.2.10.2
```

路由器的完整配置过程如下。

（1）R1 路由器的配置过程：

```
Rl>
R1#conf t
Rl(config)#int f0/0
Rl(config-if)#ip adderss 192.1.1.1 255.255.255.0
Rl(config-if)#int s0/0
Rl(config-if)#ip adderss 192.2.10.1 255.255.255.0
Rl (config-if)#exit
Rl(config)ip route 192.2.20.0 255.255.255.0 192.2.10.2
Rl(config) ip route 192.2.2.0 255.255.255.0 192.2.10.2
```

（2）R2 路由器的配置过程：

```
R2>
R2#conf t
R2(config)#int s0/0
R2(config-if)#ip adderss 192.2.10.2 255.255.255.0
R2(config-if)#int s0/1
R2(config-if)#ip adderss 192.2.20.1 255.255.255.0
R2(config-if)#clock rate 64000
R2(config-if)#exit
R2(config)# ip route 192.1.10.0 255.255.255.0 192.2.10.1
```

```
R2(config)# ip route 192.2.2.0 255.255.255.0 192.2.20.2
```

（3）R3 路由器的配置过程：

```
R3>
R#conf t
R3(config)#int f0/0
R3(config-if)#ip adderss 192.2.2.1 255.255.255.0
R3 (config-if)#int s0/1
R3(config-if)#ip adderss 192.2.20.2 255.255.255.0
R3(config-if)#exit
R3(config)# ip route 192.1.1.0 255.255.255.0 192.2.20.1
R3(config)# ip route 192.2.10.0 255.255.255.0 192.2.20.1
```

配置好 3 台路由器后，将计算机 A 的网关设为 192.1.1.1，而将计算机 B 的网关设为 192.2.2.1，计算机 A、B 应该能够互相 ping 成功。

配置了静态路由后，可以使用 show ip route 命令查看路由表，使用 show interface 命令查看接口的状态、IP 地址等信息。

4.2.3 默认路由

默认路由是指路由器没有明确路由可用时所采纳的路由，或者叫最后的可用路由。当路由器不能用路由表中的一个更具体条目来匹配一个目的网络时，它就将使用默认路由，即“最后的可用路由”。实际上，路由器用默认路由将数据包转发给另一台路由器，这台新的路由器必须要么有一条到目的地的路由，要么有它自己的到另一台路由器的默认路由，这台新的路由器依次也必须要么有具体路由，要么有另一条默认路由。依此类推。最后数据包应该被转发到真正有一条到目的地网络的路由器上。没有默认路由，目的地址在路由表中无匹配表项的包将被丢弃。

默认路由一般是处于整个网络边缘的路由器，这台路由器被称为默认网关，它负责所有的向外连接任务，如图 4-8 所示。默认路由也需要手工配置。

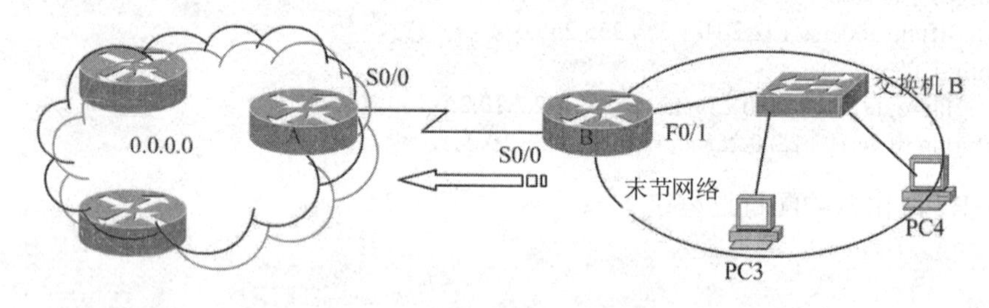

图 4-8　默认路由的末端网络

默认路由可以尽可能地将路由表的大小保持得很小，它们使路由器能够转发目的地为任何 Internet 主机的数据包而不必为每个 Internet 网络都维护一个路由表条目。

默认路由可由管理员静态地输入或者通过路由选择协议被动地学到。

1. 默认路由的命令

配置默认路由通常有两种方法。

1）0.0.0.0 路由

创建一条到 0.0.0.0/0 的 IP 路由是配置默认路由最简单的方法。

在全局配置模式下建立默认路由的命令格式为：

```
router (config) #ip route 0.0.0.0 0.0.0.0 {next-hop-ip|interface}[distance]
```

其中，{next-hop-ip|interface}为相邻路由器的相邻端口地址或本地物理端口号。

对于 Cisco IOS，网络 0.0.0.0/0 为最后的可用路由有特殊的意义。所有的目的地址都匹配这条路由，因为全为 0 的掩码不需要对在一个地址中的任何比特进行匹配。到 0.0.0.0/0 的路由经常被称为“4 个 0 路由”。

图 4-7 中路由器 R3 除了与路由器 R2 相连，不再与其他路由器相连，所以也可以为它赋予一条默认路由以代替以上的两条静态路由。

```
Router3 (config) #ip route 0.0.0.0 0.0.0.0 192.2.20.1
```

即只要没有在路由表里找到去特定目的地址的路径，则数据均被路由到地址为 192.2.20.1 的相邻路由器。

2）default-network 路由

ip default-network 命令可以被用来标记一条到任何 IP 网络的路由，而不仅仅是 0.0.0.0/0，作为一条候选默认路由，其命令语法格式如下：

```
router (config) #ip default-network network
```

候选默认路由在路由表中是用星号标注的，并且被认为是最后的网关。

2. 默认路由配置实例

如图 4-9 所示，如果采用静态路由进行配置，在 R1 路由器上要配置多个路由。例如：

```
Rl (config)#ip route 192.2.3.0 255.255.255.0 192.2.2.2
Rl (config)#ip route 192.2.4.0 255.255.255.0 192.2.2.2
Rl (config)#ip route 192.2.5.0 255.255.255.0 192.2.2.2
Rl (config)#ip route 192.2.6.0 255.255.255.0 192.2.2.2
Rl (config)#ip route 192.2.7.0 255.255.255.0 192.2.2.2
Rl (config)#ip route 192.2.8.0 255.255.255.0 192.2.2.2
```

对于 Rl 路由器，只要不是到 F0/0 和 F0/0 直连网络的数据包，就必须从 192.2.2.2 转发出去。这时候，使用默认路由更为简单。可以用下面一条路由代替：

```
Rl(config)#ip route 0.0.0.0 0.0.0.0 192.2.2.2
```

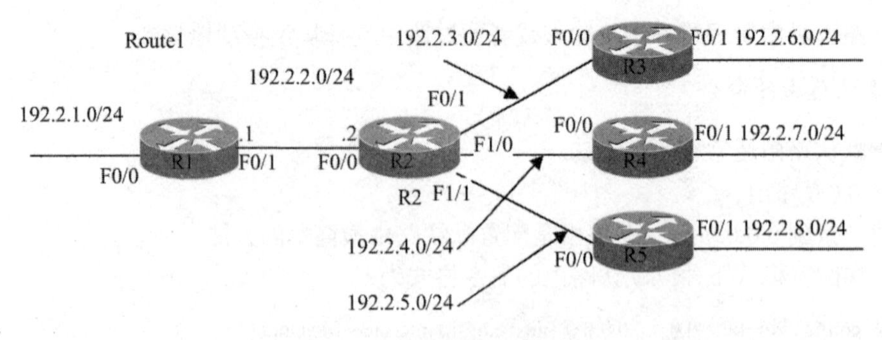

图 4-9　默认路由配置拓扑

任务实施

任务目标：

❖　熟悉路由器各种接口配置方法。

❖　熟悉路由器静态路由的配置。

实验拓扑：

本任务拓扑结构图如图 4-10 所示。

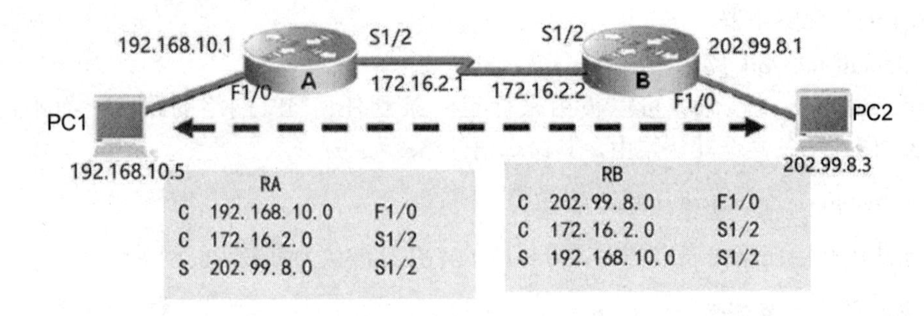

图 4-10　路由器静态路由

实验环境：

（1）在路由器 A 的 F1/0 端口上接 PC1，S1/2 端口上接路由器 B。

（2）在路由器 B 的 F1/0 端口上接 PC2，S1/2 端口上接路由器 A。

（3）配置 PC1 和 PC2 两台主机的 IP 地址。

① PC1 地址为 192.168.10.5，子网掩码为 255.255.255.0，网关为 192.168.10.1。

② PC2 地址为 202.99.8.3，子网掩码为 255.255.255.0，网关为 202.99.8.1。

实验步骤：

第 1 步：配置路由器 A。

（1）配置接口基本信息。

```
Router>
Router> enable
Router# configure terminal
```

```
Router(config)# hostname RA
RA (config)# interface f1/0
RA (config-if)# ip address 192.168.10.1 255.255.255.0
RA (config-if)# no shutdown
RA (config-if)# exit
RA (config)# interface s1/2
RA (config-if)# ip address 172.16.2.1 255.255.255.0
RA (config-if)# no shutdown
RA (config-if)# exit
```

（2）配置接口时钟频率（DCE）。

```
RA (config)# interface serial 1/2
RA (config-if) # clock rate 64000
```

注意：检查接口连线上的 DCE 标记，在有 DCE 标记那头的路由器接口上设置接口物理时钟频率为 64 Kb/s，而在 DTE 标记那头的路由器接口上不必配置。

（3）配置静态路由。

```
RA (config)# ip route 202.99.8.0 255.255.255.0 172.16.2.2
```

或

```
RA (config)# ip route 202.99.8.0 255.255.255.0 s1/2
```

第 2 步：配置路由器 B。

（1）配置接口基本信息。

```
Router>
Router> enable
Router# configure terminal
Router(config)# hostname RB
RB (config)# interface f1/0
RB (config-if)# ip address 202.99.8.1 255.255.255.0
RB (config-if)# no shutdown
RB (config-if)# exit
RB (config)# interface s1/2
RB (config-if)# ip address 172.16.2.2 255.255.255.0
RB (config-if)# no shutdown
RB (config-if)# exit
```

（2）配置静态路由。

```
RA (config)# ip route 192.168.10.0 255.255.255.0 172.16.2.1
```

或

```
RA (config)# ip route 192.168.10.0 255.255.255.0 s1/2
```

第 3 步：测试结果。

（1）在 PC1 上 ping 192.168.10.1，能通。

（2）在 PC1 上 ping 172.16.2.2，能通。
（3）在 PC1 上 ping 202.99.8.1，能通。
（4）在 PC1 上 ping 202.99.8.3，能通。
第 4 步：验证命令。

```
RA (config)# show ip route
RA (config)# show ip int brief
RB (config)# show ip route
RB (config)# show ip int brief
```

拓展任务

任务目标：
熟悉路由器静态路由和默认路由的配置。
实验拓扑：
本任务路由配置如图 4-11 所示。

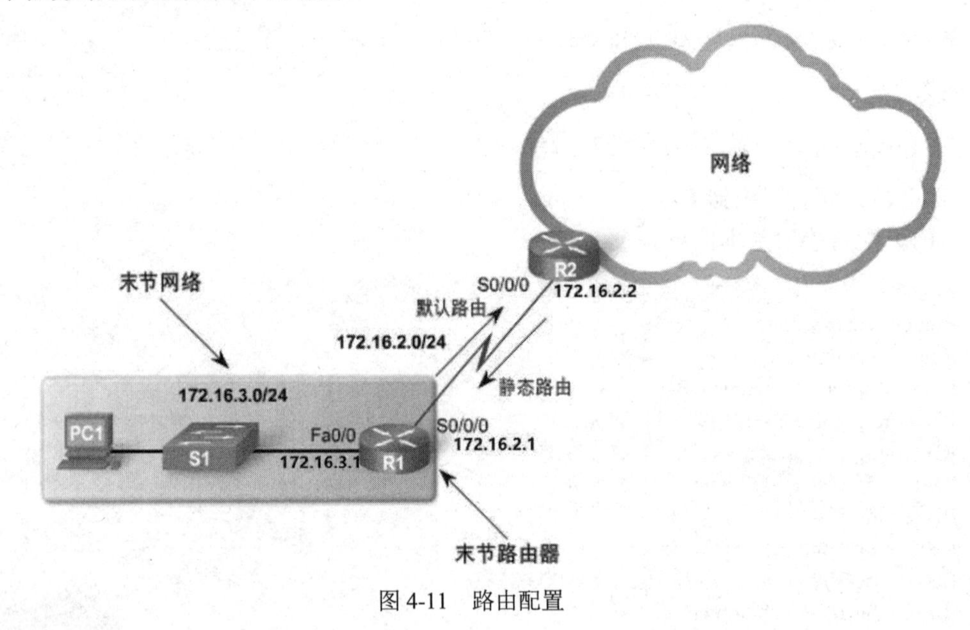

图 4-11　路由配置

实验环境：
（1）在路由器 R1 的 Fa0/0 口上接一台交换机 S1 和计算机 PC1。
PC1 地址为 172.16.3.2，子网掩码为 255.255.255.0，网关为 172.16.3.1。
（2）按图 4-11 连接路由器 R1 和 R2。
实验步骤：
第 1 步：配置路由器 R1。
（1）配置接口基本信息。

```
Router>
```

```
Router> enable
Router# configure terminal
Router(config)# hostname R1
R1 (config)# interface s0/0/0
R1 (config-if)# ip address 172.16.2.1 255.255.255.0
R1 (config-if)# no shutdown
R1 (config)# interface f0/0
R1 (config-if)# ip address 172.16.3.1 255.255.255.0
R1 (config-if)# no shutdown
```

（2）配置默认路由。

```
R1 (config)# ip route 0.0.0.0 0.0.0.0 172.16.2.2
```

第 2 步：配置路由器 R2。

配置接口基本信息。

```
Router>
Router> enable
Router# configure terminal
Router(config)# hostname R2
R2 (config)# interface s0/0/0
R2 (config-if)# ip address 172.16.2.2 255.255.255.0
R2(config-if)# no shutdown
R2 (config-if)# exit
```

第 3 步：测试结果。

在 PC1 上 ping 172.16.2.2，能通。

第 4 步：验证命令。

```
R1 (config)# show ip route
R1 (config)# show ip int brief
```

任务 4.3　RIP 动态路由实现网络连通

任务描述

3 个互相分隔的校区可以看成 3 个独立的子网络，如果需要实现多个独立的子网络之间的互联互通，RIP 动态路由技术是最好的技术。与管理员通过手工添加的静态路由技术相比，动态路由技术具有更好的灵活性。

知识引入

动态路由是通过网络中路由器相互间通信，传递路由信息，利用收到的路由信息动态更新路由表的过程。它能实时地适应网络拓扑结构的变化。如果路由更新信息表明发生了网络变化，路由选择算法就会重新计算路由，并发出新的路由更新信息。这些信息通过各个网络，引起各路由器重新启动其路由算法，并更新各自的路由表，以动态地反映网络拓扑变化。动态路由适用于网络规模大、拓扑结构复杂的网络。当然，各种动态路由协议会不同程度地占用网络带宽和 CPU 资源。动态路由协议从算法的角度分为距离矢量路由协议、链路状态路由协议。在本任务中，可了解以下知识点：

❖ RIP（路由信息协议）。
❖ RIP 的工作机制。
❖ 配置 RIP 路由。

4.3.1 RIP（路由信息协议）

1. 路由选择方式

网络中典型的路由选择方式有两种：静态路由和动态路由。静态路由是在路由器中设置固定的路由表。除非网络管理员干预，否则静态路由不会发生变化。由于静态路由不能对网络的改变做出反应，常用于网络规模不大、拓扑结构固定的网络中。在结构复杂、网络变化大的网络环境中，一旦网络结构发生变化，手动配置的静态路由往往无法及时进行相应的改变，在这种情况下，应该使用动态路由技术，保证网络的畅通。

动态路由技术的运行依赖于路由器的两个基本功能：对路由表的维护和路由器之间适时的路由信息交换。动态路由通过网络中的路由器自动学习网络中的路由信息，之间相互传递路由信息，利用收到的路由信息更新路由表，实时地适应网络结构的变化。配置有动态路由技术的路由器在网络路由发生变化时，相互连接的路由器彼此交换信息，然后按照一定的优化算法重新计算路由，并生成新的路由更新信息。此后这些更新的路由信息通过网络，引起互相连接网络中路由器及时更新各自的路由表，根据实际情况的变化适时地调整，以动态地反映网络拓扑变化。因此动态路由技术适用于网络规模大、结构复杂的网络。同样由于需要路由器及时计算，各种动态路由协议都会不同程度地占用网络带宽和 CPU 资源。

在结构复杂的网络中，什么样的路由器使用什么样的路由协议是由网络的管理策略直接决定的。一般中小型的网络，网络拓扑比较简单，不存在线路冗余等情况，所以通常采用静态路由的方式来配置。但是大型网络拓扑复杂，路由器数量多，线路冗余多，管理人员相对较少，要求管理效率高等，通常使用动态路由协议，适当地辅以静态路由的方式。

静态路由和动态路由有各自的特点和适用范围，在网络中动态路由通常作为静态路由的补充。当一个分组在路由器中进行寻径时，路由器首先查找静态路由，如果查到则根据相应的静态路由转发分组；否则再查找动态路由。

2. 距离矢量路由协议和链路状态路由协议

当网络结构发生变化时，相互连接的路由器间需要彼此交换信息，然后按照一定的路由算法重新计算路由，并发出新的路由更新信息。路由算法在初始化路由、维护路由表、选择最佳路径信息中起着至关重要的作用，采用何种算法往往决定了最终的寻径结果。常见的路由协议按照算法基本上有两类：距离矢量路由协议和链路状态路由协议。

距离矢量路由协议是为小型网络环境设计的，其名称中距离的意义是使用跳数作为度量值，计算到达目的地要经过的路由器数，根据距离的远近来决定最好的路径。距离矢量路由协议定期传送各自路由表信息给所有的邻居。

网络中的每一台路由器都从自己的邻居路由器获取路由信息，并将这些路由信息连同自己的本地路由信息发送给其他邻居，使相邻站点的路由选择表得到更新。这样一级一级地传递，直到全网同步。每台路由器都从邻居那里得到路由信息来更新自己的路由表，其所有的信息都是邻居“告诉”它的，因此距离矢量路由也称为基于“流言”的路由，可信度不高。

和距离矢量路由协议中每台路由器发送全部路由表给其邻居相比，链接状态路由协议中连接的每台路由器设备只把描述自己链接状态的部分路由信息传输到网络的骨干节点。也就是说，链接状态路由协议在网络中只传播较少的更新信息。因此在大型网络环境下，链接状态路由协议比距离矢量路由协议在学习路由及保持路由中产生较少的网络流量，占用更少的带宽，因此其工作效率也更高。

3. RIP 简介

RIP 最初是为 Xerox 网络系统 Xeroxparc 通用协议而设计的，是 Internet 中常用的路由协议。RIP 采用距离矢量算法，即路由器根据距离选择路由方式，所以也称为距离矢量协议。

路由器收集所有可到达目的地的不同路径，并且保存有关到达每个目的地的最少站点数的路径信息，除到达目的地的最佳路径外，任何其他信息均予以丢弃。同时路由器把所收集的路由信息用 RIP 通知相邻的其他路由器。这样，正确的路由信息逐渐扩散到全网。

RIP 的度量是基于跳数的，每经过一台路由器，路径的跳数加 1。这样，跳数越多，路径就越长，RIP 算法总是优先选择跳数最少的路径，它允许的最大跳数为 15，任何超过 15 跳数（如 16）的目的地均被标记为不可达。另外，RIP 每隔 30 秒向 UDP 端口 520 发送一次路由信息广播，广播自己的全部路由表，每一个 RIP 数据包包含一个指令、一个版本号和一个路由域以及最多 25 条路由信息（一个数据包内）。这也是造成网络广播风暴的重要原因之一，其收敛速度也很慢。所以 RIP 只适用于小型的同构网络。

RIP 目前有两个版本，第一版 RIPv1 和第二版 RIPv2，RIPv1 是有类别路由协议，它只支持以广播方式发布协议报文，RIPv1 的协议报文中没有携带掩码信息，它只能识别 A、B、C 类这样的自然网段的路由，因此 RIPv1 无法支持路由聚合，也不支持不连续子网。RIPv2 是一种无分类路由协议，与 RIPv1 相比，RIPv2 具有以下优势。

（1）支持外部路由标记（route tag），可以在路由策略中根据 tag 对路由进行灵活控制。

（2）报文中携带掩码信息，支持路由聚合和 CIDR（classless inter-domain routing）。

（3）支持指定下一跳，在广播网上可以选择到目的网段最优下一跳地址。

（4）支持以组播方式发送更新报文，只有支持 RIPv2 的设备才能接收协议报文，减少资源消耗。

（5）支持对协议报文进行验证，增强安全性。

4.3.2 RIP 的工作机制

下面以图 4-12、图 4-13、图 4-14 为例说明距离矢量算法的工作过程。

RIP 刚运行时，路由器之间还没有开始互发路由更新包。每个路由器的路由表里只有自己所直接连接的网络（直连路由），其距离为 0，是绝对的最佳路由，如图 4-12 所示。

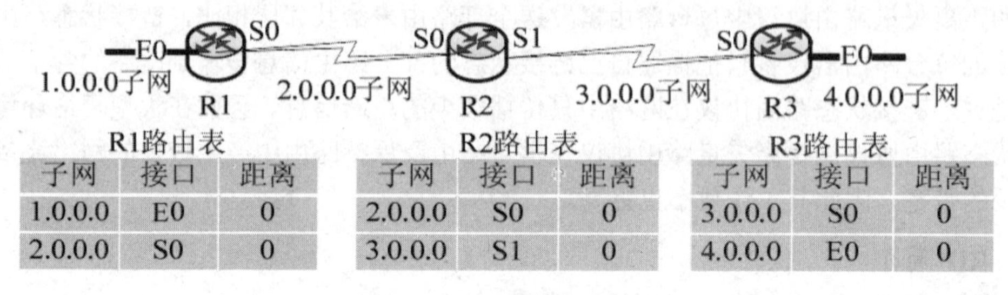

R1路由表

子网	接口	距离
1.0.0.0	E0	0
2.0.0.0	S0	0

R2路由表

子网	接口	距离
2.0.0.0	S0	0
3.0.0.0	S1	0

R3路由表

子网	接口	距离
3.0.0.0	S0	0
4.0.0.0	E0	0

图 4-12　路由表的初始状态

路由器知道了自己直接连接的子网后，就会向相邻的路由器发送路由更新包，这样相邻的路由器就会相互学习，得到对方的路由信息，并保存在自己的路由表中，如图 4-13 所示。路由器 R1 从路由器 R2 处学到 R2 所直接连接的子网 3.0.0.0，因为要经过 R2 到 R1，所以距离值为 1。

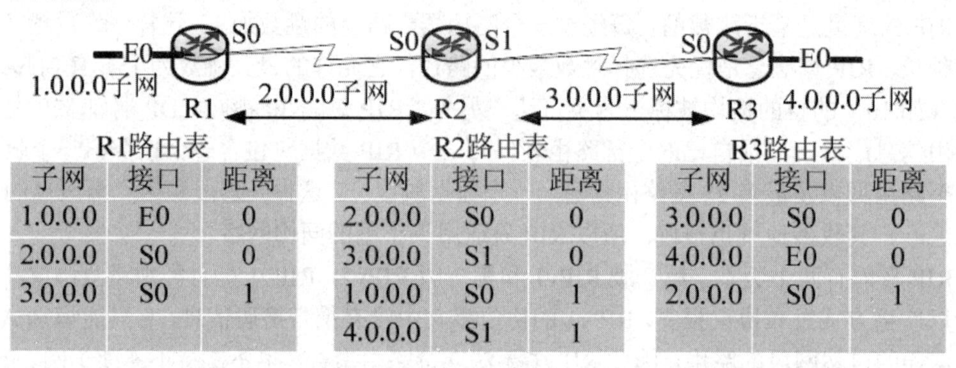

R1路由表

子网	接口	距离
1.0.0.0	E0	0
2.0.0.0	S0	0
3.0.0.0	S0	1

R2路由表

子网	接口	距离
2.0.0.0	S0	0
3.0.0.0	S1	0
1.0.0.0	S0	1
4.0.0.0	S1	1

R3路由表

子网	接口	距离
3.0.0.0	S0	0
4.0.0.0	E0	0
2.0.0.0	S0	1

图 4-13　路由器开始向邻居发送路由更新包，通告自己直接连接的子网

路由器把从邻居那里学来的路由信息放入路由表和路由更新包，再向邻居发送，一次一次地，路由器就可以学习到远程子网的路由了。如图 4-14 所示，路由器 R1 从路由器 R2 处学到路由器 R3 所直接连接的子网 4.0.0.0，并经过两跳，其距离值为 2；同时，路由器 R3 从路由器 R2 处学到路由器 R1 所直接连接的子网 1.0.0.0，其距离值也为 2。

正常情况下，配置 RIP 的路由器每隔 30 秒就可以收到一次来自邻居的路由更新信息；如果经过 180 秒，即 6 个更新周期，某台路由器中的一条路由项没有得到来自邻居的更新确认，路由器就认为该项路由已经失效；如果经过 240 秒，即 8 个更新周期，该路由项仍没有得到来自邻居的确认，它就被从路由表中删除。上面的 30 秒、180 秒和 240 秒的延时都是由计时器控制的，它们分别隶属于更新计时器（update timer）、无效计时器（invalid timer）和刷新计时器（flush timer）。

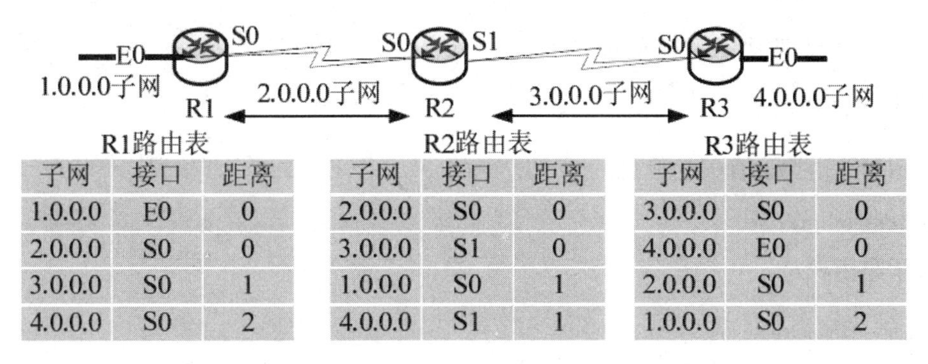

子网	接口	距离
1.0.0.0	E0	0
2.0.0.0	S0	0
3.0.0.0	S0	1
4.0.0.0	S0	2

子网	接口	距离
2.0.0.0	S0	0
3.0.0.0	S1	0
1.0.0.0	S0	1
4.0.0.0	S1	1

子网	接口	距离
3.0.0.0	S0	0
4.0.0.0	E0	0
2.0.0.0	S0	1
1.0.0.0	S0	2

图 4-14　路由器把从邻居那里学到的路由信息放进路由更新包，通告给其他邻居

RIP 虽然简单易行，并且久经考验，但是也存在着一些很严重的缺陷，主要有以下几点：过于简单，以跳数为依据计算度量值，经常得出非最优路由；度量值以 16 为极限，不适合大的网络；由于通过广播方式传输路由信息，安全性差，可接受来自任何设备的路由更新；不支持无类 IP 地址和 VLSM（variable length subnet mask，变长子网掩码）；收敛缓慢，时间经常大于 5 分钟；消耗带宽很大。

4.3.3　配置 RIP 路由

在使用 RIP 通信的网络中配置 RIP 路由，首先需要创建 RIP 路由进程，并定义与 RIP 路由进程关联的网络。需要注意的是，RIP 路由协议只和与自己使用相同协议的设备交换路由信息。

1. 路由配置命令

设置路由协议为 RIP。

```
Router(config)# router rip
```

定义版本号为 1 或 2，通常 1 为默认值。

```
Router(config-router)# version {1|2}
```

宣告指定的直连网络（接口）。

```
Router(config-router)# network network-number
```

其中，network-number（网络号）必须是路由器直连的网络；如果是第一版，这里必须是有类别的网络号，严格按 A、B、C 分类网络。

对于第一版，172.16.1.1 与 172.16.2.1 的网络属同一子网，通常在路由器中各接口应在不同的子网内，不准许这样不同的接口地址在同一子网中。对于第二版，172.16.1.1 与 172.16.2.1 的网络不属同一子网，可用以下语句分别指明两个直连的网络：

```
Router(config-router)# network 172.16.1.0
Router(config-router)# network 172.16.2.0
```

也可用 172.16.0.0 的主类网络来概括两个子网络：

```
Router(config-router)# network 172.16.0.0
```

2. 相关调试命令

显示与路由协议有关的信息。

```
Router#show ip protocol
```

显示路由表。

```
Router# show ip route
```

验证路由器接口的配置。

```
Router# show ip interface brief
```

显示本路由器发送和接收的 RIP 路由更新信息。

```
Router# Debug ip RIP
```

关闭调试功能，停止显示。

```
Router# no Debug all
```

任务实施

任务目标：

通过 RIP 动态路由实现区域网络连通。

本任务拓扑结构图如图 4-15 所示。

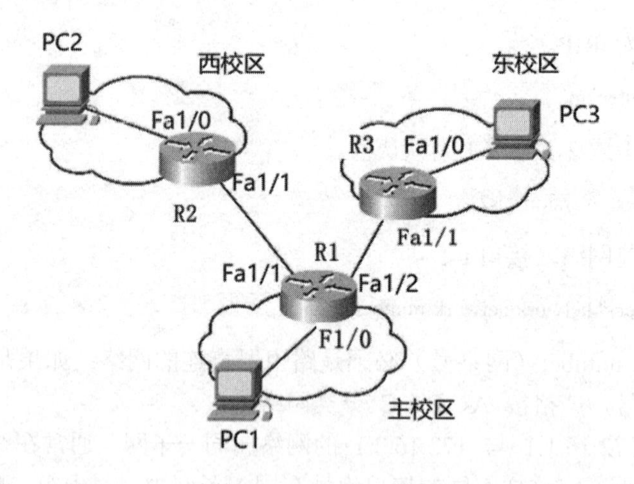

图 4-15　拓扑结构图

任务场景：

随着招生规模的连年扩大，A 校的校区由原来的一个老校园扩展为 3 个区域，为了适应校园整体信息化建设的需要，需要把分散的校园网络连为一体，实现互联互通。

如图 4-15 所示，要实现 A 校分散在两个校区和主校区骨干网络之间互相连接，左边路由器连接西校区，右边路由器连接东校区。其中园区网络的地址规划如表 4-2 所示。希望通过 RIP 版本 2 动态路由技术，实现分散园区网络之间互相连通。

表 4-2　A 校 3 个园区网络地址

区 域 网 络	设 备 名 称	设备及端口的配置地址		备　注
主校区	骨干路由器 R1	Fal/0	172.16.1.2/24	局域网端口，连接 PC1
		Fal/1	172.16.2.1/24	局域网端口，连接西校区
		Fal/2	172.16.3.1 /24	局域网端口，连接东校区
	测试 PC1	IP	172.16.1.1/24	模拟网络局域网中测试计算机
		网关	172.16.1.2/24	
西校区	接入路由器 R2	Fal/0	172.16.4.2/24	局域网端口，连接 PC2
		Fal/1	172.16.2.2/24	局域网端口，连接主校区
	测试 PC2	IP	172.16.4.1 /24	模拟网络局域网中测试计算机
		网关	172.16.4.2/24	
东校区	接入路由器 R3	Fal/0	172.16.5.2/24	局域网端口，连接 PC3
		Fal/1	172.16.3.2/24	局域网端口，连接主校区
	测试 PC3	IP	172.16.5.1/24	模拟网络局域网中测试计算机
		网关	172.16.5.2/24	

备注：在实验室使用环境中，骨干路由器 Routerl 如果缺乏 Fal/2 局域网端口，可以使用 Seriall/0 等广域网接口来代替，但需要使用 V.35 线缆，其相应的对端接口也随之变化。

操作步骤：

第 1 步：按图 4-15 所示拓扑结构图，在工作现场连接好设备。

第 2 步：配置所有路由器设备基本信息。

路由器设备加电激活后，需要配置路由器，为所有接口配置所在网络的接口地址，生成直连网络的路由。

首先，配置主校区骨干路由器 R1 设备的直连路由信息。

```
Red-Giant#
Red-Giant#configure terminal
Red-Giant(config)#hostname Routerl
Routerl (config) #interface fastethemet 1/0
Routerl(config-if) #ip address 172.16.1.2 255.255 . 255 . 0
Routerl(config-if) #no shutdown
Routerl (config) #interface fastethemet 1/1
Routerl(config-if) #ip address 172.16.2.1 255.255.255 . 0
Routerl(config-if) #no shutdown
Routerl (config) #interface fastethemet 1/2
Routerl(config-if) #ip address 172.16.3.1 255.255.255 . 0
```

```
Routerl(config-if) #no shutdown
```

其次，配置西校区接入路由器 R2 设备的直连路由信息。

```
Red-Giant#
Red-Gianttconfigure terminal
Red-Giant(config)#hostname Router2
Router2 (config) #interface fastethernet 1/0
Router2 (config-if) tip address 172.16.4.2 255.255.255.0
Router2 (config-if) #no shutdown
Router2 (config) #interface fastethernet 1/1
Router2 (config-if) #ip address 172.16.2.2 255.255.255.0
Router2 (config-if) #no shutdown
```

最后，配置东校区接入路由器 R3 设备的直连路由信息。

```
Red-Giant#
Red-Giant#configure terminal
Red-Giant(config) #hostname Router3
Router3 (config) #interface fastethernet 1/0
Router3 (config-if) #ip address 172.16.5.2 255.255.255.0
Router3 (config-if) #no shutdown
Router3 (config) #interface fastethernet 1/1
Router3 (config-if) #ip address 172.16.3.2 255.255.255.0
Router3 (config-if) #no shutdown
```

分别查看所有设备路由表信息，都生成直连路由信息，无法获得其到达非直连网络的路由信息。

```
Routerl (config)#show ip route
Router2 (config)# show ip route
Router3 (config)# show ip route
```

第 3 步：配置所有路由器设备动态路由技术。

由于所有设备都无法获取非直连网络的路由信息，因此需要为其配置指向非直连网络的路由信息，以获得非直连网段的路由信息，实现网络连通。但由于网络规模大，涉及 5 个不同子网络信息，因此配置 RIP 动态路由技术是最好方案。此外，由于在网络规划中使用了子网地址，因此使用 RIPV2 技术。

配置主校区骨干路由器 R1 设备 RIPV2 路由信息。

```
Routerl#configure terminal
Routerl (config) # router rip
Routerl (config-router) # version 2
Routerl(config-router)# network 172.16.1.0
Routerl(config-router)# network 172.16.2.0
Routerl(config-router)# network 172 .16.3.0
```

配置西校区接入路由器 R2 设备 RIPV2 路由信息。

```
Router2#configure terminal
Router2(config)# router rip
```

```
Router2 (config-router) # version 2
Router2(config-router)# network 172 .16.2.0
Router2(config-router)# network 172 .16.4.0
```

配置东校区接入路由器 R3 设备 RIPV2 路由信息。

```
Router3#configure terminal
Router3 (config) # router rip
Router3 (config-router) # version 2
Router3(config-router)# network 172 .16.3.0
Router3(config-router)# network 172 .16.5.0
```

分别查看所有设备路由表信息，由于都配置了 RIPV2 路由信息，互相连接的路由器之间互相学习生成动态路由，学习获得其到达非直连网络的路由信息。

```
Routerl (config)#show ip route
Router2 (config)# show ip route
Router3 (config)# show ip route
```

第 4 步：测试网络连通性。

如表 4-2 所示，为网络中所有测试计算机配置对应的 IP 管理地址和网关信息，测试到达网络中任意位置的连通性。

A 从主校区网络测试到达分校网络。

```
ping 172.16.4.1
ping 172.16.5.1
```

B 从西校区网络测试到达总校和分校网络。

```
ping 172.16.1.1
ping 172.16.3.1
ping 172.16.5.1
```

C 从东校区网络测试到达总校和分校网络。

```
ping 172.16.1.1
ping 172.16.2.1
ping 172.16.4.1
```

任务 4.4　OSPF 路由协议技术

任务描述

与通过管理员手工添加的静态路由技术相比，动态路由技术具有更好的灵活性。由于整体校园网络涉及多个复杂的子网，网络结构复杂，因此需要启用 OSPF 动态路由实现园区网络连通，以保障校园网间获得高带宽、稳定链路连接。

知识引入

RIP 在小型网络中能够进行路由发现与更新，但只局限于小于 15 跳（路由器直线长度）的网络，对于超过这个规模和范围的网络，RIP 就不能正常运行。而且由于其是链路矢量路由协议，并具有慢收敛等问题，后来人们开发了基于链路状态的路由协议——OSPF。OSPF 协议是由 Internet 网络工程部（IETF）开发的一种内部网关协议（IGP），即网关和路由器都在一个自治系统内部。OSPF 是一个链路状态协议或最短路径优先（SPF）协议。虽然该协议依赖于 IP 环境以外的一些技术，但该协议专用于 IP，而且具有子网编址的功能。该协议根据 IP 数据报中的目的 IP 地址进行路由选择，一旦决定了如何为一个 IP 数据报选择路径，就将数据报发往所选择的路径中，不需要额外的报头，即不存在额外的封装。该方法与许多网络不同，因为它们使用某种类型的内部网络报头对 UDP 进行封装以控制子网中的路由选择协议。另外，OSPF 可以在很短的时间里使路由选择表收敛。OSPF 还能够防止出现回路，这种能力对于网状网络或使用多个网桥连接的不同局域网是非常重要的。在运行 OSPF 的每一个路由器中都维护一个描述自治系统拓扑结构的统一的数据库，该数据库由每一个路由器的局部状态信息（该路由器可用的接口信息、邻居信息）、路由器相连的网络状态信息（该网络所连接的路由器）、外部状态信息（该自治系统的外部路由信息）等组成。每一个路由器在自治系统范围内扩散相应的状态信息。在本任务中，可了解以下知识点：

- 最短路径优先（SPF）算法。
- OSPF 协议原理。
- OSPF 协议的运行。
- 配置单区域 OSPF 路由。

4.4.1 最短路径优先（SPF）算法

最短路径优先（shortest path first，SPF）算法又叫链接—状态（link－state）算法，即 L－S 算法。

按照 SPF 算法的要求，路由器寻径表依赖于一张表示整个 Internet 中路由器与网络拓扑结构的图。在这张图中，节点表示路由器，边表示连接路由器的网络，我们称之为 L－S 图。在信息一致的情况下，所有路由器的 L－S 图应该是完全相同的。各路由器的寻径表是根据相同的 L－S 图计算出来的。L－S 算法包括 3 个步骤。

（1）各个路由器主动测试与所有相邻路由器之间的状态。为此，路由器周期性地向相邻路由器发出 Hello 报文，询问相邻路由器是否能够访问。假如相邻路由器做出反应，说明链接为“开”（UP），否则为“关”（DOWN），“链接－状态”即取名于此。

（2）各路由器周期性地广播其 L－S 信息。这里的“广播”是真正意义的广播，不像距离矢量算法那样只向相邻路由器发送报文，而是向所有参加 SPF 算法的路由器发送 L－S 报文。比如路由器 A 只和 B、C 相连，路由器 D、E 则分别与 B、C 直接相连，A 与 D、E 之间的通信必须经过路由器 B、C 进行。如果现在路由器 A 发布自己的 L－S 状态表广播，应该只有 B、C 能收到，但 SPF 规定接收到此广播报文的路由器必须无条件地往除广播的源接口以外的所有路由器转发此广播包。那么路由器 B 和 C 必须分别给路由器 D 和 E 转发路由器 A 的 L－S 广播。换句话说，各个路由器对路由器 A 各接口连接状态的判断是只听路由器 A 自己广播的消息，绝对不相信其他路由器的传话的。这点与距离矢量算法很不一样，后者是只接收相邻路由器的状态报告，这是它存在慢收敛缺陷的根源。

（3）路由器收到 L－S 报文后，利用它刷新网络拓扑图，将相应链接改为“开”或“关”状态。假如 L－S 发生变化，路由器立即利用最短路径算法，根据 L－S 图重新计算本地路径。在实际应用中有好几种最短路径选择算法，大多数是以 A 算法（Algorithm A）为基础。该算法已作为互连网络 SPF 协议的模型，并且多年来被用于优化网络设计和网络的拓扑结构。各节点用自己拥有的统一的描述自治系统拓扑结构的数据库，以自己为根，建立一个路径选择的寻径表，如图 4-16 所示，其中节点 A 是源节点，节点 J 是目的节点。其具体的步骤如下。

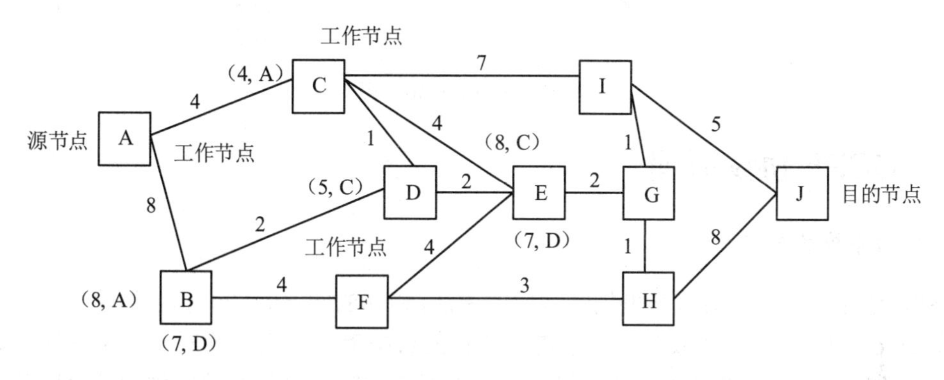

图 4-16　A 算法的应用

① 网络中的每条路径都有一个权值，该权值是根据某一标准（如考虑距离、时延、队列长度等）得出的。

② 为每个节点标上一条已知路径从源端到该节点需要的最小代价。最初不知道任何路径，所以每个节点的标号为无穷大。

③ 为每个节点检测它周围有哪些相邻的节点，源节点是第一个被考虑的节点，并且变为工作节点。

④ 为工作节点的每个相邻的节点分配一个最小代价标号。如果发现一条从该节点到源节点的更短的路径，则修改标号。在 OSPF 中，当链路状态报文广播到所有其他节点时，会发生这种情况（即因发现更短的路径而修改标号）。

⑤ 在给相邻节点分配了标号以后，检测网络中的其他节点，如果某个已分配了标号的节点拥有较小的标号值，则它的标号变为永久标号，该节点变为工作节点。

⑥ 如果某节点的标号与到它的某个相邻节点路径上的权值之和小于该相邻节点的标号，则改变该相邻节点的标号，因为发现了一条更短的路径。

⑦ 选择另一个工作节点，重复上述过程，直到穷尽所有的可能。最后每个节点的标号就给出了源节点和目的节点之间的一条端到端的代价最低的路径。

经过了上面的计算可以形成图 4-17 所示的路由选择拓扑图（即最短距离树，又称最优树）。

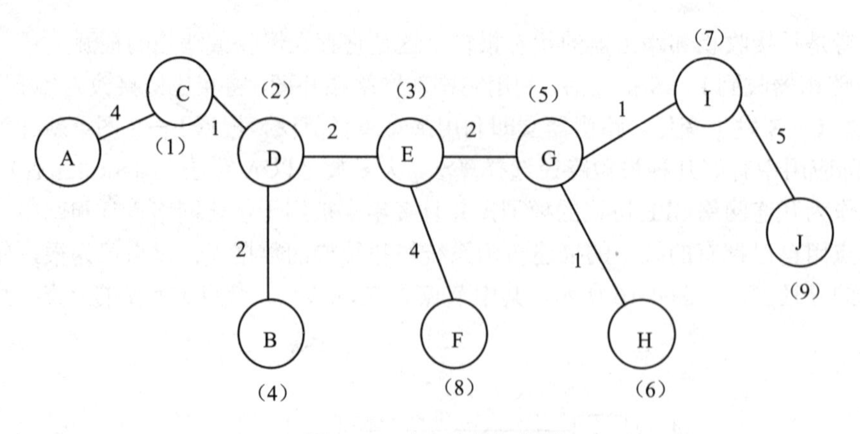

图 4-17　路由选择拓扑图

4.4.2　OSPF 协议原理

1. 自治系统的分区

OSPF 允许在一个自治系统里划分区域的做法，相邻的网络和它们相连的路由器组成一个区域（area）。每一个区域有该区域自己拓扑的数据库，该数据库对于外部的区域是不可见的，每个区域内部路由器的链路状态信息数据库实际上只包含该区域内的链路状态信息，它们也不能详细地知道外部的链接情况，在同一个区域内的路由器拥有同样的拓扑数据库。和多个区域相连的路由器拥有多个区域的链路状态信息库。划分区域的方法减小了链路状态信息数据库的大小，并极大地减少了路由器间交换状态信息的数量。

如图 4-18 所示，在多于一个区域的自治系统中，OSPF 规定必须有一个骨干区（back bone）——Area0，骨干区是 OSPF 的中枢区域，与其他区域通过区域边界路由器（ABR）相连。区域边界路由器通过骨干区进行区域路由信息的交换。为了使一个区域的各个路由器保持相同的链路状态信息库，要求骨干区是相连的，但是并不要求它们是物理连接的。在实际的环境中，如果它们在物理上是断开的，可以通过建立虚链路（virtual link）的方法保证骨干区域的连续性。虚链将属于骨干区并且到一个非骨干区都有接口的两个 ABR 连接起来，虚链路本身属于骨干区，OSPF 将通过虚链连接的两个路由器看成通过未编号的点对点链路（unnumbered point-to-point）连接。

2. 区域间路由

当两个非骨干区域间路由 IP 包的时候，必须通过骨干区。IP 包经过的路径分为 3 个部分：源区域内路径（从源端到 ABR）、骨干路径（源和目的区域间的骨干区路径）、目的端区域内路径（目的区域的 ABR 到目的路由器的路径）。从另一个观点来看，一个自治系统就像一个以骨干区为 Hub，各个非骨干区域连到 Hub 上的星形结构图。各个区域边界路由器在骨干区上进行路由信息的交换，发布本区域的路由信息，同时收到其他 ABR 发布的信息，传到本区域进行链路状态的更新，以形成最新的路由表。

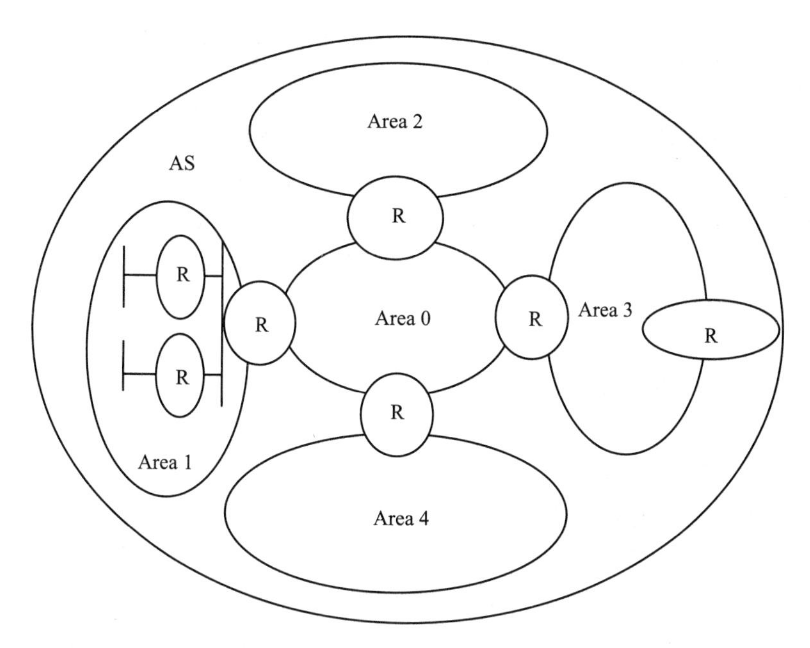

图 4-18　把自治系统分成多个 OSPF 区域

3. Stub 区和自治系统外路由

在一个 OSPF 自治系统中有这样一种特殊的区域——存根区域（Stub 区域）。在这个区域中只有一个外部出口，该区域不允许外部的非 OSPF 的路由信息进入，到自治系统外的包只能依靠默认路由。存根区域的边界路由器必须在路由概要里向区域宣告这个默认路由，但是不能超过这个存根区域。默认路由的使用可以减小链路状态信息库的大小。对于该自治系统外部的路由信息，如 BGP 产生的路由信息，可以通过该自治系统的区域边界路由器（ASBR）透明地扩散到整个自治系统的各个区域中，使得该自治系统内部的每一台路由器都能够获得外部的路由信息，但是该信息不能扩散到存根区域。这样，自治系统内的路由器可以通过 ASBR 路由包到自治系统外的目标。

4. DR 和 BDR

在自治系统内的每个广播和非广播多点访问（NBMA）网络里都有一个指定路由器（designated router，DR）和一个备份指定路由器（backup designated router，BDR），它们是通过 Hello 协议选举产生的。

DR 的主要功能如下。

（1）产生代表本网络的网络路由宣告，这个宣告列出了连到该网络有哪些路由器，其中包括 DR 自己。

（2）DR 同本网络的所有其他的路由器建立一种星形的邻接关系，这种邻接关系用来交换各个路由器的链路状态信息，从而同步链路状态信息库。DR 在路由器的链路状态信息库的同步上起到核心的作用。

另一个比较重要的路由器是 BDR。BDR 也和该网络中的其他路由器建立邻接关系，BDR 的设立是为了保证当 DR 发生故障时尽快接替 DR 的工作，而不至于出现由于需重新选举 DR 和重新构筑拓扑数据库而产生大范围的数据库震荡。在 DR 存在的情况下，BDR 不生成网络链路广播消息。

在 DR、BDR 被选举出来后，该网络内其他路由器向 DR、BDR 发送链路状态信息，并经 DR 转发到和 DR 建立邻接关系的其他路由器。当链路状态信息交换完毕时，DR 和其他路由器的邻接关系进入了稳定态，区域范围内统一的拓扑（链路状态）数据库也就建立了，每个路由器以该数据库为基础，采用 SPF 算法计算出各个路由器的路由表，这样就可以进行路由转发了。

4.4.3 OSPF 协议的运行

1. Hello 协议的运行

Hello 协议的作用是发现和维护邻居关系，选举 DR 和 BDR。在广播型网络上每一个路由器周期性地广播 Hello 包（目的地址是 AllSPFRouter），使得它能够被邻居发现。每一个路由器的每个接口都有一个相关的接口数据结构，当 Hello 包里的特定参数（如 Area ID、Authentication、Network Mask、Hello Interval、Router Dead Interval 和 Options Values）相匹配时，Hello 包才能被接收。Hello 包中包含本路由器所希望选举的 DR 和该 DR 的优先级、BDR 和 BDR 的优先级，还有本路由器通过交换 Hello 协议包所"看"到的其他路由器。从 Hello 包里得到的邻居被放在路由器的邻居列表里。当从接收到的 Hello 包里看到自己时，就建立了双向通信。建立了双向通信的路由器才有可能建立连接（adjacency）关系，能否建立连接关系，要看连接两个邻居的网络的类型。通过 Hello 协议包的交换，得知了希望成为 DR 和 BDR 的路由器以及它们的优先级，下一步的工作是选举 DR 和 BDR。

2. DR 和 BDR 的产生

在初始状态下，一个路由器的活动接口设置 DR 和 BDR 为 0.0.0.0，这意味着没有 DR 和 BDR 被选举出来。同时设置 Wait Timer，其值为 RouterDeadInterval，其作用是如果在这段时间里还没有收到有关 DR 和 BDR 的宣告，那么它就宣告自己为 DR 或 BDR。经过 Hello 协议交换过程后，每一个路由器获得了希望成为 DR 和 BDR 的那些路由器的信息，按照下列步骤选举 DR 和 BDR。

（1）在路由器同一个或多个路由器建立双向的通信以后，就检查每个邻居 Hello 包里的优先级、DR 和 BDR 域，列出所有符合 DR 和 BDR 选举的路由器（它们的优先级要大于 0，接口状态要大于双向通信）。

（2）从这些合格的路由器中建立一个没有宣称自己为 DR 的子集（因为宣称为 DR 的路由器不能选举成为 BDR）。

（3）如果在这个子集里有一个或多个邻居（包括它自己的接口）在 BDR 域宣称自己为 BDR，则选举具有最高优先级的路由器，如果优先级相同，则选择具有最大 Router ID 的路由器为 BDR。

（4）如果在这个子集里没有路由器宣称自己为 BDR，则在它的邻居里选择具有最高优先级的路由器为 BDR，如果优先级相同，则选择具有最大 Router ID 的路由器为 BDR。

（5）在宣称自己为 DR 的路由器列表中，如果有一个或多个路由器宣称自己为 DR，则选择具有最高优先级的路由器为 DR，如果优先级相同，则选择具有最大 Router ID 的路由器为 DR。

（6）如果没有路由器宣称自己为 DR，则将最新选举的 BDR 作为 DR。

（7）如果是第（1）步选举某个路由器为 DR/BDR 或没有 DR/BDR 被选举，则要重复第（2）～（6）步，然后执行第（8）步。

（8）将选举出来的路由器的端口状态做相应的改变，DR 的端口状态为 DR，BDR 的端口状态为 BDR，否则为 DR other。

在多路访问网络中，DR 和 BDR 与该网络内所有其他的路由器建立邻接关系，这些邻接关系也是该网络内全部的邻接关系。

DR 和 BDR 的引入简化了网络的逻辑拓扑结构，将一个网状网络转变成一个星形网络，使协议包的扩散、计算变得简单，并有效防止了邻接关系震荡的发生。

3. 链路状态数据库的同步

在 OSPF 中，保持区域范围内所有路由器的链路状态数据库同步极为重要。通过建立并保持邻接关系，OSPF 使具有邻接关系的路由器的数据库同步，进而保证了区域范围内所有路由器数据库同步。数据库同步过程从建立邻接关系开始，在完全邻接关系已建立时完成。当路由器的端口状态为 ExStart 时，路由器通过发一个空的数据库描述包来协商“主从”关系以及数据库描述包的序号，Router ID 大的为“主”，反之为“从”。序号也以主路由器产生的初始序号为基准，以后的每一次数据库描述包的发送，序号都要加 1。主路由器发送链路状态描述包（数据库描述包），从路由器接收链路状态描述包后检查自己的链路状态数据库，如果发现链路状态数据库里没有该项，则添加该项，并将该项加入链路状态请求列表，准备向主路由器请求新的链路状态，并向主路由器发送确认包。主路由器收到链路状态请求包后，发出链路状态的更新包，进行链路状态的更新。从路由器收到链路状态更新包后发出确认包，进行确认，表示收到该更新包，否则主路由器就在重发定时器的启动下进行重复发送。每一个路由器向它的邻居发送数据库描述包来描述自己的数据库，每一个数据库描述包由一组链路状态广播组成，邻居路由器接收该数据库描述包，并返回确认消息。这两个路由器形成了一种“主从”关系，主路由器能够向从路由器发送数据库描述包，反之则不行。当所有的数据库请求包都已被主路由器处理后，主从路由器也就进入了邻接完成状态。当 DR 与整个区域内所有的路由器都完成邻接关系时，整个区域中所有路由器的数据库也就同步了。

4. 路由表的产生和查找

当链路状态数据库达到同步以后，各个路由器就利用同步的数据库，以自己为根节点并行地计算最优树，从而形成本地的路由表。

当收到 IP 包需要查询路由表时，按照以下规则完成路由查找。

（1）在路由表中选择相匹配的路由记录。相匹配的记录是指需转发 IP 包的目的地址“落在”该匹配路由记录的目的地址范围内（该匹配记录可能有多个）。例如，如果有路由表项 172.16.64.0/18、172.16.64.0/24 和 172.16.64.0/27 供目的地址 172.16.64.205 选择，则选择最后一项，因为它是最匹配的一个，也就是说要选择一个掩码最长的。默认路由是最后的选择，因为它的掩码最短。如果没有匹配的路由表项供选择，则由 ICMP 发送一个目标不可到达的控制报文，而且该 IP 包将被丢弃。

（2）如果有多个路径匹配，根据路由的类型进行进一步的选择，它们的优先级依次为区域内的路径、区域间的路径、E1 型的外部路径、E2 型的外部路径。

（3）如果有类型和费用都相同的多条路径，则 OSPF 将同时利用它们。

（4）最后利用所寻找的路径进行 IP 包的转发。

4.4.4 配置单区域 OSPF 路由

如图 4-19 所示的网络拓扑是某区域网络中需要启用 OSPF 路由协议工作的路由器设备，需要为该路由器进行简单的配置，以启动和激活设备。

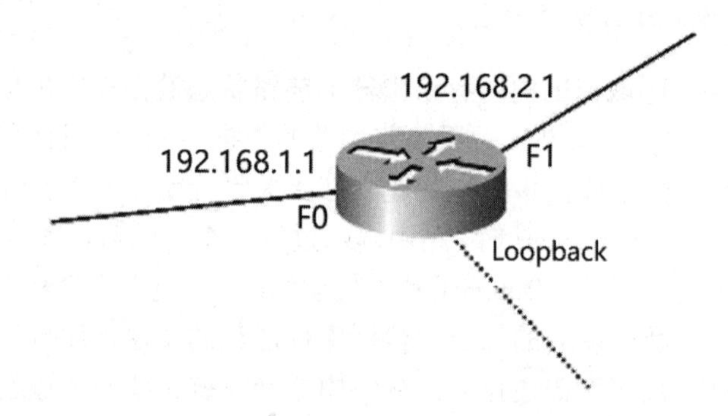

图 4-19　配置单区域 OSPF 路由

首先为设备配置基本信息。

```
Router#
Router#configure terminal
Router(configure)#interface fal/0
Router(configure)#ip address 192.168.1.1 255.255.0.
Router(configure)#no shutdown

Router(configure)#interface fal/1
Router(configure)#ip address 192.168.2.1 255.255.0.
Router(configure)#no shutdown

Router(configure)#interface loopback0
Router(configure)#ip address 192.168.3.1 255.255.0.
Router(configure)#no shutdown
```

然后为路由器配置 OSPF 单区域。

```
Router#
Router#configure terminal
Router(config) #router ospf
```

```
Router(config-router) #network 192.168.1.0 0.0.0.255 area 0
Router(config-router) #network 192.168.2.0 0.0.0.255 area 0
Router(config-router) #network 192.168.3.0 0.0.0.255 area 0
Router(config-router) #end
Router#
```

最后查看配置好的设备信息。

```
Router#show ip route
Router#show ip ospf interface
Router#show ip ospf neighbor
```

任务实施

任务目标：

配置 OSPF 动态路由，实现区域网连通。

本实验拓扑结构图如图 4-20 所示。

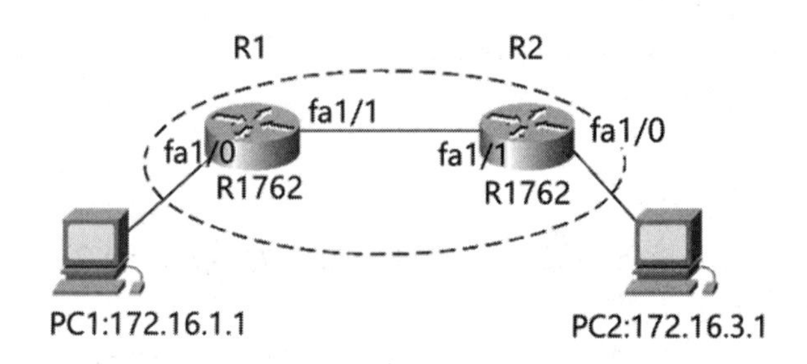

图 4-20　实验拓扑结构图

现公司的网络准备使用 OSPF 协议进行路由信息的传递，规划网络中所有路由器属于 OSPF 的区域 0，其中网络的地址规划如表 4-3 所示。希望通过 OSPF 动态路由技术，实现分散园区网络之间互相连通。

表 4-3　分散园区网络地址规划

设 备 名 称	设备及端口的配置地址		说　　明
R1	fal/0	172.16.1.2/24	局域网端口，连接 PC1
	fal/1	172.16.2.1/24	局域网端口，连接 R2 路由器 fal/1
R2	fal/1	172.16.2.2/24	局域网端口，连接 R1 路由器 fal/1
	fal/0	172.16.3.2/24	局域网端口，连接 PC2
PC1	172.16.1.1/24		网关：172.16.1.2
PC2	172.16.3.1/24		网关：172.16.3.2

操作步骤：

第 1 步：按图 4-20 使用网线在工作现场连接好设备。

第 2 步：配置路由器设备基本信息。

（1）配置 R1 路由器端口的地址信息。

```
Router# configure terminal
Router(config)#hostname Router-1
Router-1 (config)# interface fa1/0
Router-1 (config-if)#ip address 172.16.1.2 255.255.255.0
Router-1 (config-if)#no shutdown
Router-1 (config)# interface fa1/1
Router-1 (config-if)#ip address 172.16.2.1 255.255.255.0
Router-1 (config-if)#no shutdown
Router-1 (config-if) #end
```

（2）配置 R2 路由器端口的地址信息。

```
Router# configure terminal
Router(config)thostname Router-2
Router-2 (config)# interface fa1/1
Router-2 (config-if) #ip address 172.16.2.2 255.255.255.0
Router-2 (config-if)#no shutdown
Router-2 (config)# interface fa1/0
Router-2 (config-if) #ip address 172.16.3.2 255.255.255.0
Router-2 (config-if)#no shutdown
Router-2 (config-if) #end
```

第 3 步：测试网络连通性。

（1）配置 PC1 的地址为 172.16.1.1/24，网关为 172.16.1.2；配置 PC2 的地址为 172.16.3.1/24，网关为 172.16.3.2。

（2）使用 ping 命令，测试网络连通性，PC1 无法和 PC2 进行通信。

（3）查找网络不通原因。查看 R1 路由表，发现缺少到 172.16.3.0/24 网络的路由。

```
R1762#show ip route
Codes: C - connected, S - static, R - RIP 0 - OSPF, IA - OSPF inter area
N1 - OSPF NSSA external type 1, N2 - OSPF NSSA external type 2 El - OSPF external type 1, E2 - OSPF external type 2
*       - candidate default Gateway of last resort is no set
C 172 . 16. 2 . 0/24 is directly connected, FastEthernet 1/1
C 172 . 16. 2 . 1/32 is local host
```

第 4 步：配置网络的动态 OSPF 路由，实现网络的连通。

（1）配置 R1 路由器到达 172.16.3.0/24 网络的动态 OSPF 路由。

```
Router-1# configure terminal
Router-1 (config)# router ospf
Router-1 (config- router)#network 172.16.1.0 0.0.0.255 area 0
Router-1 (config- router)#network 172.16.2.0 0.0.0.255 area 0
Router-1 (config- router) #end
```

（2）配置 R2 路由器到达 172.16.1.0/24 网络的动态 OSPF 路由。

```
Router-2# configure terminal
Router-2 (config)# router ospf
```

```
Router-2 (config- router)#network 172.16.2.0 0.0.0.255 area 0
Router-2 (config- router)#network 172.16.3.0 0.0.0.255 area 0
Router-2 (config- router)#end
```

（3）查看 R1 路由表，通过 OSPF 路由技术，学习到达 172.16.3.0/24 网络的路由。

```
R1762#show ip route
Codes: C - connected, S - static, R - RIP 0 - OSPF, IA - OSPF inter area
N1 - OSPF NSSA external type 1, N2 - OSPF NSSA external type 2 El - OSPF external type 1, E2 - OSPF
external type 2
*       - candidate default Gateway of last resort is no set
C 172 . 16. 2 . 0/24 is directly connected, FastEthernet 1/1
C 172 . 16. 2 . 1/32 is local host.
O 172.16.3.0/24 [110/1] via 172.16.2.2, 00:00:16, FastEthernet 1/1
```

任务测试：

使用 ping 命令，测试网络连通性，结果如图 4-21 所示。PC1 和 PC2 能进行通信，因此通过 OSPF 动态路由技术实现了多个分散园区网络互连互通。

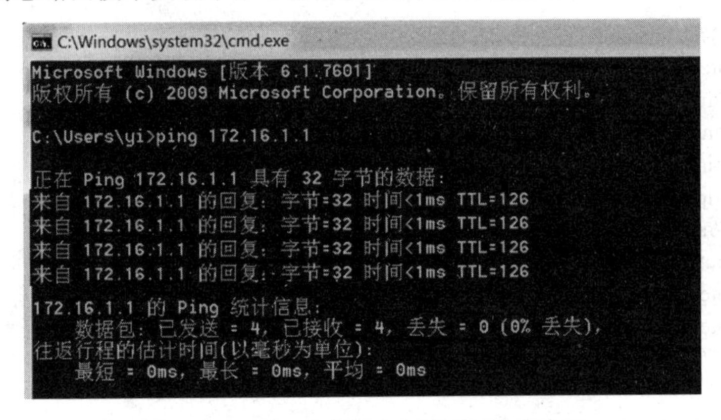

图 4-21　OSPF 动态路由实现了网络的连通

拓展任务

任务描述：

本实验主要描述一个 OSPF 自治系统中 ABR 的配置情况，在这个例子中，路由器 R1、R2、R3 运行在 Area 0 上，路由器 R4 运行在 Area 1 上，路由器 R5 运行在 Area2 上。

任务目标：

（1）了解非主干区域与主干区域连接的方法。

（2）熟悉 OSPF 协议的启用方法。

（3）掌握指定各网络接口所属区域号的方法。

（4）掌握查看 OSPF 路由信息的方法。

实验拓扑：

本任务拓扑图如图 4-22 所示。

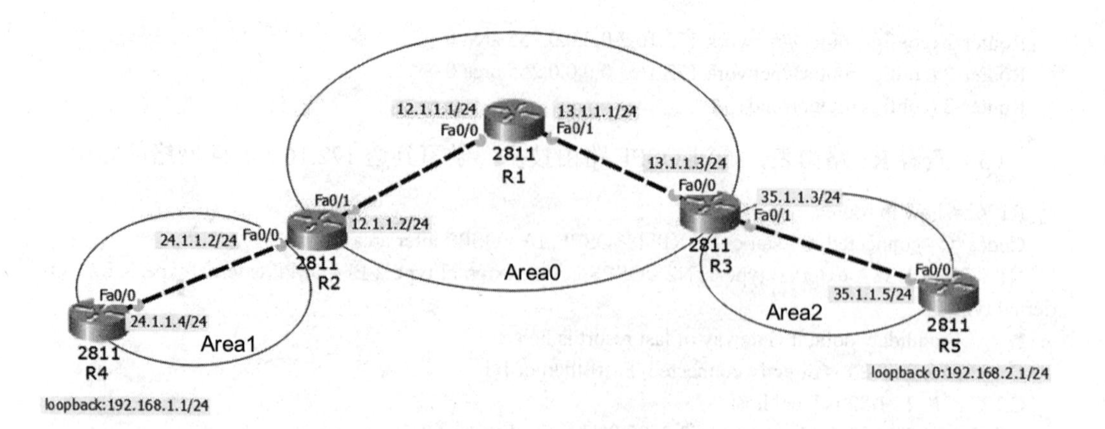

图 4-22　多区域 OSPF 拓扑图

实验步骤：

第 1 步：路由器 R1 的配置。

```
Router(config)#hostname R1
R1(config)#interface f0/0
R1(config-if)#ip address 12.1.1.1 255.255.255.0
R1(config-if)#no shutdown
R1(config-if)#interface f0/1
R1(config-if)#ip address 13.1.1.1 255.255.255.0
R1(config-if)#no shutdown
R1(config)#router ospf 1
R1(config-router)#network 12.1.1.1 0.0.0.0 area 0
R1(config-router)#network 13.1.1.1 0.0.0.0 area 0
```

第 2 步：路由器 R2 的配置。

```
Router(config)#hostname R4
R2(config)#interface f0/1
R2(config-if)#ip address 12.1.1.2 255.255.255.0
R2(config-if)#no shutdown
R2(config-if)#interface f0/0
R2(config-if)#ip address 24.1.1.2 255.255.255.0
R2r(config-if)#no shutdown
R2(config-if)#exit
R2(config)#route ospf 1
R2(config-router)#network 12.1.1.2 0.0.0.0 area 0
R2(config-router)#network 24.1.1.2 0.0.0.0 area 1
```

第 3 步：路由器 R3 的配置。

```
Router(config)#hostname R3
R3(config)#interface f0/0
R3(config-if)#ip address 13.1.1.3 255.255.255.0
R3(config-if)#no shutdown
R3(config-if)#interface f0/1
```

```
R3(config-if)#ip address 35.1.1.3 255.255.255.0
R3(config-if)#no shutdown
R3(config-if)#exit
R3(config)#route ospf 1
R3(config-router)#network 13.1.1.3 0.0.0.0 area 0
R3(config-router)#network 35.1.1.3 0.0.0.0 area 2
```

第 4 步：路由器 R4 的配置。

```
Router(config)#hostname R4
R4(config)#interface f0/0
R4(config-if)#ip address 24.1.1.4 255.255.255.0
R4(config-if)#no shutdown
R4(config-if)#exit
R4(config)#interface loopback   0
R4(config-if)#ip address 192.168.1.1 255.255.255.0
R4(config-if)#exit
R4(config)#route ospf 1
R4(config-router)#network 192.168.1.1 0.0.0.0 area 1
R4(config-router)#network 24.1.1.4 0.0.0.0   area 1
```

第 5 步：路由器 R5 的配置。

```
Router(config)#hostname R5
R5(config)#interface f0/0
R5(config-if)#ip address 35.1.1.5 255.255.255.0
R5(config-if)#no shutdown
R5(config-if)#interface loopback 0
R5(config-if)#ip address 192.168.2.1 255.255.255.0
R5(config-if)#exit
R5(config)#route ospf 1
R5(config-router)#network 35.1.1.5 0.0.0.0 area 2
R5(config-router)#network 192.168.2.1 0.0.0.0 area 2
R5(config-router)#
```

第 6 步：查看路由器的 OSPF 邻居表。

```
R1#show ip ospf neighbor
Neighbor ID     Pri   State          Dead Time    Address      Interface
24.1.1.2          1   FULL/BDR        00:00:34    12.1.1.2     FastEthernet0/0
35.1.1.3          1   FULL/BDR        00:00:37    13.1.1.3     FastEthernet0/1
R3#show ip ospf neighbor
Neighbor ID     Pri   State          Dead Time    Address      Interface
13.1.1.1          1   FULL/DR         00:00:39    13.1.1.1     FastEthernet0/0
192.168.2.1       1   FULL/BDR        00:00:35    35.1.1.5     FastEthernet0/1
R2#show ip ospf neighbor
Neighbor ID     Pri   State          Dead Time    Address      Interface
13.1.1.1          1   FULL/DR         00:00:35    12.1.1.1     FastEthernet0/1
192.168.1.1       1   FULL/BDR        00:00:32    24.1.1.4     FastEthernet0/0
```

第 7 步：查看路由器的路由表。

```
R4#show ip route
Codes: C - connected, S - static, I - IGRP, R - RIP, M - mobile, B - BGP
D - EIGRP, EX - EIGRP external, O - OSPF, IA - OSPF inter area
N1 - OSPF NSSA external type 1, N2 - OSPF NSSA external type 2
E1 - OSPF external type 1, E2 - OSPF external type 2, E - EGP
i - IS-IS, L1 - IS-IS level-1, L2 - IS-IS level-2, ia - IS-IS inter area
* - candidate default, U - per-user static route, o - ODR
P - periodic downloaded static route

Gateway of last resort is not set

12.0.0.0/24 is subnetted, 1 subnets
O IA 12.1.1.0 [110/2] via 24.1.1.2, 00:05:30, FastEthernet0/0
13.0.0.0/24 is subnetted, 1 subnets
O IA 13.1.1.0 [110/3] via 24.1.1.2, 00:05:30, FastEthernet0/0
24.0.0.0/24 is subnetted, 1 subnets
C 24.1.1.0 is directly connected, FastEthernet0/0
35.0.0.0/24 is subnetted, 1 subnets
O IA 35.1.1.0 [110/4] via 24.1.1.2, 00:04:37, FastEthernet0/0
C 192.168.1.0/24 is directly connected, Loopback0

R5#show ip route
Codes: C - connected, S - static, I - IGRP, R - RIP, M - mobile, B - BGP
       D - EIGRP, EX - EIGRP external, O - OSPF, IA - OSPF inter area
       N1 - OSPF NSSA external type 1, N2 - OSPF NSSA external type 2
       E1 - OSPF external type 1, E2 - OSPF external type 2, E - EGP
       i - IS-IS, L1 - IS-IS level-1, L2 - IS-IS level-2, ia - IS-IS inter area
       * - candidate default, U - per-user static route, o - ODR
       P - periodic downloaded static route

Gateway of last resort is not set

     12.0.0.0/24 is subnetted, 1 subnets
O IA    12.1.1.0 [110/3] via 35.1.1.3, 00:00:03, FastEthernet0/0
     13.0.0.0/24 is subnetted, 1 subnets
O IA    13.1.1.0 [110/2] via 35.1.1.3, 00:00:03, FastEthernet0/0
     24.0.0.0/24 is subnetted, 1 subnets
O IA    24.1.1.0 [110/4] via 35.1.1.3, 00:00:03, FastEthernet0/0
     35.0.0.0/24 is subnetted, 1 subnets
C       35.1.1.0 is directly connected, FastEthernet0/0
     192.168.1.0/32 is subnetted, 1 subnets
O IA    192.168.1.1 [110/5] via 35.1.1.3, 00:00:03, FastEthernet0/0
C    192.168.2.0/24 is directly connected, Loopback0
```

习　　题

一、选择题

1. 某路由器的路由表如表 4-4 所示，如果它收到一个目的地址为 172.16.1.1 的 IP 数据包，那么它对该数据包的处理方式为（　　）。

A. 转发到 172.16.1.1

B. 转发到 10.1.1.1

C. 转发到 172.16.2.1

D. 转发到 172.16.4.1

表 4-4　某路由器的路由表

目的地址/掩码	下一跳 IP 地址	出接口
172.16.2.0/24	172.16.1.1	F0/1
172.16.1.0/24	10.1.1.1	F0/2
172.16.4.1/32	172.16.2.1	F1/1
172.16.1.0/16	172.16.4.1	F0/3

2. 以下（　　）不是有效的 IP 地址。

A. 193. 254.8. 1　　B. 193.8.1.2　　C. 193.1.25. 8　　D. 193. 1. 8.257

3. 图 4-23 所示为一个简单的互联网络示意图。其中，路由器 R2 的路由表中到达网络 40.0.1.0 的下一跳 IP 地址应为（　　）。

A. 20.0.1.1　　B. 30.0.1.2　　C. 30.0.1.1　　D. 40.0.1.1

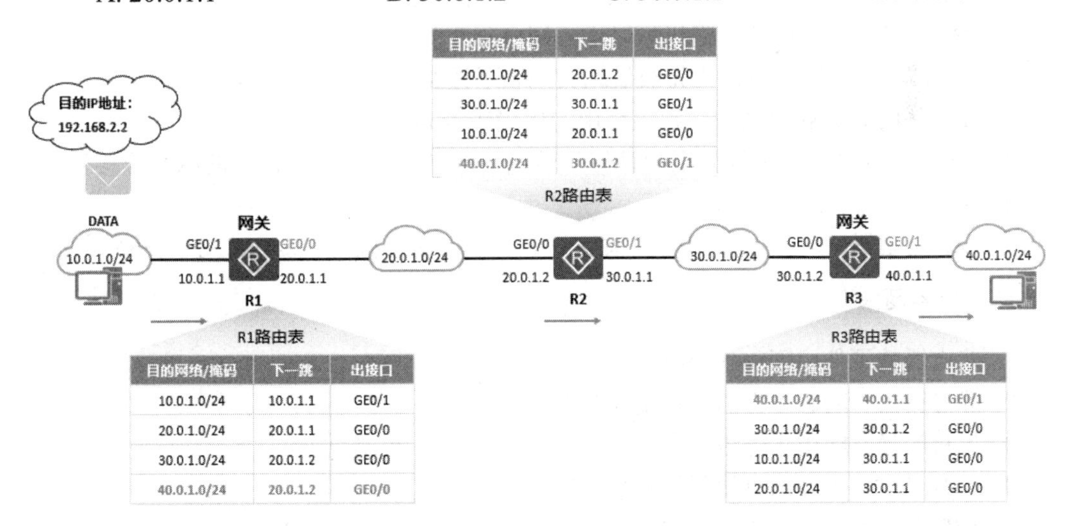

R2路由表

目的网络/掩码	下一跳	出接口
20.0.1.0/24	20.0.1.2	GE0/0
30.0.1.0/24	30.0.1.1	GE0/1
10.0.1.0/24	20.0.1.1	GE0/0
40.0.1.0/24	30.0.1.2	GE0/1

R1路由表

目的网络/掩码	下一跳	出接口
10.0.1.0/24	10.0.1.1	GE0/1
20.0.1.0/24	20.0.1.1	GE0/0
30.0.1.0/24	20.0.1.2	GE0/0
40.0.1.0/24	20.0.1.2	GE0/0

R3路由表

目的网络/掩码	下一跳	出接口
40.0.1.0/24	40.0.1.1	GE0/1
30.0.1.0/24	30.0.1.2	GE0/0
10.0.1.0/24	30.0.1.1	GE0/0
20.0.1.0/24	30.0.1.1	GE0/0

图 4-23　一个简单的互联网络示意图

4. 在目前使用的 RIP 协议中，通常使用（　　）参数表示距离。

A. 带宽　　B. 跳数　　C. 延迟　　D. 负载

5. 在 Internet 中，路由器必须实现的网络协议为（　　）。

A. IP　　B. IP 和 HTTP　　C. IP 和 FTP　　D. HTTP 和 FTP

6. 一个 C 类地址 192.168.5.0 ，进行子网规划，要求每个子网有 10 台主机，使用子网掩码（　　）划分最合理。

A. 255.255.255.192　　B. 255.255.255.252

C. 255.255.255.240　　D. 255.255.255.224

7. 在一台路由器配置 OSPF，必须手动进行配置的有（　　）。（多选）

A. 指定每个区域中所包含的网段　　B. 配置 Router ID

C. 开启 OSPF 进程　　D. 创建 OSPF 区域

8. 某 AR2200 路由器通过 OSPF 和 RIPv2 同时学习到到达同一网络的路由条目，通过 OSPF 学习到的路由的开销值是 4882，通过 RIPv2 学习到的路由的跳数是 4，则该路由器的路由表中将有（　　）。

A. OSPF 和 RIPv2　　B. 两者都不存在

C. OSPF 路由　　D. RIPv2 路由

9. 下列静态路由配置正确的是（　　）。（多选）

A. ip route-static 129.1.0.0 16 serial 0

B. ip route-static 10.0.0.2 16 129.1.0.0

C. ip route-static 129.1.0.0 255.255.0.0 10.0.0.2

D. ip route-static 129.1.0.0 16 10.0.0.2

10. 下面说法不正确的是（　　）。（多选）

A. 默认情况下路由优先级的次序是 OSPF 高于 RIP

B. 每条静态路由的优先级可以不相同

C. VRP 中，路由协议优先级值越大则表示该路由的优先级越高

D. 路由的 cost 值越大，则该路由的优先级越高

11. 在不同网络之间实现分组的存储与转发，并在网络层提供协议的网间连接器，这种设备称为（　　）。

A. 路由器　　B. 网关　　C. 交换机　　D. 网桥

二、简答题

1. 路由器的硬件由哪些部分组成？
2. 静态路由和动态路由的区别是什么？
3. 思科的静态路由优先级为多少？
4. 查看思科路由表信息使用什么命令？
5. RIPv1 版本和 RIPv2 版本的区别是什么？
6. 描述 OSPF 协议的 DR 与 BDR 的作用以及选举过程。
7. 简述 OSPF 协议 Hello 数据包的作用。

三、实践题

图 4-24 所示属于不同网段的主机通过几台路由器相连，要求不配置动态路由协议，实现不同网段的任意两台主机之间能够互通。

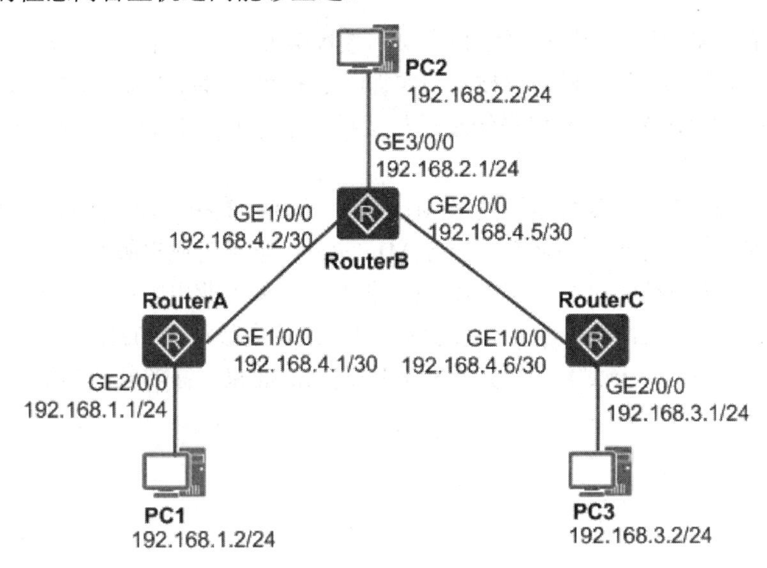

图 4-24　动态路由协议拓扑图

参考文献

[1] 褚建立，刘彦舫. 计算机网络技术实用教程[M]. 北京：清华大学出版社，2007.

[2] 杨云，杨欣斌. 计算机网络技术与实训[M]. 3 版. 北京：中国铁道出版社，2014.

[3] 华为技术有限公司. 网络系统建设与运维（中级）[M]. 北京：人民邮电出版社，2020.

[4] 孙波，曾振东. 计算机网络技术[M]. 2 版. 北京：机械工业出版社，2014.

[5] 吴礼发. 计算机网络安全实验指导[M]. 北京：电子工业出版社，2020.

[6] 乔得琢. 中小型网络组建与管理[M]. 北京：机械工业出版社，2019.

[7] 谢希仁. 计算机网络[M]. 8 版. 北京：电子工业出版社，2021.

[8] 汪双顶，王健，杨剑涛. 计算机网络基础[M]. 北京：高等教育出版社，2019.